法令と行政による建設業の取締と統制

片野　博

九州大学出版会

目次

凡例

一、年号表記は主として和暦を用い、適宜西暦を付した。
一、引用文中の……は、特にことわらない限り、引用者による省略を意味する。
一、引用文中の傍点及び［　］内の注記は、特にことわらない限り、引用者による。
一、引用文中で、振り仮名を省略したり、読点を句点に換えたり、新たに読点を付した場合もある。

第1章　研究の目的と方法

１・１　研究に対する視座

本書は、日本学術振興会科学研究費研究補助金（平成十五〜十七年）の研究成果をまとめたものである。研究の意図、方法、斯分野における新しい着眼点等についての説明は、申請書の引用をもって代えることとする。

建設業を統括するものに昭和二十四年制定の「建設業法」がある。しかしながら、戦前にあってはその業務（建設業者を直接所管する組織）は必ずしも固定されていたわけでなく、一担当官の職場変更と共に、所管が移り変わったとも言う。本書では、このような歴史的展開から、かつて一種の雑業として扱われた建設業界を対象とし、その地位のあるいは行政上の取り扱われ方を法令と行政所管組織の変遷の中から、戦後の建設業法が制定されるまでの期間を対象に、明らかにしようとするものである。建設業は、請負の中で片務契約を代表するものとみなされ、その地位の改善を求める業界の運動と共に、様々な議論が展開されてきた。しかし、斯業の地位向上を温情的な側面から捉えるのでは本質は解明できず、社会の有様を国家システムの中で位置づける必要がある。

以上を踏まえて、本書では法規や行政組織の分掌事項等の客観的な資料をもとに建設業界の社会的地位確立の過程を捉えるわけであるが、研究の目的は、これまでの既往の研究では全く取り扱われていなかった法令と行政の担当部局と建設業の関わりを中心テーマに据えることにあり、具体的には以下の三点に関係する。

① 建設業を監理（取締り）した法的規制の実態解明
② 建設業界を統括（指導）した行政部局の解明
③ 以上の研究成果を踏まえた戦後の「建設業法」制定の背景と発端

科学研究費補助金申請書

〈本書の学術的特色と独創性〉

我が国の建設業の特徴は、欧米型の完全な請負業とは異なり、大工という専門技術を母体とした企業が近代化し、会社形態に変貌したケースが多く、このような特徴をもつ建設業を三浦忠雄は我が国の企業形態の特殊性と分析してきた。また、現代の建設業の問題点は古川修の一連の研究になされてきた。一方、本研究で対象とする歴史的展開にあっては、菊岡倶也による創業の経営創始者の特質分析などに優れた研究が見られる。しかしながら、建設業の社会的認知は、社会システムと関連しながら歴史的に展開されてきた経緯があり、単に建設業そのものを研究としたのでは、本質が見極められない。

学術的特色としては、従来の建設業を扱った研究は、その産業内のみを範囲とし、他産業との比較でも生産性やその独自性（一品生産に関わる地域性が指摘できる）で終始することが多い。本書では、従来の建築学の研究が斯産業に留まっているのに比し、産業界の規制・指導の大枠の中でこの業界の特質を明らかにする点に特徴がある。また、菊岡以外は我が国の建設業の特質に対し歴史的展開を踏まえてテーマを設定していない。

独創性としては、次の点が指摘できる。すなわち、建設業をとりまく環境は社会ルールに基づくものであり、これが行政組織の分掌事項等に該当するとの観点に立つ。建築法令や行政に関わる研究は、一部建築学会の法規委員会の研究成果に留まり、かつ市街地建築物法等に限られている。他の産業界にあっても、歴史的展開の中で、公的ルールの法令を規範とした産業分析は見当たらない。以上の説明から、本研究が、通時的展開の中で、客観的価値基準である法令や、あるいは規則・通達、行政分掌事項等の変遷から建設業を取り上げることに独創性が見出せる。

〈予想される結果と意義〉

研究結果からは、歴史的展開の中で我が国の建設業が、社会との関わりの中でどのように規制され、その地位が認知されてきたか解明でき、この問題は、法的裏付のない国を代表する請負業者における契約のあり方に関係していると予想がつく。そこで本研究の結果から得られた知見を活用することによって、将来の建設業の在り方を提言できる。

本研究は、これらの継続研究として位置づけられ、「法令と行政による建設業の地位確立過程と変遷、建設業法制定まで」とし、これまでの科学研究費補助金による成果（知見）を踏まえ、建築技術の普及化に大きな関わりを持つ建設企業（正確に記述すれば「請負業者」が該当する）が、その社会的地位の向上に対して、国（ここでは法律が関係する）と行政（ここでは、所管官庁が関係する）が、いかなる係わり方をしてきたかを明らかにする。これは、直接的な技術の普及以上に実際に建設業を担当する機関が、社会的認知を得て、初めて高次な意味での品質管理に寄与できるとの考え方に依拠している。

1・2　本書の意図するところ

本書は、建設業に対する国や行政機関の対応（取組み）を明らかにすることを目的としている。従って建設業界自身による活動も、自己の利益確保というよりは、社会的認知のための自主規制（特に業界団体の活動）の面から明らかにした。また、行政による建設業への対応に関しては、本書で示すように内務省に関係する警察が取締りを担当し、戦時下における企業統制に関しては商工省が関係するなど、複数機構の関与があった。また、行政指導にあっても、担当官庁にあっては、業界の育成・指導・取締のためには、根拠となる法令が必要であり、担当官の個人的判断のみでは事業が執行できない。この点を視座にした研究は、これまでのところ稀であった。すなわち、業界（建設業）に対する行政対応の現象を追っただけでは、その本質がどこにあったかは解明できない。より高い位置の国家政策と関連付けて、分析することが不可欠である。これが本書の意図するところである。

以下では、業界の抱えていた問題を概観し、次に省庁間の事業分担が抱えていた問題点を取り上げ、以降の分析に関する共通認識とする。

(1)　戦前までの業界の問題（課題）

建設業は、請負契約の本質、元請・下請制度の存在から、前近代的な業態といわれ、単独法をもたず、社会的認知が遅れていた。そして、以下に示す、かつての建設業界を巡る三大問題（明治の請負制度発生以来の問題）が存在していた。[1]

○契約の片務性、保証金問題
○営業税
○衆議院議員の被選挙権

この問題は、「大阪建設業協会六十年史」[2]を参照することで明確になる。すなわち、大正八年三月十日の大阪土木建築業組合総会決議では、

1　請負業者の衆議院議員及び府県郡市町村議員の被選挙権資格制限の撤廃を求む。
理由　吾人同業に対する被選挙権資格の制限は、現代の民情に不適当のものと認む。よってこれが撤廃を期す。
2　営業税の廃止を求む。
理由　現行営業税は収益を基礎とせざる悪税のみならず、請負業に対する其の課税標準は営業上の実質に背馳し不適当と認む。よって極力これが撤廃を期す。
3　請負入札並びに契約に関する資格及び保証金制度の改正を求む。
理由　現行請負資格及び保証金に関する法令は、制定以来多年を閲し、現今の実情に適せざるのみならず、かつ不権衡を免れず、よって慎重考究をとげ、すみやかにこれが改善を期す。

が掲げられていた。その解決のプロセスは、

① 議員被選挙権　大正十四年三月二日の第五〇議会にて政友本党を除く全会一致で普通選挙法改正法案を可決。これにより府県会、市町村会にも普通選挙法が適応され、業界から中央、地方の政界に進出する。

② 営業税問題　明治二十九年に営業税が制定される。幾多の業界団体による陳情もあり、大正十二年三月法律第九号をもって営業税の一部改正（請負金額の千分の四から千分の二・八に軽減される）。大正十五年若槻内閣のときに営業税は廃止され、翌昭和二年に営業収益税となる。

③ 保証金問題　大正八年八月、業界団体は「請負人並びに契約に関する資格制度及び保証金制度の改善につき建議」により関係方面に陳情する。

(2) 所管官庁と建設業の関係

明治以降の内務行政の担当は、もちろん内務省が担い、そして全ての取締りは警察行政によって行われてきた。しかし、昭和十年代に入ると、戦時統制のために商工省が建設業界を統制するようになる。この二つの省はそれぞれの事業範囲を持っていたが、新たな事業の登場に対しては、その棲み分けが円滑になされたわけではない。以下では、内務省と商工省の所掌事項の確執の例として労働問題を取り上げる。

●内務省社会局（外局）の誕生[3]

第一次世界大戦後は、物価上昇、経済不安、思想的不安を生じ、社会政策の必要性が叫ばれるようになり、恐慌と軍縮による失業者の続出に対して労働行政統一が喫緊の課題となり大正十一年七月七日には「社会政策に関する行政事務統一機関設置建議」が「協調会[4]」から出され、当時の加藤内閣は社会院の設置を計画し、労働問題や社会政策に関する独立機関の役割を持たせようとした。

しかしながら、次の原内閣時代になると、労働行政に対して内務省と農商務省との間に対立が生じ、内務省にあっては社会局が、農商務省には労働課が置かれるという妥協的な解決策がとられた。そして、右記社会局の設置は、内務省にあっては取締行政の一部として捉えられ、一方農商務省では労働問題は産業問題であるとの見解が支配的で、両省官僚間の所管争いの中にあった。このような状況下、結局のところ、国際労働機関（ＩＬＯ）への対応が契機となり、内務省社会局で労働行政を一括して扱う結果になった。これは、

①　国際労働総会で採択された国際労働条約案は、我が国労働立法化に多大な影響を与えたが、農商務省はこの国際労働条約案を全く国内法に取り入れない方針を採ったこと

②　国際労働総会（第一回総会）への派遣労働者代表の問題に関して農商務省は我が国には代表的な労働組合は存在しないとして、代わりに工場・鉱山の事業家と協議して労働代表者を派遣したこと

が原因であった。右記の二つの農商務省の対応は、明らかに労働行政の根幹を逸脱したものと国際的な批難を受けた。これらの状況の下で、当時の加藤内閣の副総理格の内務大臣水野錬太郎は、労働問題のような大きな社会行政は、業務の各省分属化や主権争奪は忌避されるべきものであり、明確に主管省を決めるべきであるとの案を提出し、農商務省の反撃をかわし、内務省の外局として社会局が置かれることとなった。

以上は、農商務省の基線となる産業育成が関係していたといえる。また当時の農商務省の扱う国際労働問題への態度があまりにも保守的であったこととも関係する。

これらの経緯を経て、大正十一年十一月に内務省社会局（外局）が設置され、各省に分属していた労働行政は、その殆どが社会局に統合された。主たる分掌事項は、以下のとおりであった。

①　内務省内局時代の社会局の分掌事項の全て。即ち賑恤救済、軍事救護、失業救済及び防止、児童保護、その

他の社会事業に関すること

② 内務省警保局が行っていた労働争議の調査に関すること

③ 農商務省工務局及び鉱山局が行っていた労働保護に関すること

ただし、鉱業法第四章「鉱業警察」の中の鉱山労働者の「生命及衛生の保護」に関する事項は、他の鉱業施設と密接な関係があるとの理由で農商務省の所管として残される。一般産業と鉱山労働者の分離は後々まで続き、いろいろと問題を生じていた。

④ 逓信省管船局が行っていた船員の保険に関すること

⑤ 外務省条約局が行っていた国際労働に関すること

⑥ 国勢院が行っていた労働統計に関すること

以上が統計課第一部、第二部で所管された。そして、大正十五年には官制改正により第一部は労働部、第二部は社会部と改称される。

社会局（外局）の初仕事（第一部）は工場法の改正であり、内務省の官吏だけでなく農商務省所属者も移籍されている（第5章で示す技師伊藤憲太郎の商工省移籍もこのような特殊事情があったのかもしれない）。そして、主に、これまで懸案であった工場労働問題の改正と第一回国際労働機関総会の条約採択案の国内法への適用が以下のようになされた。

○労働時間を原則八時間に制限

○産前後の婦人の休業期間の確保

○夜間の婦人労働の禁止

○工場的企業における最低年齢
○年少者の夜間使用禁止
大正十一年十二月に工場法の改正案が各地方長官、全国商工会議所、鉱業団体等へ諮問され、若干の修正要求のみがあった。あまり大規模な反対がなかった理由は、大企業にとっては、ある種の国際競争力がついていたため、特段問題にするような改正でなかったことによる。一番大きな影響を受けたのは、資本力に乏しく、直接労働改善が企業利益に関係する中小企業であった。

以下が主要改正点である。
①　適用範囲の拡大　常時一五人以上が一〇人以上
②　年少者の就業禁止規定の削除　新たに「工業労働者最低年齢法」を制定
③　保護職工の範囲拡大　従来、女子及び一五歳未満の者を保護職工としていたものを女子及び一六歳未満に変更
④　就業時間の短縮　保護職工の就業時間を最長一二時間から一一時間へ
⑤　深夜業禁止に関する事項の改正
⑥　行政官庁の監督権の強化
イ　行政官庁は工場及び付属建築物、設備が危険であるとき、衛生、風紀その他公益を害する恐れのあると認められた場合、必要な事項を職工や徒弟に対しても命令できるようになった。
ロ　当該官吏は職工、徒弟の検診が可能になった。
建設業の労働問題については、第7章で、所管官庁については、第3、4章で扱うが、国としての明確な方針が

持てなかったのは、工業組合法制定当時にも、一般産業として該当しないこと、国内産業であることなど、一部を除き中小規模の事業者による特性が関係していた。すなわち、特に産業施策として扱う必要がなく、さらには、公共工事を除けば、大型工事がなく、これらについても強い官の指導の下で建設が行われ、産業として考えられなかったことが該当する。詳しくは、第2章以下で指摘する。

1・3　建設業に関する既往の研究

建設業について、請負制度や合理化・近代化を含めた産業としての特性に関しての研究は、多くなされている。しかし、本書は明治期から前大戦までを期間とした歴史的展開であって、この種の研究は限られている。以下では、本書の特質を示すために、この分野の研究（者）の成果を取り上げる。

① 徳永勇雄

「建設産業の構造分類」関連論文集（建設産業図書館所蔵）、明治大学工学部研究報告や日本建築学会発表論文や「建築学大系」中、自身の執筆文を纏めたものがある。主に昭和三十年以前のもので、当時としては斯研究分野の先駆けであろう。主なものとしては、

「我国建設産業の成立過程と其特殊性」、明治大学工学部研究報告、昭和二十五年八月

「日本に於ける建設産業近代化の歴史的起点――生産性向上にともなう生産組織の変遷について――」、建築史研究、一九五〇年八月

「建築生産構造の変遷」、建築学大系第三巻建築経済、第二編建築生産第四章の転載

等がある。

② 菊岡倶也

かつて建設産業図書館（特に、建設産業史、建設関連法規、建設業経営、建設統計、災害史、社史・団体史・伝記等が蒐集されている）館長を務め、建設業に対する独自の研究領域を展開していた。

「国づくりの文化史　日本の風土形成をたずねる旅」（清文社、一九八三）、「建設業　新産業シリーズ」（東洋経済新聞社、一九八〇）、「建設業を興した人びと　いま創業の時代に学ぶ」（彰国社、一九九三）、等の著作を通して、建設業の役割を歴史的（通プロセス）の中から発掘している。建設業以外では、特に、建築系の雑誌に関して、「日本近代・建築・土木・都市雑誌総目次総覧（紀伊國屋書店）の主管を担当している。建設業関係団体史の編集にも多く携わり、代表的なものに「日本土木建設業史」㈳土木工業協会、㈳電力建設業協会、昭和四十六年四月）、「日本土木建設業史」㈳土木工業協会、㈳電力建設業協会、昭和五十年）等があり、通史的に扱っている。

③ 「欧米の建設業と請負契約制度」、中村絹次郎、高比良和雄、俵正秀共著、新建築社、昭和四十一年十月

昭和四十年八月から約三〇日間に亘る欧米主要国の建設業に関する調査を纏めたもの。序章の中では、各国の政府が採用している代表的な公共工事契約に関する規制と約款の原文と訳文を掲載したとの記述の後で、「これらを含めて、わたしどもの合同報告書が、この種の体系的な文献を欠いているわが国において、建設業に直接間接関係ある人びとに何らかの示唆を与え、ひいてはそれがわが国の建設業に関するもろもろの政策や制度の改善と進歩に役立ちうるならば、わたくしどものよろこびとするところであります」と結んでいる。米国、英国、フランス、ドイツを視察し、その結果として建設業を概観しながら、各国の条件を導き出し、建設業の運営、許可制度、請負契約制度、保証問題等を比較研究している。この中では、各国の歴史的背景が記述されている。執筆者は中村絹次郎

（西日本建設業保証株式会社常務取締役）、高比良和雄（建設省計画局建設業課補佐）、俵正秀（東日本建設業保証株式会社調査課長）であった。

④　岩崎　脩

法学と建築学の中間的立場から建設業の特異性を取り上げている。岩崎は、京都大学法学部を卒業し、ゼネコンの大成建設で法務関係に携わった。著書には、「建設工事請負契約の研究」（清文社、昭和六十二年十一月）があり、菊判七八二ページの大部な研究である。実務を通しての建設請負の研究がなされている。この中で、第二部では、

第一章　請負約款の誕生
第二章　民法の請負規定
第三章　建設工事請負契約の特性
第四章　名古屋鎮台兵営建築増費請求事件（片務性の一断面）
第五章　分業から一式請負へ
第六章「四会約款」の原型の出現
第七章「四会約款」の発展

等が歴史的展開を扱っているが、建設業界固有の請負問題が常に中心のテーマである。

⑤　内山尚三

法学者の立場から建設業界の請負制度の研究を行っている。内山は、法社会学会の理事を四期（昭和四十五～五十三年）に亘り務めていた。内山の著作としては、「転換期の建設業」（清文社、一九七四）、「建設業における構造変化と再編成」（建設総合研究、第六八～七一号）、「建設産業論」（都市文化社、一九八三）、「建設労働論」（都市文化

社、一九八三)、打田畯一・加藤木精一との共著「建設業法」(第一法規、一九七九)などがある。

内山は、次のように述べている[5]。一九七〇年代に、「産業論の中で建設産業は、研究の最もたちおくれた分野、というよりもむしろ研究の対象となりえなかった分野であったように思われる」と指摘したが、このことは現在でも根本的な変化がないと締めくくり、それまでの建設産業研究を以下のように概観している。

戦前の官公庁請負工事の実態的分析と、そこから得られた片務性は、川島・渡辺両教授[6]により明らかにされ、法解釈の問題だけでなく、産業論についても大きな理論的影響を与えている。さらに両教授の研究成果は、建設労働、元請・下請問題の理論的解明に寄与したとも言及している。さらに、建設業固有の問題(実態、特殊性)となる請負契約約款に関しては、その成立の可能性、実効性を論じ貴重な論稿[7]の存在を示している。

実務上からの研究としては、建設産業を社会学的見地から分析したものがあり、さらに民法の請負規定と建設請負の関係、設計・監理契約についての研究も公表され、これを消費者問題と関連づけたものも論じられている。しかしながら、法的問題からの着眼は不十分であって、建設業法そのものについては研究に進展が見られないとの指摘を行っている。これまでは国内産業としての建設業に着目した研究があるが、日米構造問題協議から生ずる競争的制限取引慣行(いわゆる排他的取引としての談合)問題は建設業法のもつ許可制度の根幹に関係するので、法的理論化が不可欠であるとの見解を示している。法理論の展開に敷衍すれば、資本主義体制の中では、行政国家が政策的に国家法により社会・経済に積極的に介在するシステムが存在し、その介入の手段は行政的コントロール(特に業界法)の形態をとる。このような背景の中、建設業法のような「業法＝行政取締」は専門化した学問領域の狭間に成立・機能するために研究の空白が生じやすい領域であると結んでいる。

1・4　本書の文献資料

以下では、本書で使用した主要な文献に関して内容の概略を説明する。

①「大阪土木建築業組合沿革史」、同組合、大正十四年四月

第3章の大阪での業界団体活動を知るための貴重な資料であって、この種の業界沿革史の嚆矢である。資料的価値も高い。内容は、「第一編　組合の創設」「第二編　組合の革新」「第三編　組合の充実」「第四編　対外関係」から成り立ち、明治・大正期における建設業の実態とこれの組合化の問題が詳述されている。建設業に対する認識は、業界三大問題の解決姿勢にみるように、必ずしも全てが客観的に扱われているわけではないが、事実を知るには戦前までの建設業に係わる政策的な扱いを通史的に捉え、かつ当時の資料が原文のまま掲載されている貴重な資料といえる。

②「大阪建設業協会六十年史」、大阪建設業協会、昭和四十五年四月

右記の「大阪土木建築業組合沿革史」の継続分として計画された経緯がある。協会沿革史であるから、業界団体の活動が中心の記述であるが、そのほかにも、業界団体規則や建築取締規則、あるいは本書第4・5章で取り上げる工業組合、統制組合規制の原文が掲げられている点が大変貴重である。編者の中に戦時中の建設業統制担当官であった伊藤憲太郎が参画しているので資料が充実しているのかもしれない。

③「日本土木建設業史」、㈳土木工業協会、㈳電力建設業協会編、技報堂発行、昭和四十六年四月

同書は第二時大戦後の戦後復興期までを対象に、業界先人達の業績と業界発展の史実を明らかにするもので、一、

○○○ページを超える大部の構成となっている。同書の内容は、工事記録や施工技術だけでなく、請負業の実態や取締り、建設労働者問題等も取り上げられ、さらに当時の規則等に関する原資料が掲載されるなど、本書にとっても枢要な資料である。編集委員の中には、業界の歴史に詳しい飯吉精一や戦後も建設業統制の関係者であった伊藤憲太郎が含まれている。

④　「日本建設工業統制組合・日本建設工業会沿革史」、同編纂委員会発行、昭和二十三年十二月

戦争末期の戦時建設団の解散に伴い、商工組合法により設置された日本建設工業統制組合の誕生から、閉鎖機関指定による新規組織の日本建設工業会の設立と活動が当時の克明な一次資料を用いて編纂されている。特に同書からは、占領軍工事問題や業界が建設省に対して提案した建設業法の内容がわかる。

⑤　「土木工業協会沿革史」、㈳土木工業会編纂・発行、昭和二十七年十月

本書は「建設業」を対象としているが、必ずしもこの用語が戦前に使用されていたわけではない。古くは明治期にあって、業界団体も土木、建築に区分され、強制組合化の過程の中で土木建築業組合と称されるものに移行した（東京建設業協会のように建築請負団体の連合会が「戦時建設団」に統合される例外はあるが）。ただし、土木を専門とする業界団体の存在が確認できる。その代表が鉄道請負であって、同書はこの土木分野固有の問題を扱っている。その内容は、「第一章　鉄道請負組合の先駆」「第二章　鉄道請負業協会の創立」「第三章　発展拡大土木業協会」「第四章　改名強化と土木工業協会」「第五章　社団法人土木工業協会の復活」「第六章　土木工業協会の主なる事業」となっており、明治三十二年の鉄道請負業者が相会して発足させた「日本土木組合」の創立から、戦後問題の解決に取り組んだ昭和二十四年頃までを扱っている。

また、同書にあっては、協会の約款や事業計画・報告、時の対応すべき政策（法令・規則等）が記載されている

だけでなく、招待者挨拶や業界代表者の声明等の中に正史では登場しない、本質を知ることができる。

⑥「福岡県建設業協会沿革史」、福岡県建設業協会、昭和三十六年四月

戦後も一段落した昭和三十六年に纏められた協会沿革史であって、多くの資料が掲載されている。福岡県における特殊な分野としては、進駐軍関係工事（雁ノ巣、春日原等）の記載事項がある。

この種の協会沿革史は、各地で上梓されているが、実態は不明である。本書では、福岡県の資料を、地方における建設業団体の活動状況及び地方自治体（特に県警察）との係わり方の例として使用した。

⑦正史からでなく、それぞれの時に制定された法令に、業界が実際のところどのように判断し行動したか、外史にあたるものについては、「大阪の土木建築界を回顧して」（大阪建設業協会、昭和二十七年二月）や「建設業の五十年」（東京建設業協会、槇書店、昭和二十八年二月）、飯吉精一の「建設業の昔を語る」（昭和四十三年、技報堂）、等の会談や回顧録の記録が参考になり、これらのトピックスを資料的に裏付けることも研究の一途であろう。

戦前までにおける警察行政による建築取締は、市街地建築物法の実態的適用を含めてこれまでに明らかにされてこなかったと思われる。今後の研究分野として考えるべきであろうか。その中で取締りの内容（適用建築）が、次のような資料から大略捉えることができる。

⑧「警視庁建築関係規則類纂」（警視庁保安部建築課編纂、東京、警眼社発行、大正十年四月初版、［昭和十四年改訂第三六版まで確認］）

この中では、営業取締規則、畜舎、自動車車庫などの特殊な用途建築の建築規制が掲載されている。戦前にあっては、地方の取締りは、その殆どを警察が取り扱っていたことがよく分かる。資料としては警視庁分の存在は確認

できたが、地方それぞれで制定された規則類は不明である。

⑨　伊藤憲太郎資料

白眉としては伊藤が個人的に保管していた、特に商工省内部検討用の資料「伊藤憲太郎資料」がある。本書では第4章の商工省による建設業の統制実態を知る、貴重な第一次資料である。伊藤は、東京帝国大学建築学科を卒業し、初期は警察の取締りを担当し、戦時体制中からは産業再編の中心存在となる商工省技師として、直接建設業規則の起草に関係していた点が考慮されるべきであろう。

1・5　本書の概要

本書に係わる要素をキーワード的に示せば、「業界の自主規制」、「業界団体の展開」、「警察取締」、戦時下における「戦時体制下の企業再編」、「建設業所管官庁」、「戦後期の建設業資格と建設業法」、そして、「雇用、労働災害・安全、福利厚生（扶助）」等にまとめることができる。これらのキーワードをまとめながら、本書では、「行政による建設請負業の資格及び取締り」（第2章）、「業界団体による規制」（第3章）、「企業統制と建設業の再編」（第4章）、「建設業所管官庁の変遷」（第5章）、「戦後期の統制と建設業法の制定」（第6章）、「建設業界における労働・福祉制度」（第7章）の構成とした。

これらの区分は、第5章と第7章を除くと、概ね時間の経過とほぼ等しく、以下のようなまとめ方もできる。

○業界団体の自主的規制と明治政府による国内行政の要となった内務省警察による取締規則が適用された、「明治から昭和初期まで」

○昭和に入り、戦争体制下の国の施策と関係する時代。国による産業の一元的管理体制となる「昭和十年代初期から終戦まで」

○戦後の民主化と、非常事態体制からの脱却を主題とした戦後期。ただし「昭和二十四年の建設業法制定まで」

また、第7章に関しては、建設労働問題は、特に屋外を中心とした過酷労働と批判され、あるいは工場のように固定化された労働環境とは異なる斯業の特殊性も関係している。特に建設業法の範囲ではないが、建設業の労働のあり方を規制した領域（雇用、安全、扶助）等は、上記の時代区分に分別したのでは、その問題の本質が不明確になるので、一つの章として独立させて扱っている。

以下では、各章の目的と対象を略述し、本研究の意図するところを概観する。

第2章では、土木建築の請負業の取締りに関して、各府県の規則の制定状況と、取締りの意図を明らかにした。また、本章では、請負業の取締りが府県の警察行政の一部であったので、戦前における地方行政の特質を併せて分析した。

第3章は、業界の自主規制の実態を捉えるために、業界団体（組合）の会員資格や事業内容を研究の対象とした。基本的に組合組織は府県単位で設置されていたので、監督の府県と組合の関係、そして連合組合等についても言及した。

第4章は、商工省が中心となって行った、戦時統制下の建設業の統合化問題を対象とした。業界単独法は廃案となった「土木建築業組合法」を初めとするが、これ以降の統制行政の中で建設業を位置づけた。観点としては、工業組合法の適用とその後の商工省内部の検討状況、各団体からの建設業界再編案、さらに、建設業界の具体的統制策を明らかにするために、商工省が各府県知事宛に出した通牒の内容を詳細に分析した。建設業を統制した軍（陸海軍）組合の設置目的・実情等も本章に含めた。

第5章では、本研究の一つの目的であった建設業所管官庁の変遷を扱った。取締りと指導の行政所管が異なるので、雑業と称されたとの記述が多く見られるように、実態としては、現在の国土交通省のような単独省庁は存在していなかった。また、本章では、戦時下において建設業所管中央官庁設置の動きがあったので、これについても対象とした。

第6章は、終戦から、昭和二十四年の建設業法制定までを期間とし、建設業の資格や取締りに関する担当行政庁、業界団体による建設業の地位確立と建設業法草案の作成状況、さらに、国会での建設業法の審議過程を対象とした。第6章では、上記の三つの要因が複雑に関係していたため、第5章までのような区分となっていない。

第7章は、建設業における労働問題を論点とした。また、この章は、第6章と同様に、労働問題の流れを一貫して観察するために、独立して扱うことにした。また、本章では、戦後の労働改革（職業安定法、労働基準法関係）については、多くの優れた研究があるので、終戦までを主とした。

第1章　注

（1）大阪建設業協会六十年史、九八頁
（2）同書、一〇三〜一一四頁
（3）資料：「安全衛生運動史」、中央労働災害防止協会編・発行、昭和五十九年五月二十五日、七六〜七八頁
（4）一九一九年、渋沢栄一、徳川家達らを中心に設立された財団法人。労資協調の研究・調査、社会事業を行った。第二次世界大戦後、ＧＨＱの勧告により解散となる。
（5）「建設業法の制定、改正、概要」、内山尚三、建設総合研究第四五巻第三・四合併号、二一〜三三頁
（6）川島武宣《かわじまたけよし》：一九〇九年（明治四十二年）生まれ、法学者（民法・法社会学）、一九七九年学士院会員、一九九一年文化功労者。

渡辺洋三《わたなべようぞう》：一九二一年（大正十年）生まれ。法学者（民法・法社会学・憲法学）、川島武宜に師事。

（7）「土建請負契約編(1)」昭和二十三年十一月、「同(2)」第6章6・1「d　建設工事施工別調査協議会」を参照。「土建請負契約編」として一九五〇年十月日本評論社より出版。

第２章　行政による建設請負業の資格及び取締り

本章では、建設業が公（行政）のシステムの中でどのような資格が課せられたか明らかにすることを目的としている。この資格については、概ね財政（資本、納税額）、経営経験、技術者・技能者等が該当する。

具体的には、建設請負業者の資格を対象とし、次に行政による建設業の取締実態（地方団体で府県に該当する）を解明する。前者にあっては、はじめに、我が国の近代請負業務の嚆矢であった鉄道請負を取り上げ、工事請負者としての資格がどのように決められていたかを捉え、次に公共工事の入札制度を規定する会計法を取り上げ、同法の変遷から入札者（請負業者）に求められた資格の実態を解明する。

後者にあっては、直接的に建設工事の請負業者の資格を規定した府県の条例から、その実態を明らかにするものである。また、市街地建築物法が規定する建設業に関する規則等もここに含める。

2・1　建設請負業者の資格

(1)　鉄道請負人資格[1]

我が国の建設に係わる大型請負工事の黎明期は、土木工事が該当し、分野では鉄道敷設を中心に行われ、鉄道請負の条件が建設業者の資格や取締りについて規定した最初のものといえる。また、明治初めの頃の公共工事は、官の強力な指導の下による直営工事が中心であったから、労務提供を主とした建設業に対しては、特に技術者の資格についての細かな規定がみられない。

明治六年九月の鉄道寮事務簿の中で、一七号として「鉄道建築規則」、一八号には鉄道寮分課処務事務（同年十月）があるが、請負の入札（「投票ヲ以テ受負ニ付ス」とある）の部局内の方法について規定しているのみである。そして第一三条では「受負ニ命スル者ノ内渡金ヲ乞ハハ成功ノ部分物数ノ多寡ヲ斟酌シ申請状ニ検印シテ主計課ニ付ス」と、工事途中の支払いが規定されている。

明治十一年八月着工の大津線から我が国の土木請負業が本格化した。資料[2]によれば、「鉄道線路は（明治）十年代の後半から急にめざましく延びて行くのであるが、このように鉄道工事が次第に増加してゆけば、それによって起こる需要に応えて、土木請負業者の数も当然増加し、……何といってもこのような大量の工事の増加が鉄道請負業－土木業者が、事業としての基礎を固める第一の要素となったということができる」としている。西欧の近代国家に倣う殖産興業の旗印たる鉄道建設の隆盛と土木工事、そして工事請負業者の台頭が右記から見て取れる。

この建設工事にあって、最初に資格を規定したものとしては、「米原・敦賀間鉄道建築土工仕様書並請負人心得書」（明治十三年（一八八〇））が挙げられる。本心得では、その作成にあたっては、英国の土木仕様書を翻訳、参照し[3]、さらに外国人技術者の関与が大といわれ、最初の部分で「切取の部」「築堤の部」などの工事の技術に関することを掲げ、建設請負業者の具体的条件を以下のように示している。

①　下請の使用は構わないが、一括外注は禁止する。
②　工事仕様と異なる場合は請負の中止
③　当局から機関車で土砂の運搬依頼がある場合は、請負期間を過ぎても、この任にあたること
④　工事落成の定義と、落成後の保証期間（瑕疵）は六ケ月間とすること
⑤　契約が締結された際の抵当として請負金額の一〇分の一を当局へ預ける。契約の日時通り完成した場合は、賞与並びに利息として抵当権の五割分を付して返還すること。なお、予定通りの完成に至らぬ場合は抵当金の没収

以上が規定されているが、かなり難解な文章で構成されていた。この心得では、工事保証金を条件として挙げ、工事を契約期間前に完成させた場合は、報奨金が与えられる点に特徴がある。また、保証金以外は特に条件は課せられてない。

続く「東海道線工事土工仕様書及請負人入札心得」（明治十八年着工）になると、仕様書の内容がこなれたものとなり、米原・敦賀間鉄道線の時と比べると文章も分かりやすく、指示も具体的になっている。以下では、同「心得」から請負人の資格に関係する部分を抽出する。

①　請負人は鉄道土工（工事：筆者追加）の経験のある者に限定する。
②　請負人は三千円以上の資産を有し、信用ある保証人が二人以上必要。入札保証金は毎区各五〇円を差出すこ

と。（以下略）

従って、東海道線の工事になると、保証金が減額され、代わりに工事経験（営業経験と言い換えられる）と資産、保証人が条件となった。

次項で述べる会計法、同施行規則の公布により、逓信省の所管であった鉄道庁は、鉄道工事に必要な手続きを制定することになる。(4) その始まりは、明治二十三年十月十八日の鉄道庁告示「鉄道庁工事請負規則」が該当する。第一条では会計法の規定を受けた請負工事であることが次のように示されている。

第一条　工事請負ノ競争ニ加ハラントスル者若クハ其契約ヲ結ハントスル者会計規則第六九条ノ証明ヲ為サントスルトキハ自己ノ履歴書並ニ二年以上従事シタル工事ノ種類及施行場所ヲ記シタル書面其他其工事ノ監督者若クハ請負ヲ命シタル者ノ証明書ヲ鉄道庁ニ差出スヘシ

会社製造所商会等ニシテ官ノ認可ニ依リ営業スルモノハ其認可状写ヲ以テ証明書ニ代用スルコトヲ得

まさに競争者の資格、工事経歴とも会計法のとおり規定されていた。

この工事請負の内容をより細かく示したものとして、工事契約書がある。内容は、以下のとおりであった。(5)

明治二十五年六月二十一日　鉄道敷設法公布

第九九号　明治二十六年十一月二十六日立案

大臣　代理　次官

経理課長　鉄道局長

参事官

北陸鉄道工事入札ノ件

この冒頭に続き、請負入札に必要な書類、図面を「大臣　代理　次官　参事官」に伺定を提出する旨の記載の後で、決裁書には契約書案、請負入札人心得、工事請負入札書等が添付されていた。この中で「契約書案」は最初に工事の概要と請負金、保証金等を次のように規定している。

一金　何　程　北陸鉄道線第五、第七、第八、第九工区隧道土工受負代金
一金　何　程　契約保証金
（公債証書ヲ以テ保証金ニ代用セントスルモノハ左ノ脇書ヲ付スヘシ）
此代用公債証書ノ種類及額面金額左ノ如シ
何公債証書　番記号　額面何程

そして、具体的な契約内容は一七条より示され、最後には日付と契約担当官吏の氏名と押印となっている。請負者の資格に関しては、第一条で保証金を預けることを規定し、第八条では請負者自身が工事現場に出られぬ場合は代理人を置くこと等が関係し、この時点ではそれ以外の具体的資格については触れられていない。

次に、海外における請負業者の資格の実態が、「台湾縦貫鉄道工事請負契約書」（明治三十二年）から捉えられる。(6) 契約者としては、「乙（久米民之助）ハ請負工事ニ付甲（臨時台湾鉄道敷設部長、後藤新平）」となっている。

ここで参照した契約書は、台湾縦貫鉄道工事当初の久米組のものである。前半は工期、図面等指示書関係、工事

中止、支払条件等が記載され、請負人の資格（というより能力）に関する部分は、

第五条　乙ニ於テ第一条ノ期限内ニ本件工事ヲ落成セサルトキハ該期限ノ翌日ヨリ一日ニ付請負金額ノ五百分ノ一ヲ延滞金トシテ甲ニ納ムヘシ

等、延滞金のみであった。

その後、明治四十四年九月五日になると、官制の変更に伴い鉄道院（庁から院へ）が設置され、鉄道院工事請負入札心得・契約書が制定された。この中で契約書については、上記の明治二十六年のものと内容について基本的差異は見られないが、契約に関する内容が精緻となり、請負人資格もより具体化した。すなわち、[7]

①　第一二条で、相当の技術者を配置して現場における一切の工事監督にあたらせること（技術者の規定）

②　第一三条で、工事には適当な職工人夫を配置すること（技能者の規定）

③　第一四条で、工事に携わる職工人夫の衛生に関する注意と設備をなすこと

など、経営経験や保証金の他に、技術・技能者（労働現場の衛生を含めて）についての規定がなされるようになった。

この入札心得・契約書の中で、技術者や職工人夫の水準を示す言葉は抽象的であり、何故技術・技能に触れているか、また、労働環境を含んでいるかは、現在のところ不明である。しかし技術者に関する第一二条の「相当」に関しては、それを知る手がかりが鉄道請負業協会理事長であった菅原恒覧による、鉄道院関係者との連合懇談会（大正八年三月開催）の中での発言から類推することができる。菅原は南満州鉄道の管理に属する朝鮮鉄道にあっては、内地と同様に多数の監督者を使用することとなっているが、南満州鉄道の規定では請負人側にも工学士または

それと同等の学力を有する技術者を配置することになっていると発言している。もし菅原が発言した満鉄の基準が適応されていたなら、工学士の学位は、時代的背景を考えると、およそ旧制帝大の卒業者のみが該当する。「相当」の意味は高学歴であったとも考えられる[8]。

そして、昭和十二年になると鉄道大臣達第一二二六号「工事指定請負人規定」が制定され、従来の工事では関係各所がそれぞれ任意で行ってきた指名請負制度の全国統一・規格化がはかられた。この規定では、「指定請負人の指定は所定の資格あるものについて行う」と定められ、資格の具体的内容は「大蔵省令第三三号」が引用され、一廉二〇万円以上と二〇万円未満の工事に区分され、個人、法人あるいは組合別に、それぞれの納税額による条件を定めていた。さらに、請負契約として、工事調査の協力や、主任技術者の配置などが義務付けられた。

(2) 会計法による請負人資格

公共事業は国民の税金により遂行されるため、適切な事業費の執行が義務付けられ、請負業者選定にあっては、同じ仕様であれば低廉なものに発注するシステムが確立された。これを規定するのが明治期から制定された会計法である。

会計法と入札請負制度の確立の関係を示すと、歴史的には以下のような展開があったことが分かる[9]。

明治十四年四月二十八日、太政官達第三三号として公布された「会計法」が最初のものであった。ついで明治十五年一月十六日には太政官達第五号により改正されたが、これまでの規定には契約（特に一般競争入札）に関する規定は存在していない。明治二十二年（一八八九）になると会計法の全面改正が行われ、一般競争入札化に伴い随意契約が廃止された。この事件は、国の工事を一括して請け負うために創設を企図した建設業者を震撼させたこと

は周知のとおりである。具体的に明治二十二年の改正会計法の内容をみると、「第七章　政府ノ工事及物件ノ売買賃借」の中で、

第二四条　法律勅令ヲ以テ定メタル場合ノ外ノ工事又ハ物件ノ売買ハ総テ公告シテ競争ニ付スヘシ但シ左ノ場合ニ於テハ競争ニ付セス随意ノ約定ニ依ルコトヲ得ヘシ

（一〜一四までが随意契約が出来る場合。記述省略）

と規定され、この基本方針は現在まで適用されている。特例の他は一般競争入札であったことが分かる。

また、同時に規定された会計規則（施行規則）の中で次のような記述がある（「第七章　政府ノ工事及物件ノ売買賃借」の項による土木建築工事規定）。

第一款　総　則

一、工事代金の支払（以下、略）

二、競争参加の資格及び欠格

イ　業務経歴二年以上

ロ　各省大臣は省令にて資格を定めることが出来ること（以上六九条）

ハ　欠格者の規定

三、保証金

イ　入札保証金

(1)　競争に加わる者は入札保証金を納めること（六九条）

(2)　入札保証金は見積金額の千分の五以上で、各省大臣がこれを定める（七〇条）

ロ　契約保証金（以下略）

第三款　随意契約（以下略）

この中で「二」「三」が請負業者の資格条件に関係し、前頁の会計法によれば「業務経歴」「入札保証金」を規定していた。条件となる数字は異なるが、鉄道請負の東海道線の場合と同じ内容である。

明治二十二年の改正会計法を参考としたものに東京市公布の「東京市工事請負規則」がある。この中で請負者の資格をみると、入札選定にあたり「市費に属する工事にして金額弐百円以下のものは公の入札に附せず、定式請負を以て之を請負せしむ」とあり、大規模のみが一般競争入札、小規模ではそれまでの定式請負が継承されていたことが分かる。そして、東京市工事請負規則の第三条では、定式請負の契約条件が決められ、身元保証物や金銭の差出等の財務条件を規定していた。(10)

さらに、明治三十三年六月二十九日には勅令第二八〇号をもって、「政府ノ工事又ハ物件ノ購入ニ関スル指名競争ノ件」が制定される。これは、不特定者から特定（指名）者に入札者の範囲を制限することを認めたもので、煩雑な業務を回避し、さらに安全と思われる業者を選考の母体とした、いわば発注者側（官側）による業者選定の保険とも言い換えられる。具体的規定は以下のようであった。

政府ノ工事又ハ物件ノ購入ニシテ無制限競争ニ付スルヲ不利トスルトキハ指名競争ニ付スルコトヲ得

この条文が追加されたが、入札者の資格は一般競争入札と同じであって変更されていない。

会計法と並んで、請負制度の確立に関係するのが民法であって、明治二十九年に制定された。請負制度の規定は、以下に示すとおりであるが、建設業の場合は、入札請負制度が以前から習慣化していたので、民法は「請負契約」に法的根拠を与えたとの判断がなされている。請負に関係する条文は、下記のとおりであるが、請負者の資格を規定している内容は含まれていない。

民法（明治二十九年四月七日法律第八九号）

第六三二条　請負ハ当事者ノ一方カ或仕事ヲ完成スルコトヲ約シ相手方カ其仕事ノ結果ニ対シ之ニ報酬ヲ与フルコトヲ約スルニ因リ其効力ヲ生ス

第六三三条　報酬ハ仕事ノ目的物ノ引渡ト同時ニ之ヲ与フルコトヲ要ス但物ノ引渡ヲ要セサルトキハ第六二四条第一項ノ規定ヲ準用ス(11)

大正十年四月七日法律第四二号を以て会計法が改正される。そして、入札応募者に対する資格は、第九六条で規定されていた。

第九六条関係　一般ノ競争ニ加ワラントスルモノニ必要ナ資格ハ大蔵大臣之ヲ定ム

が該当し、一般競争参加の資格及び欠格に関する基準は、新制度においては参加資格を大蔵大臣の定めるところとし（新九六条、旧六九条）、詳細は大正一年四月省令第三三号で公布され、欠格条項は強制規定が任意規定に緩和される。(12)

本法律の意図するところを記せば、以下のようにいえる。大正十年改正の会計法の具体的規制を示したのが、翌年の四月に制定された会計規則（「大蔵省令第三三号」、大正十一年四月一日（官報第二八九七号所載による））であり、請負業者の資格に関する事項としては、第九六条が該当する。この条文では一般の競争に参加する者に必要な資格を次のように定めている。

「会計法規則」、大正十一年四月一日　大蔵大臣　子爵高橋是清
第一条　工事、製造又ハ物品供給ノ一般競争ニ加ラムトスル者ハ一年以来其工事、製造又物品供給ノ業務ニ従事スルコトヲ証明スヘシ但合名会社、合資会社及株式合資会社ニ在リテハ其業務執行社員ノ一人、株式会社ニ在リテハ其会社ヲ代表スル取締役ノ一人、組合ニ在リテハ其業務執行スル組合員ノ一人、一年以来其工事、製造又物品ノ供給ノ業務ニ従事スルコトヲ証明シタルトキハ此限リニアラズ
　工事、製造又物品供給ヲ営ム合名会社、合資会社及株式合資会社ノ業務執行社員、株式会社ヲ代表スル取締役又組合ノ業務ヲ執行スル組合員タリシ者ニ付テハ其在任期間中当該工事、製造又物品供給ニ従事シタルモノト見做ス
第二条　工事、製造又ハ物品供給ノ一般競争ニ加ラムトスル者ハ前条ニ規定スルモノノ外左ノ事項ヲ証明スベシ
一、個人ニ在リテハ二年以来其毎年納メタル地租、第三種所得税及営業税ノ合算額ガ見積入札金額千分ノ一ヲ下ラザルコト
二、法人又組合ニ在リテハ出資額又払込資本金額入札金額ヲ下ラザルコト但法人ニシテ二年以来其毎年納メタル地租、第一種所得税及営業税ノ合算額見積千分ノ二ヲ下ラザルコトヲ証明シタルトキ又合名会社、合資会社及株式合資会社ニシテ其無限責任社員ノ一人、組合ニシテ其組合ノ一人前号ニ該当スルコトヲ証明シタル場合ハ此限リニアラズ
第三条　工事、製造又物品供給ニ関スル営業ヲ継承シタル場合ニ於テハ前営業ニ従事シタル期間及納付シタル税額ハ承継人ノ従事スル期間及納付シタル税額ニコレヲ通算ス
第四条　本令ニ規定ニ依リ証明ヲ要スル事項ハ当該官公庁ノ認証アル書面ヲ以テ之ヲ立証スベシ

第五条　公共団体ニ於テ工事、製造又ハ物品供給ノ一般競争ニ加ラシムルトスルトキハ本令ニ定ムル資格ヲ有スルコトヲ要セス

このような規定があるが、公共団体が工事、製造等を行う規定が実際にどのように機能したかは、明らかでない。そして、次の条文では、

第六条　各省大臣特別ノ事由アリト認ムルトキハ一般競争ニ加ハシムトスル者ニ資格ニ付大蔵大臣ト協議シテ本令規定ニ特例ヲ設クルコトヲ得

としている。例外のない規則が存在しない以上、妥当な措置ともいえるが、例外を認めることが、後々建設業界の不信を生んだことも事実である。戦前の我が国の規則の適用として、占領下の国・地域においても、以下に示すような規定がなされている。

第七条　朝鮮、台湾、樺太、関東州、南洋群島又外国ニ於テ工事、製造又物品供給ノ一般競争ニ加ラムトス者ニ必要ナル資格ハ朝鮮総督府所属ノ経費ニ付テハ朝鮮総督府、台湾総督府所属ノ経費ニ付テハ台湾総督府、樺太所属ノ経費ニ付テハ樺太庁長官、関東庁所属ノ経費ニ付テハ関東庁長官、南洋庁所属ノ経費ニ付テハ南洋庁長官、各省所属ノ経費ニ付テハ所属大臣ノ定ムル所ニ依ル

〔付則　省略〕

改正会計法・同会計規則に基づき、各省庁では所管の工事請負についての契約を作成することとなった。この変

更内容を鉄道省の定めた工事請負契約書と比べたもの（内務省、司法省、大蔵省、陸軍省、逓信省等）が、「日本土木建設業協会史」に詳述されている[13]。

そして、同法規則に基づき「大蔵省令第三三号」が制定され、入札資格を定め、資格順にあっては、個人、合資会社、株式会社、組合に区分し、それぞれ「一年以上の実務経験」を証明することや「過去二年間の毎年の地租、第三種所得税及び営業税の合計が見積入札金額の千分の一以上」あることの入札制限（資格）が決められた。ただし、会計法の役割から、一般的条件の決定であって、建設請負に限定されたものではない。

この頃に決められた建設工事の中で道路・鉄道工事における入札、契約規則の規定類として、以下の二つが存在する。

① 大正九年　内務省令第三六号「道路工事執行令」

② 大正十一年　鉄道大臣達第五四五号による契約事務規定の制定

内容的には、右記の二つの入札基準は、概ね大蔵省令第三三号基準と同様のものであった[14]。

その後、昭和二年九月に公布された大蔵省令第二七号は、昭和十四年二月の大蔵省令第二号等によって改正され、以下の項目が追加された[15]。

① 戦争等の非常事態における業務経歴と納税額合算の特例

② 各省の大臣は特別の事由がある場合は、大蔵大臣と協議し資格を定めることができること

③ 指名、随意契約の範囲拡大

このように、昭和も十年代に入ると、以下に示すように、戦時体制が考慮され、形式よりも実質が重視されてきたことが分かる。

戦時体制に入ると、会計法も随意契約の導入を可能とする改正に至らざるを得なくなった。昭和十三年の「国家総動員法」の公布以降、公的機関による工事発注に関して、昭和十七年四月に法律第一〇号「会計法戦時特例」が制定された。本法は、大正十年の改正会計法と異なり、前払金と概算払いを可能としたもので、同法に付随して制定された「会計規則戦時特例」では、各大臣は土木建築その他の工事の請負発注を行う場合には、法の定めるものの他は、随意契約を行うことができる、としたもので、官庁工事または軍関連工事のほぼ全般について、無条件で随意契約を許可していた。このあたりの経緯は、第四章で指摘するように、戦時体制下では、建設業界も組合化が推進され、いわば官の認可した組合団体には、会計法上の便宜を供与した結果ともいえる。税金を使用した正統な支払条件と、戦時体制下の効率的発注とのせめぎ合いの結果といえる。

以上のような、公共工事に係わる入札制度の確立によって請負業者の資格が規定されていたわけであるが、建設業界全体では、異なった見解も示されている。例えば、「大阪建設業界六十年史」(三九頁)では、

> 入札制度をとられてからも大阪では、それほど大きな官庁工事がなかった。また、大阪においては業者の多くが銀行、会社等の民間工事の有力筋を得意先としてもっており、高額な保証金を積み競争入札をしてまで官庁工事をする必要がなかった

と述べている。従って、会計法による請負業者の規定が、全ての建設業者に影響したとは考えにくい部分もある。しかしながら、官の発注する土木工事のその金額が建築工事をはるかに凌駕していた実態を考えれば、会計法の影響は非常に大きなものであったといわざるを得ない。

(3) 刑法と建設業取締り

会計法以外に建設業固有の問題点を扱ったものに刑法がある。本来は、別項で扱うべきであるが、以下に述べるような内容しか現在のところ判明していないので、ここで紹介する。

昭和十六年に刑法が改正され、新たに「談合罪」が追加規定された。この規定は次の条文から明らかにできる。

第九六条　偽計若クハ威力ヲ用ヒ公ノ競売又ハ入札ノ公金ヲ害スヘキ行為ヲ為シタル者ハ二年以下ノ懲役又ハ五千円以下ノ罰金ニ処ス公正ナル価格ヲ害シ又ハ不正ノ利益ヲ得ル目的ヲ以テ談合シタル者亦同ジ

しかし、この条文のもつ意味は、談合行為を禁止するよりも、談合破り（通称「団子取り」）を対象としたようで、武田晴人[16]は、

戦争による統制経済が始まりつつあった当時、工業組合法に基づく業者間の自主的協定が公認された。つまり政府は、同業者カルテルの結成を促したのであり、談合はもはや公然と認められた組合の事業になり、不正に利益を得ようとした者を取締るのがこの当時の談合罪であった。そのような意味で、談合罪は戦争によって強められた統制的経済運営の落とし子であった。

と述べている。このことは、第4章で述べる統制経済体制と関係し、その根底にはカルテル化が存在していた証左といえよう。

2・2　行政（警察）による建設業の取締り

(1)　戦前における地方行政の特質

戦前における内務行政は、規則・計画を立案する中央官庁としての内務省と、これの実施・取締りを担当する地方官庁（府県が該当する）から成り立ち、今日の地方自治とは異なった構造を持っていた。建設業の取締りにあっても、地方官庁の中で警察行政の一部として担当されてきた経緯がある。なお、厚生省は内務省から分省したものである。

戦前における府県知事の任命権は国にあり、国家の施策を地方レベルで展開する役割があった。そして、以下に示すように、現在の、各省庁が地方において事務を行う方式と異なり、行政単位たる「団体」固有の事務のほかに、委任事務として国の施策の全てを地方で実施する役割があった。地方官制では知事の役割を次のように規定している。

第五条　知事ハ内務大臣ノ指揮監督ヲ承リ内閣又ハ各省ノ主務ニ付テハ内閣総理大臣又ハ各省大臣ノ指揮監督ヲ承ケ法律命令ヲ執行シ部内ノ行政事務ヲ管理ス

第六条　知事ハ部内ノ行政事務ニ付其ノ権限又ハ特別ノ委任ニ依リ管内一般又ハ其ノ一部ニ府県令ヲ発スルヲ得

この条文により、上位の法令を委任業務により施行する知事によって県令（県条例）が公布され、建設請負業界の取締りを含めたものが、それぞれの地方団体の立場によって制定できた、あるいは行った背景が解明できる。参考に示せば、市町村長は、法令によって機関委任されたもののみについて国や公共団体の事務処理の権限が与えられ、府県令のような命令を発することはできなかった[17]。

地方官制（第一七二条及び第一七三号）によれば、（都）府県の官吏については、職別に勅令で定員が定められ（府県独自の雇いはあるが）、市町村の場合は条例で定数が定められていた。

法律（地方自治法）によれば[18]、地方団体とは、府県市町村が該当し、その事務は、①地方団体の固有義務、②委任事務に区分できるが、これらは全て根本的には国からの委任事務であって、その委任の方法が異なるので、右記のような区分がなされた。それぞれの事務の具体的内容は以下のとおりであった。

① 地方団体の固有事務

法律第二条は、「法令ノ範囲内ニ於テ其ノ公共事務ヲ処理ス」と規定し、公共事務とは団体の公共の利益を目的とし、国家の事務の中で内政及び財政に属するものであって、衛生、土木、勧業のようなものが該当する。

② 地方団体の委任事務

法律第二条で規定された従来の法令または慣例、あるいは将来の法律や勅令等により行われる事務であって、国家、上級地方団体（この場合は府県を指すので、ここで言う地方団体とは市町村に該当する）等の事務が地方団体に委任されたものである。この事務は、本来的には法律や勅令を根拠とするものであったが、昭和十八年の地方制度の大幅な改正により（筆者注：多分に戦時体制と関係している）、省令により事務委任が可能となった[19]。

この二つの事務に対して、末松は、「固有事務」にあっては、オーストリア、ドイツ諸国においては警察事務を地方団体固有の事務に属させていたが、我が国ではプロシャ（晋魯西）の制度に従ったため、警察は国家の事務に統一し、これを地方団体に対する委任事務としたと指摘している。以上は、地方団体（府県）にあっても警察機構は内務行政として他の部局とは異質な存在であったことを示している。大正八年に制定された市街地建築物法の施行にあって、その取締りが地方に委任され、府県において建築課が誕生したことと関係している。しかしながら、各府県で区々に取締規則が制定された背景は、我が国における警察と建築取締の関係、中央と地方の連担制を精査した研究に委ねられるべきものであろう。

また、地方団体における事務には別な区分が存在し、以下のように分類できる。

① 随意事務　執行すると否とを問わず地方団体が随意に行う事務であって、固有事務の多くがこれに属する。

② 必要事務　地方団体が法令の規程により執行する義務としての事務に該当し、委任事務がこれに属する。そして、地方団体が委託された必要事務に対する予算を計上しない場合は、監督官庁が強制的予算を命じることを原則としている。

そして、従来、府県行政については内務大臣が、市町村行政については第一次的には府県知事、第二次的には内務大臣が一般監督権を持ち、それぞれが監督上必要な命令を発し、あるいは処分が行えた[20]。

戦前の地方自治の特質を知る参考として、昭和二十一年八月三十日衆議院における大村内務大臣の地方行政改革に対する声明を引用すると、戦後直後の立場で、戦前の地方自治がどのように解釈されていたかが明確になる。同声明では、以下のように述べている。

……政府におきましては、……地方分権及び地方自治の本旨に基き、地方自治団体の組織及び運営に関する自主性を更に徹底せしめると共に、警察、教育、保健、衛生、財政及び労働等の国政を原則として地方自治体に委譲しその指揮監督下におき、中央政府はこれ等の事務については、全国的基準の設定各地方団体間の調整並びに情報の蒐集及び配分に間接的職分を行なうようにとどめるような方向……

従って、大村内務大臣の所信とする戦後自治の反面教師となる戦前の施策が明確になる。

以上、戦前の地方自治の構造的特質から、第４章で詳述する、商工省化学局長や企業局長からの各府県知事に対する建設業界の統制に関する通牒は、この委任事務にあたるといえ、その依頼は絶対的なものであったと判断できる。

また、文献[21]によれば、昭和二十二年の自治法改正による「地方公共団体の権能に関する事項」のなかで、公共の福祉を目的とした「公共事務」に加えて、改正法では、いわゆるこれの反対の性質である住民の自由に対する制限や禁止を定めた「行政事務」の地方委譲がなされた。このような行政事務は戦前にあっては、内務大臣及び知事が権限をもち、地方団体が包括的に委任された事務であった。その代表として、坂田は警察行政事務を挙げている。さらに、警察行政事務に限定されず、一切の行政事務（例として以下が掲げられている。自動車の速度制限、興行場・旅館・風俗営業の取締り、家屋の構造の制限等）、すなわち、憲法及び法律が地方団体による処理を禁止していない事項全てが地方委譲されたと指摘している。しかしながら筆者による知見では、例として挙げられた対象は殆ど全てが警察の担当する行政事務であった。

(2) 警察による建設請負業の取締り

地方自治の特質により、警察が建設業の取締りを担当したことを明らかにしてきたが、ここでは、建設請負業の取締りに関する規則の実態と、臨検にみる建設業の社会的地位の扱われ方や国の業務委託としての市街地建築物法に係わる取締りの内容を明らかにする。

戦前にあって、行政警察が取締りを行った建設請負業取締規則の実態を東京府、大阪府そして地方の例として福岡県を取り上げ、規則の性質と内容を明らかにする。

また、規則では、単に個々の企業の請負資格だけでなく、組合の設立に関する規定を取り扱っている。このことは、本来は社会的に認知された、競争をもって企業経営がなされるべきものとしても、業界側からは、各社横並びの規制が期待され、官としては取締り上、組合による自主的管理体制は望むべきもので、両者の利害が一致する都合のよい規制であったとも言える。第4章では、戦時下の業界統制の実態を解明するわけであるが、個々の企業を対象とせず、組合を通しての規制は、廃案になった土木建築業組合法、その後の業界に対する工業組合法の適用、さらには昭和十八年以降の企業統制としての商工省の施策に連なる行政手法であったともいえる。内務省、商工省と所官省庁は変化しても、これが普遍的な流れと読むこともできよう。もっとも、これは建設業界に限ったことではない。

以下に示す取締規則では、表題で「土木建築」業を規定するものと、表題では「請負業」とし、条文の中で土木建築業を対象とするものの二様があった。一般的には前者の方式がとられ、後者は東京府と岡山県のみが確認されている。

a　東京府の場合、請負営業取締規則

この規則は、大正九年十二月に庁令第三九号として制定され、昭和二年四月に庁令第一八号、同六年七月同第二六号、同八年十月同第四〇号により改正されている。

大正九年の制定を考慮すると、大阪では既に、明治三十八年六月府令第五一号土木請負取締規則をもって斯業への取締りが行われていたから、東京の場合、その制定は遅れている。何故か不明であるが、一つの理由としては、一年前に市街地建築物法が制定されていることとの関係が考えられる。

以下では、東京における建築請負業の特質を分析する。また、ここでの問題は、第３章で指摘するように、土木と建築を現在で呼称するところの「建設業」ではなく、「土木建築」としている点である。本書の第３章で指摘するように、建築と土木は一体化したものでなく、それぞれが独立した守備範囲をもち、二つの業界が必ずしも一致して見られたわけではない。

このような背景を考えるとき、主体は、民間での請負による建築工事（特に明治・大正期にあっては）でなく、土木工事にあり、もともと建設業の取締りの対象となった事業は、公的機関の工事であって、その主体は土木にあったとも考え得る。しかしながら、府県条例として取締規則が制定されているので、この点から考えると地方性が考慮の対象で、必ずしも土木とはいえないかもしれない。ただ第３章で指摘するように、また戦前の特殊建築物（木造住宅以外という意味で）はあまり多くは建設されていなかった事実もある。

以下に東京都の規則を掲げる[22]。

警視庁令第三九号

請負営業取締規則左ノ通定ム

大正九年十二月二十八日　警視総監　岡　喜七郎

「請負営業取締規則」

第一条、本令ニ於テ請負ト称スルハ土木工事又ハ建築工事ノ請負ヲ謂フ

この条文で土木建築請負業が対象となることが示されている。他府県の場合は、土木建築請負業取締規則（以下で扱う、明治三十八年六月の大阪府第五一号では「土木請負業取締規則」大正四年六月大阪府令第四二号「土木建築請負業取締規則、昭和二年福岡県令第四号土木建築請負業取締規則」）となっている。この傾向は、昭和二十三年四月一日公布の「鳥取県土木建築請負業取締条例」にも引き継がれている。従って管見の限りでは、規則の表題を「請負営業」とし、具体的内容を本文中に示しているのは、東京府と岡山県の「請負業取締規則（昭和六年四月二十八日、岡山県令第二三号）の場合だけであった。次は、届出の内容であって、

第二条、請負営業ヲ為サムトスル者ハ左ノ事項ヲ具シ主タル営業所所轄警察署ヲ経テ警視庁ニ願出テ許可ヲ受クルヘシ

一、本籍、住所、氏名、生年月日、商号、屋号アルトキハ商号、屋号（法人ニ在リテハ其ノ名称、主タル事務所所在地、代表者及業務執行ノ任ニ当ル者ノ氏名並定款写）

二、営業所ノ数及其ノ所在地名

三、営業ノ種目

前項各号ノ事項ニ変更アルトキハ五日以内ニ主タル営業所所轄警察署ヲ経テ警視庁ニ届出ツヘシ

であり、この条文によれば、届出は最終的に警視庁で処理されるので、東京府規模でも業者団体が、業界の活動状況を掌握できるとしている。次は営業所等の規定である。

第三条、営業者ハ営業所ニ第一号様式ノ請負台帳ヲ備ヘ契約ノ都度其ノ所定事項ヲ記載スヘシ記載事項ニ変更アリタル

トキ亦同シ
前項ノ帳簿ハ記載ノ工事引渡完了ノ日ヨリ起算シ十年間之ヲ保存スルコトヲ要ス

ここでは、工事に係わる書類（請負台帳）の保存期間を一〇年と決めたことに注目したい。他府県で一〇年の保存期間を義務づけるものは発見できていない。以下は次のようであった。

第四条、警察署ニ於テ前条第一項ノ帳簿ノ提出ヲ命シ又ハ警察官吏ニ於テ其ノ提示ヲ命シタルトキハ之ヲ拒ムコトヲ得ス
第五条、請負ヲ為ス者ハ請負ヲ強要シ又ハ請負入札ニ付キ競争入札者間ニ於テ利益ノ分配ヲ請求シ若ハ其ノ授受ヲ約シ又ハ授受ヲ行フコトヲ得ス
第六条、営業者一年以上請負ヲ為シタルノ事実ナク又ハ本令若ハ本令ニ基キテ発スル命令ニ違反シ又ハ公安ヲ害スルノ処アリト認メタルトキハ営業停止ヲ命シ又ハ許可ヲ取消スコトアルヘシ

この条文からは、許可後も一年以上請負活動を行わない場合は、免許取消しの対象となる。この条件は大阪の場合も等しい。また、許可後に変更のあった場合の措置については、

第七条、営業ヲ廃止シタルトキハ五日以内ニ主タル営業所所轄ノ警察署ヲ経テ警視庁ニ届出ツヘシ
営業者死亡シ又ハ所在地不明ト為リタルトキハ戸主、家族又ハ従業者、法人解散シタルトキハ清算人ヨリ十日以内ニ主タル営業所所轄ノ警察署ヲ経テ警視庁ニ届出ツヘシ
第八条、本令ニ依ル届出ハ未成年者、禁治産者又ハ妻ニ在リテハ法定代理人、保佐人又ハ夫ノ連署ヲ要ス
法定代理人、保佐人又ハ夫ニ変更アリタルトキハ三日以内ニ営業所所轄ノ警察署ヲ経テ警視庁ニ届出ツヘシ

次の条文は、業界組合の設置に係わるものである。

第九条、営業者組合ヲ設ケタルトキハ組合代表者ハ其ノ組合員及役員ノ氏名ヲ記シ組合規約書ヲ添エ主タル事務所所轄警察署ヲ経テ警視庁ニ届出ツヘシ其ノ届出事項ヲ変更シタルトキ亦同シ

この九条により、業界団体の組合が設置できることになっているが、強制力がなく、不良（あるいは無許可）業者が跋扈して困惑しているので、改正が度々請願されてきた。[23] そして、これを受けて警視庁は、「請負営業取締規則摘録」（昭和二年四月十九日警視庁令第一八号改正、同年五月一日より施行）により対策を規定した。

第九条ノ二　組合ヲ設ケタル地区ノ営業者ハ其ノ組合ニ加入スヘシ但シ組合ニ加入シ得サル事由アルトキハ其ノ旨警視庁へ届出スヘシ

以降は、罰則等に関するもので、特に請負業としての資格は該当しない。

第十条、左ノ各号ノ一ニ該当スルトキハ拘留又ハ科料ニ処ス

一、第二条ノ許可ヲ受ケスシテ請負営業ヲ為シタルトキ

二、第三条、第五条、第七条、第八条第二項ニ規定ニ違反シ又ハ第四条、第六条ノ規定ニ基ク命令ニ違反シタルトキ

第十一条、営業者ニシテ未成年者又ハ禁治産者ナルトキハ本令ノ罰則ハ之ヲ法定代理人ニ適用ス

但シ其ノ営業ニ関シ成年者ト同一ノ能力ヲ有スル未成年者ハ此ノ限リニ在ラス

第十二条、営業者ハ其ノ代理人、戸主、雇人其ノ他ノ従業員ニシテ其ノ業務ニ関シ本令又ハ本令ニ基キテ発スル命令ニ違反シタトキハ自己ノ指揮ニ出テサルノ故ヲ以テ処罰ヲ免ルルコトヲ得ス

第十三条、法定代理者又ハ其ノ雇人其ノ他ノ従事者ノ行為ニシテ法人ノ業務ニ関シ本令又ハ本令ニ基キテ発スル命令ニ違反シタル場合ニ於テハ本令ノ罰則ヲ其ノ代表者ニ適用ス

付則［省略］

この取締規則では、先に述べたように、第三条によって請負台帳（様式第一号）を作成し、所轄警察署の検印を受けて営業所に備え付け、かつ工事完了日より起算して一〇年間の保存が義務付けられている。具体的な様式の記載事項は以下のとおりである。大正期の請負規則でどのような点が重要であったか知るための貴重な資料といえる。

第一号様式［（美濃紙形、枠組みのある表形式）］

土木・建築請負台帳

一、請負契約年月

一、請負工事依頼者ノ住所、氏名、職業

一、請負作業地地名番号

一、請負工事ノ種類

一、請負工事ノ大要

一、請負金額

一、作業着手年月日

一、引渡年月日

備考

請負工事ノ大要ハ建物坪数構造ノ大要又ハ下水工事ノ延長或ハ埋立地上ノ坪数其ノ他大要等ヲ記入ス

次に、この規則が警視庁の取締りの中でどのような分類に含まれていたかを検証する。警視庁法令類纂（昭和十四年版）によれば、第二章行政警察、第二款（保安）、第一項（安寧）、第二十一目　請負、占業に含まれている。なお、第二款、第一項に含まれているのは、目別では（第一目から第三十三目まで順に示す）、

「御肖像及御紋章」「皇室ニ関スル文字濫用」「御陵御墓」「勲章記章等ノ佩用及官庁其他ニ関スル文字記号等濫用」「銃砲火薬」「発砲」「玩具用普通加工品」「戎器」「瓦斯」「危険物」「火災予防」「電気」「銀行、保険、証券、取引及財物募集」「社寺及祭典祈禱」「貸紙幣、漉入紙、印紙類」「度量衡」「暴利」「質屋」「古物商」「紹介業」「請負、占業」「代書人」「市場」「人事相談」「営業視察及内報」「営業開廃鑑札願届及報告」「遺失物及埋蔵物」「森林」「狩猟」「漁業」「輸出及米穀」「種牡牛馬検及馬匹去勢其他」「特許及登録」（傍点は筆者による）

が該当する。なお、工場法に関する取締りは、第二章行政警察、第二款（保安）、第二項の「工場」に、都市計画法や市街地建築物法は、第二章行政警察、第二款（保安）、第三項の「建築物」に含まれている。このことから、市街地建築物法や工場法などの直接、建築物を取り締まる業務とは異質であり、まさに取締行政であったことが分かる。

では、取締運用側ではどのような対応を行ってきたかを明らかにする。請負取締規則を担当する行政官の判断基準として出された「請負営業取締規則執行心得」（大正十年一月訓令甲第一号、昭和二年、同六年、同八年に本則は改正される）の中では、営業所の所轄警察署に備えるべき「請負業者台帳（カード式）」を規定した第三条があり、具体的には、次の記載事項がある。

（種別）請負営業　署名　署長　主任

許可 年 月 日
営業種目
商号又は屋号、氏名、年齢
主タル事務所所在地
本籍
住所
主タル事務所以下ノ事務所ノ所在地、法定代理人保佐人、夫又ハ法人ノ代表者ノ住所氏名

これまでの規則の内容からは、全般的にみて、警視庁令の規程にあって、特に建設業固有の資格や技術基準を一定のレベルで審査した事項は存在していない。

以下は、建設業が警察等地方行政のいずれの部局との関係があったかを示すものとして掲げる。資料[24]から、第一四回全国安全週間「総力戦だ、努めよ安全」（昭和十六年七月一日から一週間）の中で行政側の参加者の実態を見てみると、「安全運動実績検討座談会」では、組合側以外としては、厚生省労働局長、保険院理事官、警視庁工場課警部補・同技師、同属、同技手、土木建築扶助会技師等の参加があった[25]。

「誓って安全、貫け征戦」を標語とした第一五回全国安全週間にあっては、昭和十七年七月一日から一週間（安全週間の一環とある）、事業場の巡視があり、警視庁担当者と組合関係者（理事・書記等）が参加している。具体的内容には以下のような記述がある（組合関係は省略）。

①　第一班（警視庁）熊谷技師、矢根係長　五件（一例としては、北多摩郡府中町雨窪　芝浦電気府中工場　大

林組）

② 第二班（警視庁）阿部労災主任、越川属　五件（一例としては、南多摩郡堺村小山　相模陸軍造兵廠道路工事飯場　松村組）

③ 第三班（警視庁）森船員労災主任、浅野警部補　五件（一例としては、立川市弥生町　立川飛行機株式会社宿舎　棚橋組）

その他、厚生省や（土木建築）厚生会の担当者も参加している。合計五班で合計五三箇所の巡視結果であった。郡部から市内までに及んでいた。この安全週間の官側からの参加者は、警察にあっては技師や警部、属（事務官）等が係わっていたことが分かる。また、労災面からも担当官が参加していた。

b　大阪府の場合、土木建築請負業取締規則

大阪府では、明治三十八年六月、府令第五一号土木工請負取締規則が制定され、この種の建設業界を対象としたものとしての嚆矢といえる。残念ながら、本書の刊行時点では、規則の条文は入手できていない。ただ、この規則は実態に合わなくなったので変更を求める旨の請願が、明治四十一年二月二十日の大阪土木建築業組合から出された。また、大阪建設業協会六十年史では、次のように指摘している。(26) この取締規則の内容は、行政警察の法規であること、業界の指導は考慮されていないこと、警察犯処罰令の実施以来、無法無頼の徒が業界に流れ込んだこと、これに対して府令は殆ど死文化していたこと。そして、業界組合からの請願内容、府令の修正意見は次のようであった。

第一　取締規則第三、四、一三条の励行を依頼したいこと

第二　第四条を第三条の規定に合わせるために、「公安を害するおそれあり」を「素行不良」に修正する。

第三　修正組合規約の認可をお願いする。

さらに、業界組合への加入にあっては、請願書の中で、

取締規則中において、〝組合地域内に住所、営業所または出張所を有する者は組合に加入すべし〟との規定を設けさせられるか、または他の組合においてみるごとく、組長の連印あるにあらざれば、営業を許さざる方針をとらせらるるにあらざれば、組合はついに自滅壊乱に陥り申すべく候。

と述べられていた。これは、業界の中での業者横並びを求めたもので、組合中心の活動を府に認知させ、仕事を取るために不貞の輩の跋扈を粛清するものであった。業界の粛清は、業界団体自身の手に委ねるべきとの発言に要約できる。

大阪府知事は、以上のような背景の中、土木建築業界の不良業者根絶の目的をもって、明治三十八年六月大阪府令第五一号土木工請負業取締則を廃止し、「大阪府令第四二号土木建築請負業取締規則」を定めた。これが、大正四年六月三日に大阪府知事の大久保利武が制定した「(大阪府令) 土木建築請負業取締規則」である。以下では、この規則の特性を知るために全条を掲げる（特に関係ない部分は簡略して記述する）[27]。

第一条　土木建築請負業ヲ為サントスル者ハ族称、住所、氏名、生年月日（法人ニ在リテハ其名称事務所所在地、代表者ノ住所氏名生年月日ヲ記シ定款ヲ添付スルコトヲ要ス）ヲ記シ且当庁ニ於テ認定セル者ニ在リテハ認定書ノ其他ノ者ニ在リテハ千円［後二千円となる］以上ノ不動産ヲ有スルコトヲ証明スベキ登記謄本若クハ土地台帳ノ写又ハ［発

布当時は不動産に限っていた〕二年以上引続キ直接国税参拾円〔大正九年七月追加される〕以上ヲ納ムル市区町村長ノ証明書ヲ添ヘ所轄警察官署ニ願出別紙第一号様式ノ許可証ヲ受区ヘシ出願者未成年者ナルトキハ親権者又ハ後見人ノ許可証ヲ添付スヘキ

第二条　左ノ各号ノ一ニ該当スル者ニハ営業ヲ許可セス

〔一、二、三は省略〕

〔四、無能力者は出願できないこと〕

五、二千円以上ノ不動産ノ有セサル者但シ現在迄二年以上引キ直接国税年額参拾円以上ヲ納ムル者又ハ当庁ニ於テ認定シタル者ニ在リテハ此ノ限リニ在ラス……

第三条　営業者ニシテ一ヵ年間工事請負ノ事実ナキトキ又ハ六ヶ月間行為不明ノトキハ許可ノ効力ハ満期日ニ消滅スルモノトスル

第四条　変更ノアル場合ハ五日以内ニ所轄ノ警察署ニ届ケルコト

第五条　営業者ハ一ノ組合ヲ組織シ規約ヲ締結シ役員ヲ定メ当庁ノ認可ヲ受クヘシ之ヲ変更セントスルトキハ亦同シ公益上必要ト認ムルトキハ前項規約ノ変更又ハ役員ノ改任ヲ命スルコトモアルヘシ

第六条　営業者ハ組合ニ加入スルニアラサレバ営業ヲ為スコトヲ得ス

〔第七条　届出に関すること〕

〔第八条　従業員等が不正を行ったときの処分〕

第九条　営業者ハ別紙第二号様式ニ依リ請負台帳ヲ調整シ所轄警察官署ノ検印ヲ受ケ契約成立ノ年月日相手方住所氏名目的物及其竣工年月日請負金額其他必要ノ事項ヲ記載シ置クベシ

第一〇条　従業者名簿及請負台帳ハ書損等アルモ其ノ紙葉ヲ破毀又ハ抜取ルコトナク使用終リタル後三カ年間之ヲ保存

スベシ［記録類の保存に関すること。東京は一〇年であったことを勘案すると、特に全国的な規定はなかったといえる。］
［第一一条　許可証の携帯］
第一二条　営業者ハ左ノ各号ノ一ニ該当スル行為ヲ為スベカラズ［営業者の禁止事項］
一、相手方ノ意思ニ反シテ工事ヲ請負又ハ下請ヲ要請シ若クハ他人ヲシテ要請セシムルコト
二、猥リニ入札場ノ付近ヲ徘徊シ又ハ他人ヲシテ徘徊セシルコト
三、入札前不法ナル談合ニ依リ其ノ事業又ハ利益ノ分配者若クハ金品ノ贈与ヲ約スルコト
四、工事ニ関シ相手方ニ対シ猥リニ財物ヲ要請シ若クハ他人ヲシテ要請セシムルコト
五、故ナクシ工事ヲ遅延セシメ相手方ヲ窮セシメ以テ財物ヲ取得スルコト
［六、組合規約に違反すること］
前項ノ第一号乃至第四号ノ規定ハ営業者ニ非サル者ニ対シテモ亦之ヲ適用ス［談合、工事の遅延、組合規約の違反等］
第一三条　営業者ハ警察官吏ノ臨検ヲ拒ムコトヲ得ス
［第一四条　所轄警察署よりの取締りを遵守すること］
［第一五条　営業停止、許可取消しの対象行為］
［第一六条　罰金のこと］
第一七条　営業者ハ営業上ニ関シテ下請人又ハ家族其他ノ従業者ノ行為ト雖モ其責任ヲ免カルルコトヲ得ス［連帯責任のこと］
第一八条　罰則、拘留、科料等

〔以下、第一九条、二〇条、二一条は省略〕

この規則改正が、当時の取締り側である大阪府がどのように考えた結果であるかを知る資料がある。大正四年七月一日の業界組合総会で新請負業取締規則に対応する新組合の結成が決定された際の、大阪府川上保安課長による同規則の改正説明が該当する。当時の警察による取締行政の本質がみられるもので、以下で、内容を概観する。

〈改正の意図〉

此の規則を改正しました所の趣旨はつまり正常な営業者の発展を保護し其正当なる営業を毒する所の不正な営業者を駆除し益々土木請負業の発展を期し併せて経済上にも効果をあらしめようと云う考えから改正しました。(28)

そして改正の主要点は以下のとおりであると指摘している。

① 旧規則（明治三十八年公布）は貧弱な内容で、現状に合わなくなった。
② 施主に対する民法、刑法上の擁護と矛盾を生ずるようになった。
③ 以上から警察の権限内での取締りを行うことになった。
④ 旧法に比べて、厳しい内容とした。
⑤ 規則の表題に建築を加えたことは、旧規則では第一条の適用範囲の中で記載したが、新規則では明確な立法的形式をとるために改正している。

以下は、川上保安課長による、規則の各条例の改正点の説明である。特にこの説明の中から、警察行政の中での建設業界取締りの意図、請負人の資格規定を警察が行う場合の既存法との関係を導くことができる。

①　第一条では、旧規則では法人は該当しなかったため、法人が営業出願できるように改正した。この背景には、明治から大正にかけて建設業界も個人営業から会社組織に変化していた過程が掌握できる。

②　第二条が今回の改正の中心であり、旧規則では曖昧な規定であったため、具体的に出願資格を示した。

③　第四、五条が新しい規制内容で、不動産の保持を条件にしたことは、本来の警察的判断基準とは異なる。すなわち、許可は出願者の人格精神によるべきものであって財産の多寡で判断すべきでない。しかし古来より「恒産あるものは恒心あり」といわれていることを加味し、人格に加えて財産を判断基準とした。また、土木建築請負工事は高額になるので、信用の面からも無資産、無資力者が工事を請け負う危険を少なくするためにこのような規則改定になった。

④　第一条において、二千円以上の不動産所有者または二年以上引続き直接国税年額三十円以上納税者としたこと。不動産としたのは、動産では評価が不安的であり、さらに、警察権の取締りでは、納税額を基準にしたものがなく、納税金額を記載すると逆に規制の効果がなくなるので、本規則では不動産所有に代わる条文として設けた。

⑤　第三条の一年間、六ヶ月の期間設定は、正当な営業者を保護するためのもので、名義だけの許可による、いわゆる「団子取り」業者を排斥するためのもの。

⑥　第六条の営業者の組合加入を営業の条件にすること。従来は任意組合であったが、今回は強制組合とした。また、組合の違反者に対しては、組合内での懲罰が十分に機能しないことを考慮し、直接警察上の義務とし、違反者には相当の制裁を加えることにした。

⑦　第一二条の営業者の禁止事項は、現実にこのような弊害が生じているので、取締りに遺漏のないように改正

分で規定した。

⑧　第一三条の臨検は、特に記載されなくとも臨検できることになっているが、誤解のないよう、さらに懲罰の目的を遂行できるように規定している。

以上の内容は、業界団体から要請された強制組合化を法制化したものであるが、不動産保持や納税額は、本来的には警察での許可行政に馴染まない点が、この解説から抽出できる。

しかしながら、改善された大阪府令の土木建築請負業取締規則も不励行が重ねられるとの指摘があり、新府令によっても、免許を受ける資格のない者が依然として法網をくぐりぬけ、無資格営業を続け、奇妙なことには官公庁工事にあっても、発注者が、ことさら不正業者を使用する傾向があった。新聞記事によれば、大正四年十一月四月十三日から三日間にわたり、大阪毎日新聞に「積弊山なす請負社会」「似而非請負業者の跋扈」「不条理なる団子の強要」「悪辣なる競争請負」などが掲載された。これより少し後、改正請負業取締規則が公布された後も、同じく大阪毎日新聞（大正四年十一月十日付）は、業界のみならず、官庁が無許可者に請負を発注するなど「公吏の府令違反奨励」の記事を掲載している。(29)

〈職別取締規則、大工の場合〉

東京や大阪、そして各府県で制定された建設業に係る取締規則は、請負業を対象としたものである。内務行政に係わる警察は、より日常的な取締りも担当していた。その意味からすれば、建設業の底辺（一般、小規模という意味で）を担当した大工についてもその規則の適応が解明されるべきである。しかしながら、本書では、大阪の例以外見つかっていない。大阪の場合は、業界側からの要請として出された、明治七年（一八七四）の大阪府知事宛に出した「大工職業組合御願」がある。これが取締りとなるのが昭和四年であったから、制定には五〇年以上を要した。この取締りの内容は以下のようであった[30]。

「大阪府令第九号大工業取締規則」（公布　昭和四年二月七日）

第一条［定義に関すること］

大工ト称スルハ建築工事従業者ノウチ、木工（木挽及ビ建具工ヲ除ク）ヲ業トスル者ヲイフ。自ラ作業セザルモ、直接大工ヲ指揮監督スルヲ業トスル者（所謂棟梁親方ノ如キ者）又同ジ。

ここでは、大工の定義がなされた点に注意が必要である。すなわち、戦時体制に入った昭和十三年に国家総動員法が制定され、同法の趣旨により、国民の職業能力の把握と、これの向上を図るべく各職業の定義がなされたが、これの約一〇年前に大工が定義されていた。さらに、本規則によれば、大工は本籍、現住所、氏名、生年月日と履歴の大要を、居住地所轄の警察署に届け、鑑札を受け、就業時にはこれを携帯する義務を負っていた。

また、大阪府に居住しない大工が府下で営業する場合も警察署に届出をなし、鑑札を携行すると規定している。

第六〜八条は、組合に関する規定で、地域内の同業者の三分の二以上の同意があれば、組合を結成できる、組合参加は任意であるが、地域内に組合が設置されている場合には、加入が義務付けられるとし、大正四年に制定された大阪土木建築業請負規則とは異なり、形式上は任意の設置となっていた。

本規則の適用を受け、大阪では大工業組合が、昭和五年六月最初に、翌六年五月には大阪府下五九警察署の管内全部に設立された。最初は府下全域の単一組合の案であったが、その後は、各警察署別になった。このあたりの事情は、東京府における「d　強制組合化の過程」（本書六四ページ）の中で指摘するところと近い。

昭和五年九月二十二日になると、大工業取締規則の一部改正が行われ、「第六条の認可を受けたる組合、二つ以上ある時は一の連合組合を組織すべし」との連合化が追加規定され、昭和五年九月二十四日には、大阪府大工業連合組合が成立し、約二万人の組合員となった。組合の構成員と規約は以下のようであった。

① 会員種別　甲会員＝棟梁親方、乙会員＝一般大工職人

② 各組合に共通した規約

○大工業者の人格向上

○技術の練磨

○法規知識の習得

③ 連合会は機関紙「大工新聞」を発刊

そして、昭和十年秋になると、満州事変の勃発と共に、所期の目的が一応達成されたと判断され解散となった。

戦争が激化した昭和十八年九月には、土木建築業の統制機構整備要綱が発表され、総合工事業と職別工事業が区分された。大工業は後者の職別工事業二九種の中で指定され、大阪府大工工事工業組合が結成される。

c　戦前における地方の例、福岡県

福岡県では、明治十八年に福岡県令をもって各種同業組合の法制化が奨励された。この県令は、第3章で紹介する東京府の「同業組合準則」と同年の制定であった。しかしながら、この県令が建設業組合を指定していたかは不明である。

建設業を取り締まる規則は、昭和三年一月三十一日に出された「建築業取締規則」が該当する。これまでの警察規則は、「土木建築請負業」とのタイトルが付けられていたが、福岡県の例は、建築業に限定している。この種の

地方における規則としては、珍しいと判断できるので、全文を以下に示す。

福岡県令第四号　建築業取締規則ヲ左ノ通定ム

昭和三年一月三十一日　　福岡県知事　斉藤　守圀

建築業取締規則

第一条　本則ニ於テ建築業ト称スルハ建築物ノ工事に就キ請負又ハ実費精算請負ヲ為スヲ謂フ

一般請負の他に、実費精算請負を条件とした規則は、管見の限り他には存在しない。

第二条　建築業ヲ為サントスル者（以下単ニ営業者ト称ス）ハ本籍、住所、氏名、生年月日（法人ニ在リテハ其ノ名称、事務所々在地、代表者ノ住所、氏名、生年月日ヲ記シ定款ヲ添付スルコトヲ要ス）及主タル営業所ヲ記シ所轄警察署ニ届出許可ヲ受クヘシ

第三条　未成年者又ハ妻ノ為ス願届書ニハ法定代理人又ハ夫ノ連署ヲ要ス

第四条　営業者ニシテ六ケ月間行衛不明ノトキハ其ノ満期日ニ許可効力ヲ失フ

ここでは、特に特徴は見られず、六ヶ月間の営業実績なき場合（ここでは、行方不明としている）に許可が失効する。

第五条　営業者ハ左ノ各号ノ行為ヲ為スヘカラス

一、建築ニ関スル法令ニ違反シテ工事ヲ為スルコト

二、相手方ノ意思ニ反シテ工事ノ請負又ハ下請ヲ要請シ若クハ他人ヲシテ要請セシムルコト

三、猥リニ入札場ノ付近ヲ徘徊シ又ハ他人ヲシテ徘徊セシムルコト
四、入札場ニ関シ不法ナル談合ニ依リ其ノ事業又ハ利益ノ分配者若クハ金品ノ授受ヲ為スコト
五、工事ニ関シ相手方ニ対シ猥ニ財物ヲ要請シ若クハ他人ヲシテ要請セシムルコト
六、故ナク工事ヲ遅延セシメ以テ財物ヲ取得スルコト
七、他人ニ名義ヲ貸スルコト
前項第一号乃至第六号及其ノ罰則ノ規定ハ従業員ニモ適用ス

違反事項をまとめた第五条では、特に建築法令の遵守と罰則が従業員にも適用される点に注意が必要である。

第六条　営業者ハ左ノ場合ニ於テハ五日以内ニ所轄警察署ニ届出許可証ノ書換、再下附又ハ返納ノ手続ヲ為スヘシ
一、営業者ノ住所、氏名ヲ変更シタルトキ
二、営業所ノ位置ヲ変更シタルトキ
三、許可証ヲ毀損亡失シタルトキ
四、廃業シタルトキ
五、法定代理人又ハ夫ノ氏名ニ変更アルタルトキ
六、他署管轄内ニ移転セムトスルトキ
営業者死亡シ又ハ行衛不明ノトキハ戸主、相続人又ハ家族ヨリ十日以内ニ其手続ヲ為スヘシ

届出の内容は、他府県と大きな差はない。

第七条　営業者ハ各工事場毎ニ従業員名簿ヲ備付ケ其ノ雇入、解雇年月日氏名ヲ記シ身元不詳ノ者ヲ雇入ルルコトヲ得ス

この第七条では、代表者だけでなく、従業員についても雇用状況を記録することになっている。

第八条　支店、出張所又ハ工事場ヲ開設シタルトキハ其ノ主任者ヲ左記事項ヲ具シ三日以内ニ所轄警察署ニ届出ツヘシ
一、営業者ノ住所氏名
二、主タル営業所々在地
三、支店出張所又ハ工事場ノ位置
四、支店出張所又ハ工事場ヲ開設シタルトキハ其ノ属スル支店又ハ出張所々在地
五、許可証写

第九条　営業者ハ請負台帳ヲ調整シ契約締結ノ年月日相手方ノ住所氏名目的物竣工年月日請負金額他必要ナル事項ヲ記載スヘシ

第一〇条　従業者名簿及請負台帳ハ暦年毎ニ改綴シ三ケ年間之ヲ保存スヘシ

三ケ年間の請負台帳保存は大阪府の規則と等しい。

第一一条　営業者ハ其ノ営業所ニ業名住所氏名ヲ記シタル標札ヲ掲グルヘシ

第一二条　営業者ハ計業地所轄警察署管轄内ニ於テ営業地域ヲ定メ組合ヲ設クルコトヲ得
組合ヲ設ケタル地域内ニ於テ営業ヲ為サムトスル者ハ其ノ組合ニ加入スヘシ
組合ニ於テハ前項ノ加入ヲ拒ムコトヲ得ス

第一三条　組合ハ其ノ組合ニ必要ナル事項ニ関シ規約ヲ設ケ其ノ代表者及役員ヲ定メ営業地所轄警察署ニ届出テ許可ヲ受クヘシ其ノ変更ノ時亦同シ
第一四条　組合代表者ハ其ノ組合ニ関スル一切ノ責ニ任ス
第一五条　所轄警察署ハ公益上必要アリト認ムルトキハ前条ノ規約ノ変更ヲ命シ又ハ代表者若クハ役員ノ改任ヲ命スルコトアルヘシ

第一二条から一四条は組合の設置に関するもので、他府県のように、何分の一以上の賛同との記述はなく、組合が設置されれば、強制加入となる。

第一六条　警察官吏及当該吏員ハ何時ニテモ営業所並工事場ニ臨検シ又ハ営業上必要ナル帳簿ノ検閲ヲ為スルコトヲ得前項ノ場合ニ於テ所轄警察署ニ非サル者ハ標票ヲ携帯スヘシ
第一七条　所轄警察署ハ営業者ニシテ本則ニ違背シ又ハ公安ヲ害シ若クハ営業者トシテ不適当ト認ムルトキハ其ノ営業ヲ停止シ又ハ許可ヲ取消スルコトアルヘシ
第一八条　従業者ニシテ公安ヲ害スル処アリト認ムルトキハ所轄警察署ニ於テ其ノ従業ヲ禁止シ又ハ営業者ニ対シ其ノ解雇ヲ命スルコトアルヘシ

第一八条は、第七条と連携し、従業員の業務禁止と解雇条件を決めている。

第一九条　左ノ各号ノ一ニ該当スルモノハ拘留又ハ科料ニ処ス
一、第二条第五号ニ違反シタル者

二、第六条第八条ノ届出ヲ怠リタルモノ
三、第七条第九項第一〇条第一一条ニ違背シタル者
四、第一二条第二項第三項ニ違背シ又ハ第一六条ノ臨検又ハ検閲ヲ拒ミタルモノ
五、第一三条ノ届出ヲ為サス又ハ第一五条ノ命令ニ遵ハサルモノ
六、第一七条第一八条ノ命令ヲ遵守セサル者
第二〇条　営業者ハ従業又ハ家族其ノ他ノ使用人ニシテ本則ニ違背シタルトキハ自己ノ指揮ニ出テダサルノ故ヲ以テ処罰ヲ免ルルコトヲ得ス但シ相当ノ注意ヲ為シタルトキハ此ノ限ニ在ラス
第二一条　営業者未成年ナルトキハ本則ノ罰則ハ其ノ法定代理人ニ適用ス但シ其ノ営業ニ関シ成年者ト同一ノ能力ヲ有スル未成年者ニ付テハ此ノ限ニ在ラス
第二二条　本則ハ工作物ニ関シテモ之ヲ準用ス
第二三条　第一六条ノ規定ニ依ル証票ハ別記様式ニ依ル
附　則
第二四条　本則ノ施行区域ハ告示ヲ以テ之ヲ定ム
第二五条　本則ハ昭和三年三月一日ヨリコレヲ施行ス
第二六条　本則施行前ノ営業トシテ引続キ営業ヲ為サムトスルモノハ本則施行後一ケ月以内ニ本則ニ準シ願出許可ヲ受クヘシ

福岡県の場合は、東京府同様に、大阪府のような、資産や納税額は許可基準の対象となっていない。

福岡県の建築業取締規則は、市街地建築物法（大正八年）と同様に、地区を限定して適用されていた。この根拠

によって、福岡県告示第六一号から、区域が次のように決められていた。

建築業取締規則施行区域左ノ通定ム

昭和三年一月三十一日　　福岡県知事　斉藤　守圀

福岡市、久留米市、門司市、小倉市、若松市、大牟田市、八幡市、戸畑市、粕屋郡箱崎町、筑紫郡千代町、筑紫郡堅粕町、三池郡三川町、三池郡駛馬村

また、取締りの取扱いは「訓令　福岡県訓令第二号」により定められ、所轄の警察署長宛に出されている。

福岡、久留米、門司、小倉、若松、大牟田、八幡、戸畑、箱崎、西新町警察署長

建築業取締規則取扱手続左ノ通定ム

昭和三年一月三十一日　　福岡県知事　斉藤　守圀

建築業取締規則取扱手続

第一条　建築業ノ出願アリタルトキハ左記事項ヲ調査ノ上許否ヲ決スヘシ

一、性行、経歴、前科

二、破産者又ハ家資分産ノ宣告ヲ受ケ復権セサル者若クハ身代限ノ処分ヲ受ケ其ノ債務ノ弁済ヲ終ヘサル者ニアラサルヤ

三、規則第十七条ノ停止又ハ取消処分ヲ受タル者ニアラサルヤ

第二条　左記各号ノ処分ニ対シテハ其ノ事由ヲ詳具シ警察部長ノ指揮ヲ受クヘシ

一、不許可処分ヲ為サムトスルトキ

二、規則第十二条ニ依ル組合規約ノ許可ヲ為サムトスルトキ
三、規則第十七条ノ処分ヲ為サムトスルトキ
四、規則第十四条ニ依ル規約ノ変更若クハ代表者又ハ役員ノ改任ヲ命スルトキ
第三条　警察署ハ第一条様式ノ台帳ヲ備ヘ移動アル毎ニ処理スヘシ
第四条　規則第八条ニ依ル届出アリタルトキハ前条ニ準シ処理スヘシ
第五条　本手続第二条各号ノ処分ヲ為シタルトキハ其ノ結果ヲ警察部長ニ報告スヘシ
第六条　規則第十三条ニ依ル組合ノ許可ヲ為シタルトキハ第二号様式ノ台帳ヲ備付クヘシ

この規則取扱は、警察署が実務を行う場合の基準であって、具体的には第一条の内容によるが、建設業の固有性は条件となっていない。また、取扱規則には、以下に示す二様の様式が決められ、特に許可年月日だけでなく廃業年月日まで記載することになっている点が注目できる。

第一号様式（美濃型）
一、建築業者台帳
一、許可番号：建指第□□□
一、許可年月日：昭和年月日、廃業年月日　昭和年月日
一、本籍・住所・氏名（生年月日）
一、営業所若クハ支店出張所位置

一、加入組合
一、備考

第二号様式（美濃型）
建築業組合台帳
一、組合名称
一、組合設立年月日：設立　昭和年月日、許可　昭和年月日
一、代表者氏名
一、役員氏名
一、会員数
一、区域
一、備考

ここでは、地方の例として福岡県を示したが、本県の取締規則が一般的なものであったか、特殊であったかは不明であった。しかし、建築業に限定した規則であることは、かなり特殊であったとも推測がつく。

d　強制組合化の過程

大阪府の場合は、業界団体からの要請もあって、大正四年の改正時に強制組合化されたが、東京府の場合は、紆余曲折の過程を経た。強制組合の意図するところとその結果は、警視庁自身が内務省に直属し、同省の考え方が直

接反映していた点も関係していた。

「東京土木建築業組合沿革誌」[31]がこの過程を明解に示している。以下では、東京を例として、請負営業取締規則中で組合への強制加入化に至った背景を明らかにし、（内務省管轄の）行政警察の本意と利益分配の平準化を意図した業界の関係を解明する。なお、先に述べたように、警視庁令第三九号として「請負営業取締規則」が大正九年十二月に制定されている。以後の特に強制組合化の過程は以下のとおりである（なお、一部重複するが、再掲する）。

組合への強制加入は、「請負営業規則」の第九条に関係している。すなわち、第九条では、営業組合を設置した場合は、組合の内容を付して所轄警察署に届出をなすことになっていた。しかしながら、東京の業界団体は、この第九条は組合設置に関して強制力がなく、不良（あるいは無許可）業者が跋扈して困惑しているので、改正を度々請願することとなった。

そして、これを受けて警視庁は「請負営業取締規則摘録」（昭和二年四月十九日警視庁令第一八号改正（同年五月一日より施行））により、

第九条ノ二　組合ヲ設ケタル地区ノ営業者ハ其ノ組合ニ加入スヘシ但シ組合ニ加入シ得サル事由アルトキハ其ノ旨警視庁へ届出スヘシ

との、例外規定を設けながら、強制加入の改正を行った。以上により組合の意向は、一応聞き入れられたが、例外を求めることは困るとの強い意見が出された。組合の考え方は昭和五年九月二十五日付の願書[32]として警視庁へ提出された。その内容は、以下のとおりである。

〈無許可請負営業者取締に付御願〉

昭和二年四月十九日に請負営業規則の改正により強制組合が許可されて未加入者の営業困難になったが、未だに許可を受けることなく、法の網を潜っている工事が見られるので憂慮すべきことが多く、なお一層の取締強化を請願する旨を述べ、一策としての市街地建築物法細則の改正を請願する内容が提示された。具体的な市街地建築物法細則に対する業界団体の改正案は、

現行市街地建築物法細則第五七条ニ依レハ工事場ニ掲示スヘキ建築許可及ヒ許可ノ標札ニハ単ニ建築主ノ氏名ノミヲ記載スルコトト相成リ居候得共組合加入許可営業者ノ請負工事ナルヤ否ヤヲ明確ナラシムル為メ該標札ニ建築主ノ外請負営業業者ノ住所氏名営業許可指令番号並ニ加入組合名ヲ記載スルヘキ様御庁令改正相成度此段請願候也

昭和五年九月二十五日

東京土木建築業組合

組合長　鹿島精一

警視総監　丸山　鶴吉　殿

であり、今でいう、建築確認申請許可の掲示に等しいといえよう。興味深いアイデアではあるが、法的に制度が改正されたかは不明である。

これに似た組合での対応としては次のものが挙げられる。(33)

組合規定（昭和十年五月二十六日制定、昭和十年十二月十七日改正）

一　組合員カ官公署竝ニ民間企業者ヨリ工事ヲ請負タルトキハ左ノ書式ニ依リ本部ニ報告スルコト

二　右報告ヲ受ケタル本部ハ台帳ニ登録シ速ニ其ノ工事場又ハ組合員ノ営業所ニ左ノ標札ヲ配布シ之ヲ工事場ニ掲クルコト

昭和何年第　　号
東京土木建築業組合員工事場
労災保第　　号

幅四寸、長一尺五寸

三　標札ハ一工事ニ付一枚トシ完成ノ上ハ之ヲ返還シ他ノ工事ニ利用セサルコト

この内容は、組合員の利益確保といえばそれまでだが、自主規制の方法を模索した結果ともいえる。昭和十年にこの組合規定が出されていることから、上記の昭和五年の市街地建築物法細則第五七条に対する願書は、当局に聞き入れられなかったとも考えられる。

また、許可申請が警視庁本庁に出されたことで、組合が業界の活動を把握するために、警察の取締りを活用したこともあった。しかし、警視庁の規則改正により、これが果たせず、建設業所管の部局が変更されたことに対する請願が出された。具体的には、昭和六年七月二日警視庁令第二六号改正請負営業取締規則の中で、第一条で、従来は、所轄警察署を介して警視庁が許可を行っていたが、直接所管警察署（七七ヶ所）が許可を与えるようになり、また第九条でも同じように組合を設置する場合は、警視庁でなく所轄の警察署に届けるよう改正された。この件に関しては、行政機構の簡素化が主題であろうが、所管警察署に建築担当者を配置する結果になり、十分な技術・経営的審査が行えなくなるとの懸念を示しつつ、さらに、従来警視庁で一括して建設業関連業務を担当してきた方法が、各所轄の警察署担当になると、業者の実態が掌握できず業界の健全化が図れないとの趣旨から、組合にあっては、請願書の提出を検討した。組合における改正請願事項は、

一　事務ヲ本庁ニ移管統一セラルルコト
二　請負営業取締規則第九条ノ二ノ但書ヲ削除スルコト
三　請負営業許可資格ヲ定ムルコト
四　第九条ノ二ヲ第十条ノ中ニ加ヘルコト

が該当し、この中で「三」は「但シ組合ニ加入シ得サル事由アルトキハ其ノ旨所轄ノ警察署ヲ経テ警視庁へ届出スヘシ」の削除に該当し、強制加入以外を認めさせないことにある。

願いとして、警視庁に出されたものは、次のようであった。

「御願(34)」

一　昭和六年七月二日附御庁令第二十六号ヲ以テ御改正ノ各警察署へ分掌移管ノ事項ヲ従来通リ本庁ニ於テ統一セラレタキ件

理由

……元来斯業ノ取締ハ取締官署ト当組合トカ相互相提携シテ其ノ完璧ヲ期スヘキモノナルニモ不拘現在ノ如ク府下七十七ヶ所ノ警察署ニ於テ個々ニ取締ラルルニ於テハ組合トシ警察署トノ連絡協調ヲ保ツコト頗ル至難ニシテ組合ノ機能ヲ発揮スルニ由ナク取締ノ不徹底ト共ニ斯業ノ発展上不利不便ノ少ナカラサルヲ痛感スル次第ナリ更ニ之ヲ御当局方面ノ事情ヨリ忖度スルモ之カ改正ノ結果僅ニ御庁内二三係員ノ負担事務ヲ軽減スルニ止マリ各署係員ノ負担ハ従来ニ倍加ス

ルニ至リタル事ナルヘク全ク事務簡捷ノ意義ヲ失ヒタルニ非スヤト思惟セラル……

右請願候也

昭和七年八月十一日

東京土木建築業組合
組　合　長　宮長平作
副組合長　森田彦隆
同　　　島田　藤

警視総監　藤沼　庄平　殿

以下に示すように、この請願は成果を上げなかったようだ。さらに昭和八年以降、庁令請負営業規則の適用下で、いかに強制組合の実勢を上げるかが検討された。組合内に、対策研究委員会を設置し、次のような課題が検討された。

一　強制組合ノ問題ハ内務省及ビ警視庁方面ノ意向ヲ調査シタル上善処スルコト
二　組合ノ実情ニツキ理解ヲ得ル為関係官庁方面トノ連絡ヲ厚クシ出来得レハ顧問タルノ承諾ヲ得ルニ努ムルコト
三　業者ノ資格ヲ定ムル件ハ充分研究ノ上警視庁ニ陳情スルコト
四　内務省ノ方針決定シ全国的問題トナラバ単ニ東京ノミノ問題ニアラザルヲ以テ更ニ協議スルコト

これらを分析すると、「一」に関しては、東京土木建築業組合から請願している強制組合化が内務省の通牒によって許可しがたい面があることに関係し、また「二」にあるように実情の認識を得るために各方面への働きかけを強め、「三」は強制組合化することにより業者の資格とする考え方に基づき、「四」に示されたように、調査によれば京都や大阪の取締規則では業者の資格を限定しているが東京ではこれがないので先例を以て警視庁と交渉することを意味していた。

このような請願と陳情を繰り返していたが、なお当局より回答がなく、法令に依拠しない組合単独の強化策を検討していたところ、次のように警視庁より請負営業規則が改正された。

「請負営業規則中改正条項」

警視庁令第四〇号

大正九年十二月警視庁令第三九号中請負営業取締規則中左ノ通リ改正ス

昭和八年十月十二日

警視総監　藤田　庄平

第九条　営業者組合ヲ設ケタルトキハ左ノ事項ヲ具シ其ノ代表者ヨリ遅滞ナク主タル事務所所在地ノ所轄警察官署ヲ経テ警視庁ニ届出ツルヘシ

[旧規則では「営業者ハ地域ヲ定メ其ノ地区内ニ於ケル営業者ノ三分ノ二以上ノ同意ヲ得テ警視庁ノ許可ヲ受ケ組合ヲ設クルコトヲ得」。以下は略。]

第九条ノ二乃至九条ノ六ヲ削ル

[旧規則の第九条の二は、事由があって組合に加入しない場合の警視庁への届出、第九条の三は、指定された内容を含む組合規約であって、新規則では第九条となった。第九条の四～五は、組合規約の変更、組合員の変更、組合の解散に関する届出、六は警視庁が取締りの必要あると認めた場合はその措置をとること。]

第一〇条第一項乃至第五号中「第九条ノ四乃至第九条ノ六」ヲ削ル
［旧規則では、規則に違反したときの拘留、科料について］

以上により、強制組合の仕組みが法規により確立したが、一方の問題である警視庁から各警察署への建設業取締りの分掌が、そのままになっていたので、再度組合は陳情書を提出する。(35) その理由は従前の通りであり、成果があったかは不明である。

〈陳情書の提出者と宛先〉

昭和十年九月二十七日

東京土木建築業組合
組合長　小谷　清

警視総監　小栗　一雄殿

東京府を例として、以上の強制組合化の過程を明らかにしてきたが、第3章で扱うように、組合への全員参加は、一種の自主規制と言い換えられるが、根底には、同業者の相互利益確保の考え方がある。大阪と東京の例を比べると、絶対的な判断は下しにくいが、慎重な取り組みを行った東京の方が、組合の設置法を遵守していたように思われる。

e　請負業取締規則の欠陥指摘

取締りの観点から、建設の請負業者を中心として規則が各地区々に制定されていたが、批判もあった。一例として、この取締りを担当した地方行政官意見として、以下が挙げられる。(36)

〈「地方都市と建築行政」中村俊一〉

皇紀二六〇〇年元旦の日付で、表題は「各地請負業取締規則共通の欠陥」である。中村による指摘の概略を以下に述べる。

請負取締規則が地方の警察令として発令されているが各府県の内容が別々である。制定されている地方とない地方があって、規則そのものが奇型的存在である。法律論においても適否に相当の論議があると思われる。

和歌山県を例にし、この規則の問題点を指摘すると、第一に請負業者の定義が不完全であって、いわゆる大規模業者が該当するものであり、地方での建設は大工が担当するものの、請負業者取締規則中では、このように規定されている。ところが実態としては、純然たる請負業者でないために、大工は排斥されている。そして、

> 大請負業者は無資本の請負業者を以て請負の能力無しとし之等の請負行為を禁止されんことを希望し請負業界の発展を企てて居るものであるが世間の小建築需要者は多く小請負業者に工事を依頼しつつあるの現状である。此の間に処して請負制度を支配するが如き命令が各地方区々に出されているのであるから其処に幾多法規としての欠陥のあることは見逃し得ないものが存在するのである。

との見解を述べ、請負取締の対象は、実際の小規模建設の担当者を排斥しているので、実態には即していないと指摘している。また、上記で扱った強制組合化に対しても、行政の実務レベル担当者の意見が、以下のように述べら

れている。

◎和歌山県に於ける業者指導状況

和歌山県では請負業者取締規則の実施に際し大工、左官手代等の職を主とする業者は請負業者に包含されずとの見解に依り取り扱われて来た。請負業者は之に依つて大体既成請負業者結成の組合を維持し別段の問題も起らず今日に至つたのであるが其間当局に向つて要求する唯一の念願があった。それは規則の中に組合加入強制条項の挿入にあつたのである。組合に加入せる以外の業者の営業を禁止する結果を来たす内容を含んでいる要素である。これに就いては当局に於て相当慎重の考慮を要する問題であつて小請負業者より職を奪う結果及他府県業者進出阻止の弊其の他種々の点に影響あるを察して容易に此の要求を容れなかつたのである。……

これまで請負業者以外については触れてこなかったが、建設業を全体的にとらえると、中村俊一の懸念が実際に生じていたといえる。この点は、一規則で業界を桎梏した行政の基本的姿勢に関係する。

次に、業界から開陳された、請負業取締規則の不備を大阪土木建築業組合沿革史の中からみる。

〈業界からの請負取締規則不備の指摘〉

大阪府の土木建築請負業取締規則（明治三十八年の旧規則）第一条に「本則ニ於テ土木建築請負業ト称スルハ土工《（ママ）》又ハ建築工事ノ請負及下請負ヲ業トスル者ヲ謂フ」とあるが、

前者は勿論免許を得た公然の請負営業者だが後者に至っては免許を得たものは甚稀て謂はば浮浪の徒か多ひこんな者に下請で工事をなさしむるか故に大なる弊害を生ずるのである何となれば下請は部分的の請負工事で工事全般に関する責

任がなく工事の粗悪には毫も顧慮するところなくただ目前の利益のみに没頭し少なく……故に此下請云々の字句は削除の必要かあるそれと同時に建築設計監督等の看板を掲げて何等請負事業には経験なき連中か実際免許を受けた請負業者の営業範囲を盛んに蚕食しつつあるも当然取締まる必要があろう。(37)

右記の記述で注目されるべき点は、旧規則では下請も取締りの対象であったことに対して、建設工事の責任のない業者にこの規則を適用することに反対していることにある。従って、取締規則が対象とするのは、元請たる企業を主とすべきで、業界内の差別化の考えが存在していた。この背景を踏まえると、何故、強制組合化を業界団体が嘱望していたか理解できる。いずれにせよ、規則に反対するものの、和歌山県技師の中村とは業界に対する認識が全く異なっている。

2・3 建設業の社会的地位

戦前にあっては、建設業界の三大問題（片務契約、保証金、普通被選挙権）の解決が斯業の宿望といわれていたが、さらに業界の社会的地位に関しても、芸者置屋と同列にされた行政的な措置が度々指摘される、一種の雑業に含められ、他の産業のように独立した法体系・行政側からの指導を受けない状態にあった。この状況を警察規則の立場から明解に説明した資料は管見の限り存在しないが、以下では警察の取締りの中で「臨検」を取り上げ、どのような業種と見做されていたかを考えてみる。

臨検とは、警察における現場での取締りの枢要をなすもので、明治から主要な業務執行内容であった。大阪府の場合、大正四年の土木建築業請負規則改正の説明（川上保安課長）の中で、取締規則中に「臨検」が規定されているが、臨検は当然受けるべきもので、規則に記載されていなくとも当然その措置を受けるべきものであって、徹底のため規則中に記載したとしているし、市街地建築物法との関係による取締規則中、建築代願人規則（昭和五年、警視庁令第二七号）でも、「第一六条　建築代理人は警察官吏の臨検を拒むことを得す」としている。

資料、「視察執行規定」（昭和五年十二月　警視庁　訓令甲第九二号　昭和十二年改正分を参照）によれば、以下のように規定されている。

第一条　警察署ニ於ケル臨検視察ノ執行ハ本令ノ定ムル所ニ依ルヘシ

第二条　臨検視察ヲ為スヘキ業務設備其ノ他（以下視察対象ト称ス）

第一種　火薬、営利職業紹介、医療、飲食、芸能場、牛乳、消毒、汚物等

第二種　各種営業（質屋、古物商、遊技場）、飲料販売、特殊医療、動物、其ノ他雑

第三種　鉄砲火薬類製造業／仕込刀剣其ノ他変装シタル武器製造及販売業／拳銃短銃仕込銃刀剣其ノ他ノ変装シタル戎器携帯者及所有者／玩具用普通火工品製造及販売業／圧縮瓦斯竝液化瓦斯製造及販売業／圧縮瓦斯竝液化瓦斯貯蔵業及貯蔵所／遊船宿／貸座敷／引手茶屋／待合茶屋／芸妓屋／遊園地／派出婦会／浴場及浴場営業／「建築代願人」／汽缶及原動機／工場法適用工場竝工場付属寄宿舎／薬局／薬種商製造者／薬品製造販売／毒物劇物営業／火葬場／氷製造販売業／診療所及歯科診療所中（……）／看護婦規則第二条第一項第二号ノ学校及講習所／屠場及屠畜業

［「」は引用者による）］

第三条　受持巡査ハ前条ノ各視察対象ニ就キ三月ニ一回以上、主務係巡査ハ第一種ノ各視察対象ニ就キテハ二月ニ一回

以上、第三種ノ各視察対象ニ就キテハ三月ニ一回以上臨検施設ヲ為スヘシ（昭和十二年改正分）
第四条　警察署長ハ視察対象取締ノ為必要在リト認ムルトキハ各其ノ主管部ニ対シテ技術員ノ派遣ヲ求ムルコトヲ得

そして第八条によれば、受持ち巡査及び主任は別紙（臨検視察報告簿様式（ろ））を備え視察の都度その結果を記載して、所属主任に届け出ることとなっていた。この様式中の記載事項は以下のとおりであった。

視察対象種別
業態物
許可・認可年月日
所在地町名番地
営業者氏名［法人の場合はその名称、代表者氏名］
第（　）種、月（　）回
署長　　警部　　警部補　　巡査部長　　視察員
視察月日時
摘要欄
［以下、第一四条まで］

社会的に建設業が認知されない現象は、先に掲げた業界三大問題に表出しているが、第4章で扱うように、それは単独法を持たないこと、担当主務官庁の不在等の行政的措置にも関係していた。しかし警察の取締りに際して「三業」関係者との同席を強いられたとの業界関係者の不満に対しては、戦前における警察行政の精緻な研究結果に待つべきであろう。

2・4　市街地建築物法適用による取締り

これまでに扱ってきた建設業の営業取締規則は府県が国から委任された事業であって、それぞれの府県の状況を斟酌しながら、是非を別にすれば、制定されてきたわけであるが、国の法律によって直接的に規制する市街地建築物法の中にも建設業に係わる条項がある。

市街地建築物法では、第二六条で「主務大臣ハ建築物ノ工事執行ニ関シ必要ナル規定ヲ設クルコトヲ得」と定め、これによって同施行規則第一四三条で工事執行の際の許可・届出の必要ある建物を示した。ここでの許可が必要なものは、「二階建以下ノ木造建築以外（防火地区、美観地区は例外）」とし、届出は、許可に該当しないもので、新築、増築、改築または移転と規定されていたので、この法律の適用を受ける地区の住宅以外が対象となった。また、罰則規定では、「建築主、請負人、建築工事管理者又ハ建築物ノ所有者若クハ占有者若クハ本法ニ基キテ発スル命令又ハ之ニ基キテ為ス処分ニ違反シタルトキハ二千円以下ノ罰金又ハ科料ニ処ス」とし、届出と許可が必要になった。

市街地建築物法令執行心得（昭和四年五月、訓令甲第一四号（昭和五年改正、同二一条））では、

第二五条　警察署ハ左ノ各号ノ願届書用紙又ハ書式ヲ備エ置キ請求者ニシテ支障ナシト認ムルモノニハ之ヲ公布シ又ハ閲覧セシムヘシ

としている。そして願届書用紙または書式は次のようなものであった。

五　建築工事管理者（建築工事請負人）設定届　別記第五号様式（施工細則第三二条第三項の規定によるもの）

ここでは、施行規則第一四三条の規定による許可を受けようとするものが設計書、図面を添付する申請書の内容は以下のとおりであった。

① 建築主の住所、氏名

② 敷地所有者の住所及び氏名

建築工事管理者、設計者または建築工事請負人あるときはその住所及氏名

③ 以下は略

以上みてきたように、市街地建築物法で届出が求められる建築を示し、許可の実務担当の内容を規定した同執行心得により届出の具体的内容が示されていたが、これらにおいては、建設業者（建築工事請負人）の資格は不問であった。

これまでは、建設請負業者の取締りに関する規則の実態を明らかにしてきたが、他にも警察が担当する規則が存在し、「建築代願人規則」が該当する。この規則の存在は、現在のところ東京府の例しか確認されていない。資料「警視庁建築関係規則類纂(38)」から内容を紹介する。この規則は、市街地建築物法の手続きに関連する法令として、昭和五年に警視庁令第二七号「建築代願人規則」により制定された。従って、請負業を規制するものとは趣旨を異にする。そして、この規則は、警視庁建築関係規則類纂の第二編警察中第二三目の「代願人」に含まれ、他

には司法書士法がある。このことから、建築を主題としたものでなく、公的手続きに関してその資格を規定したものといえる。

具体的内容では、第一条により目的を、「他人ノ委任ヲ受ケテ官公署ニ対シ市街地建築物法令ニ関スル願届ヲ為スヲ業トスル者ヲ謂フ」と規定しているので、現在のような建築士制度にいう職務とは異なっている。そして建築代願人は、以下の資格を有し、かつ警視総監の許可が必要とされている。すなわち、

①　建築代願人試験に合格した者

②　実業専門学校またはこれと同等以上の学校において建築に関する学科を修めた者

③　法人であって右記の資格のうちの一つを有する者により建築代願業務を担当させる者

が、該当する。そして、第六条では「建築代願人試験」の試験科目が、「建築代願人試験ハ左ノ科目ニ付之ヲ行フ」として、①建築法、②建築技術、③建築手続を挙げ、特例として、甲種実業学校またはこれと同等以上の学校において建築に関する学科を専攻し、卒業した者に対しては、建築技術の科目に関する警視庁開催の講習会に参加して修了証書を受けた者のうち、特に成績が優秀な場合は、これら試験科目の全部または一部を免除する旨が規定されている。従って、高等工業学校や大学などの高度な建築教育を受けた者には卒業を条件としているが、実際に社会で活躍する実業（工業）学校の卒業には試験に対して便宜を与えているから、実務のための資格であったといえる。

第九条では、建築代願人業務のために補助員を置けることとし、補助員の本籍、住所、氏名、年及び履歴書を五日以内に業務所在地の所轄警察署に届けることを義務付けている。従って、補助員には建築専門の知識は問われていない。

次の第一一条は、代願に関する料金であって、定めた料金を主たる業務地所管の警察署を経て警視総監に届出て、

認可を受けることとしている。また、料金を第一九条に規定する組合規約に定めた場合は、この料金によるとしている。いずれにしても、料金を事務所の見やすい場所に掲示する義務を課していることから、専門家以外の一般ユーザも顧客としていたとも考えられる。

第一三号が本法令の骨子にあたるもので、建築代願人及び補助員の遵守事項が決められている。すなわち、

① 願届けを敏速に処理すること

② 代願書類の作成にあっては、当該建築の現場を調査し、あるいは必要な事項を調査すること

③ 願届後に変更があった場合は、速やかにその旨を委任者に通知すること

④ 委任者の押印、署名した白紙の書類を置き放ちにしないこと

⑤ 委任業務に係る許可証、認可証または調査済証を受け取った場合は速やかに委任者に送付すること

これらは、代願業務一般の遵守事項といえるが、特に②の現場等の調査が課せられていることに注目したい。先に述べたように、第六条で建築代願人は専門の知識と経験を求めているが、第一三条の中では直接建築の知識や実務経験に関する事項は存在していない。

そして、第一六条では、「建築代願人ハ警察官吏ノ臨検ヲ拒ムコトヲ得ス」と規定され、建築の届出であっても警察の関与が不可避であることが分かる。これは、市街地建築物法の取締り自身が警察の所官であった戦前の行政システムと関係している。

次に、建築代願人が許可を求める際の届出は以下のとおりであり、個人と法人の区分があった。個人の場合の届出は以下のようであった。

第一号様式（用紙半紙）

建築代願人許可願

一　本籍

一　住所、氏名、生年月日

一　兼業アルトキハ其ノ職業

一　主タル業務所所在地

一　業務所ノ数及所在地

私儀建築代願業務相営度候條御許可相成度別紙関係書類相添へ此段及御願候也

以下は、法人の場合であるが、基本的には、個人の場合と大きな違いはない。

第一号様式ノ二

建築代願人許可願（法人ノ場合）

一　名称

一　主タル業務所在地

一　建築代願ノ業務担当者ノ住所、氏名、生年月日竝兼業アルトキハ其ノ職業

一　業務地ノ数及所在地

そして、代願人には委任業務を件ごとに記載する「事件簿の様式」を踏まえた、以下の記載が義務付けられていた。

○委任者とその住所氏名
○敷地の地名番号
○受託年月日　願届年月日
○願届の要旨　建築物の用途
○建築物の構造　建築物の延坪
○料金額
○処理経過要項
○備考

これらの取締りを実際の執務でどのようになすか、担当行政官の判断基準として「建築代願人規則執行心得[39]」が制定され（昭和五年九月、訓令甲第七〇号）、申請に対する審査基準が記載されている。本審査基準によれば、第一条で以下の各号について審査を行い、意見を付して警視庁保安部に報告することになっている。

① 願届書の記載内容の相違がないこと
② 規則第三条の各号（代願人になれぬ者）のチェック
③ 素行及び前科のチェック
④ 営業に関して強制処分を受けたことのないこと
⑤ 他人の名義か否かのチェック

また、建築代願人規則の第一九条によって組合を設置したときの調査としては、「心得」の第五条にて、
① 代表者の経歴、素行及び代表者としての適否

②　代願料金の適否
③　組合区域内における未加入者の数
④　その他必要と認められる事項

を審査することとし、本質的には適正な運用を求めた請負人規則による組合の取締りと相違ない。また、同心得中には、所管警察署長が保安部長宛に提出する「建築代願人規則違反者報告」、「建築代願人台帳」（様式二号）が決められ、その裏面に「代願料金表」の区分例（料金の入らない雛形）が決められている。

建築代願人がどのような職能であったかを示す資料が発見できていないため、断言はできないが、建設業者にあっても、市街地建築物法の手続きを施主の代理として行っていたとすれば、本規則の取締りの範疇にあったので、代願人資格を有する社員の配置が必要となったといえる。

この代願人規則は、これまであまり紹介されてこなかったように思われる。そして、市街地建築物法を根拠とし、技術・実務に関して試験を行い、その他に学歴を踏まえて資格を付与する方式は、建築士法に近いといえる。しかしながら、市街地建築物法は特定地域に限定適用され、建築士の存在が根拠法である建築基準法の中に明確に規定されていることと比較すると、建築代願人規則の法的根拠は希釈と言わざるをえない。ただし、先に指摘したように、この規則は東京府しか確認できないことも踏まえ、どのような背景から生まれたかは、今後の研究課題といえる。

2・5 章結

本章では、建設請負業に関する資格の条件を、歴史的変遷の中で扱ってきた。直接の取締りは、明治初期には存在せず、建設請負工事の嚆矢であった鉄道関係の入札、請負契約の中で規定されていた。この請負契約では、特に資格条件が課せられることなく、企業の業態と関係する税額や経営年数が主たる条件であったといえる。

また、公共工事の入札に関する規定としての会計法にあっては、特に大正十一年改正法によって、工事（営業実績）と納税額が条件になっていたが、特段、斯業の特性を条件にしたものでない。これは本来的に会計法であって、工事請負契約法とは異質であることと関係していた。また、この会計法にあっても、特殊な条件化では、各省大臣が独自に随意契約を設定できるため、絶対的条件になっていなかったとも言える。

次いで、戦前における建設業取締りの実態を警察行政の中から見てきた。そして、本章の冒頭では、戦前における地方自治の本質を解明し、取締行政を担当した警察の実態を明らかにした。この一連の取締行政の中で、建設業も対象となった。しかし、建設業に特化した取締りというよりも、一つの営業業態として扱われた点が指摘できる。すなわち、業態独自の特性を踏まえた取締規則とはなっておらず、規則の固有名詞を外せば、一般的な営業取締りと大きな相違はない。また、大正八年に現在の建築基準法にあたる「市街地建築物法」が制定されるが、この法律の適用のために建設請負業の取締りが誕生したとはいえない。確かに、本書で扱った「土木建築業請負規則」は、明治その多くが大正八年以降に制定されているが、この規則の始まりといえる大阪府の「土工請負取締規則」は、明治三十八年に制定されているし、現行の建設業法も建築基準法より早くに制定された関係もある。

建設請負業の取締りの本質は、大阪府の土木建築請負業規則（大正四年）の改正に対する川上保安課長の説明によって示されている。ただ、この場合も、市井の業態にあって、建設業に係る特異点が、請負工事高が大きいこと、名義だけによる営業いわゆる「団子取り」の排斥のみが際立っている。

これらの取締規則が業界に与えた影響は、個別の企業に対するよりも、（強制）組合化にあった。すなわち、業界の相互利益の確保のために、規則を援用しながら、自身の利益団体を護るために利用された感が強い。このことは、次の第３章の組合事業内容と関係する。そして、請負業取締規則の運用が組合設置と業界のカルテル化の芽になったとも考えられる。

また、警察による建設業の取締規則に対する問題点も指摘できる。すなわち、一般的な（特に地方にあっては）建設が木造を主体とした当時は、建設業の主体は大工・棟梁にあり、この業種に対する規則は、大阪府の例はあっても、請負業と同様なレベルで制定されていたわけではない。従ってこれらの規則は、建設業界の一部を取り締り、結果的に第３章と関係するような、組合化による他者の排除を助長したものとの批判があったことも事実である。

建設業の取締規則にあって、今回発掘された福岡県の「建築業取締規則」は、建設業界の中にあって、建築業に特化した点、実費精算請負を含めるなど、他府県との違いがあった。

建設請負業の取締りを別にすると、「建築代願人規則」が確認できた。この規則は、市街地建築物法による建設にあっての届出者の資格を決めたものである。警視庁建築関係規則類纂中では代願人にあたり「司法書士」と同列に扱われていた。ちなみに同類纂で「請負」は、警察行政の中で、保安→安寧→「請負、占業」に位置づけられていた。

以上の結果から建設業者に求められていた資格は次のようにまとめることができる。

① 建設業者の経営上の資格

この条件に関しては、鉄道請負契約、会計法とも事業の経験年数を基準としているが、概ね一年以上とし、営業実績が特に重視されていたわけではない。

② 財務上の資格（保有設備を含む）

主に、納税額が資格の対象であったが、明確な基準はなく、大阪府の川上保安課長の談、「恒産あるものは恒心あり」ではないが、一種の公側からの企業の素行を判断する保険とも言い換えられる。

③ 技術者の資格

鉄道請負において、「台湾縦貫鉄道工事請負契約書」には、相当の技術者配置が義務付けられていたが、一般工事にあたるものではこの表記は存在せず、特に技術の面で厳しい条件は付加されていなかった。建築代願人規則（警視庁）では、学歴により該試験の免除規定が定められていたが、第4章で扱うような、明確な資格をもった技術者の介在を明記したものではない。

以上の取締りを対象とした中での建設業者の資格は、鉄道工事、会計法にあっては、公の工事に該当し、建設業界の「元請」関係者に適用されるものであった。また、警察の請負業取締に関しても、その実は、大工・棟梁とは別の業態で対処していた。従って市井の建設活動とは、基本的に異なる世界での取締りであったともいえる。この点からは、建築と土木を明確に区分して、その取締りの実態解明に取り組むべきとの視座が得られる。

第2章　注

（１）「鉄道請負人資格等」、建設業法資料集（第一集）、建設省計画局建設業課、昭和五十九年三月の一～五頁と日本土木建設業史、四〇～四二頁による。
（２）同上建設業法資料集、二頁
（３）「日本鉄道請負業史・明治編」、鉄道建設業協会、昭和四十二年十二月、四五頁。
（４）日本土木建設業史、㈳土木工業協会、㈳電力建設業協会、昭和四十六年四月十五日、一一九～一二〇頁
（５）同書、一二二、一二三頁
（６）同書、九〇～九二頁
（７）以下は、土木工業協会沿革史、㈳土木工業協会編・発行、昭和二十七年十月二十五日、二八頁による。
（８）同書、三八頁
（９）以下は、建設業法資料集、六～一〇頁による。
（10）定式請負《じょうしきうけおい》：この制度の発端は、江戸時代にさかのぼる。明治期にあっては、公共工事のうち、小規模なものにあっては、出入り業者のうち月番をもうけ、工事を担当していた。「定式請負とは、或る程度以下の工事、即ち定用的工事に対して、出入の者の中より月番なるものを設け、或る一定の期間を定め、其の期間内に生ずる工事は其月番をして担当せしむる形式なり」との説明がある。明治工業史４　建築編、㈶工学会、昭和二年、二五七頁による。
（11）以下は、土木工業会沿革史、六〇～六三頁。改正会計法については、日本土木建設業史、六〇～六一頁も参照。
（12）以上は建設業法資料集、一二頁
（13）日本土木建設業史、二一一～二二五頁
（14）大阪建設業協会六十年史、大阪建設業協会編・発行、昭和四十五年四月一日、九頁
（15）以下は建設業法資料集、一五頁による。
（16）「談合の経済学」（談合の経済学・日本的調整システムの歴史と論理）、武田晴人、平成十一年十一月
（17）地方自治制度の沿革　現代地方自治全集①、坂田期雄、ぎょうせい、昭和五十二年十二月、五八頁
（18）末松偕一郎、「地方自治要義」、大正十二年七月三十一日発行、帝国地方行政学会、九六頁
（19）坂田期雄、五二頁
（20）同書、六二頁

(21) 同書、七〇頁
(22) 建設業法資料集、五二頁
(23) 同書、一四〇頁による。
(24) 東京土木建築工業組合沿革誌、㈳東京建設業協会編・発行、昭和三十九年八月一日、四五〜五三頁
(25) 同書、一一四〜一一五頁による。
(26) 大阪建設業協会六十年史、五六〜五七頁
(27) 大阪土木建築業組合沿革史、大阪土木建築業組合、大正十四年四月、第二款　強制組合の成立、八七〜九一頁
(28) 同書、一〇七頁
(29) 大阪建設業協会六十年史、八六頁
(30) 同書、一四三〜一四五頁
(31) 東京土木建築業組合、昭和十二年四月二十四日発行
(32) 同書、二三六頁
(33) 以下は、日本土木建設業史、四四五〜四四六頁による。
(34) この願は、同書、三三五〜三三六頁による。
(35) 日本土木建設業史、四四九頁
(36) 日本建築協会発行「建築と社会」第二三輯第二号　昭和十五年二月一日掲載分
(37) 大阪土木建築業組合沿革史、八四〜八五頁
(38) 警眼社、昭和十六年四月三十日、二〇一〜二〇九頁
(39) 執行心得＝取締規則を実行する上で、警察当局の監理・取締の基準を決めたもの。高等建築学第二五巻、本田次郎、笠原敏郎等、常盤書房社、昭和八年十一月二十九日、一八頁

第3章　業界団体による規制

前章では、警察による請負業取締規則の中で、業界団体の設置条件を明らかにしてきたが、本章では、団体（組合）活動の中で、業界自体がどのように自己の規制を果たしてきたかを扱う。本章では特に、組合の定款中における社会的地位向上のための活動、これに対する組合員の資格等を扱う。

3・1　団体設置の法的根拠

明治以前の、商工活動としての株仲間の廃止以降、封建的自主組織を喪失した各産業界にあっては、新たな秩序づくりが目論まれ、同業者による組合組織がつくられるようになった。これに呼応するため、明治十八年に東京府は、府達第二号「同業組合準則」を公布し、組合設立に対する基本規則をつくった。根拠としては、明治十七年十一月二十九日農商務省達第三七号同業組合準則（明治三十年省令第六号改正）がある。[1]本準則は、明治十七年に農商務省が全国各地における各種産業の問題点を調査し、それらの問題点に対する改善策の提案書として作成された「興業意見」に基づき制定されたもので、同業者の業者団体を規制し、各産業における生産物の品質維持を目的としていた。本準則以来、各組合で規約がつくられ、業界発展のための規制は、各地各組合の中で行われるようになったことが留意されるべきであろう。いわば行政指導の形態とも言い換えられる。

組合規約の中で必要な事項として、加入者及び退去者に関する規程、費用の徴収及び賦課法、違約者の処分方法などを定めるとともに、同業者組合による連合会の規約制定についても、所管官庁の許可を求めることを定めていた。この内容は、警察による請負業取締り中の組合の規定と等しい。ただ、同意にあっては、大阪府の「土木建築請負業規則」の、三分の二とは異なっている。

以下で、「同業組合準則」（明治十八年一月三十一日東京府達甲第二号、明治三十年東京府令第八四号改正）の内容を示す。(2)

第一条　農工商ノ業ニ従事スル者ニシテ同業者或ハ其営業上ノ利害ヲ共ニスル者組合ヲ設ケントスルトキハ適宜ニ地区ヲ定メ其地域内同業者ノ四分ノ三以上ノ同意ヲ以テ規約ヲ作リ官庁ノ許可ヲ請フヘシ

第二条　同業組合ハ同盟中営業上ノ弊害ヲ矯メ其利益ヲ図ルヲ以テ目的ト為スヘシ

第三条　同業組合ノ規約ニ掲クヘキ事項ハ左ノ如シ

第一項　組合ヲ組織スル業名及組合ノ名称

第二項　組合ノ地区及事務所ノ位置

第三項　目的及方法

第四項　役員ノ選挙及権限

第五項　会議ニ関スル規程
第六項　加入者及退去者ニ関スル規程
第七項　費用ノ徴収及賦課法
第八項　違約者処分ノ方法
右ノ外組合ニ於テ必要トナス事項
第四条　［省略］
第五条　同業組合ハ同業組合ノ資格ヲ以テ営利事業ヲ為コトヲ得ス
第六条　同業組合ハ総テ其ノ事蹟及費用決算表ヲ毎年当庁［東京府］ニ報告スヘシ
第七条　規約ヲ改正スルトキハ更ニ当庁ニ許可ヲ請フヘシ
第八条　分立又ハ合併スルトキハ更ニ規約ヲ作リ当庁ノ認可ヲ請フヘシ
第九条　同業組合ニ於テ聯合会ヲ設ケ其規約ヲ作ルトキハ当庁ノ認可ヲ請フヘシ
但其聯合他府県ニ渉ルトキハ開会地府県庁ヲ経由シテ農商務省ノ認可ヲ請フヘシ

この準則を考察すると、第五条は、組合員の資格を営業の条件としないことに該当し、第2章で取り上げた、建設業の共済組合とは趣旨を異にする。また、第九条にあっては、この準則の時点で、既に連合会設置のことが考えられていた。府県を越えた広域圏に連合会組織が及ぶ場合は、主管の農商務省の認可が必要であることを示している。即ち、同業組合法は農商務省（後の商工省）による県への委任業務であることが分かる。

以上の内容から判断すると、明治のみならず、大正、昭和に設立された土木建業の組合の規則は、概ねこの規程に準じている。従って、組合員の資格を厳密に決めることにはなっていない。

この同業組合準則によって許可された例を以下に示す。

辰農第五六九九号

東京土木建築業組合

設立発起人総代　石塚直太郎

大正五年九月十四日附申請組合設置ノ件認可ス

大正五年十月二十五日

東京府知事法学博士　井上友一

この他の組合設置の根拠法としては、工業組合法（大正十四年、法律第二八号、昭和六年施行）があり、本法は、重要品工業組合法を端緒として、一般工業者の組織発展を支援するものであり、同法の適用を受ければ組合員の営業権を確保するための種々の便宜が考慮されていた。しかし、建設業にあっては、一般工業と異なるとの観点からその適用から外された経緯があり、昭和十五年になって同法の準用により、建設業の工業組合化が実施された。この件と本法制定の意図は、第4章で詳しく分析する。

また、昭和十七年には、商工組合法が制定される。本法は、これまで商業と工業に関して二つの組合設置法が適用されてきたが、戦時下の効率的な軍備支援を果たすべく、統合されたものである。本法の建設業界への適用は、工業組合での統制をさらに強化した統制組合設置に係わっていた。

３・２　建設業組合（中央の地域組織）

以下では、建設業組合の活動状況と、会員の資格実態を明らかにするわけであるが、組合に関しては、警察の取締対象となった府県を範囲とするものと、全国を対処とした組織（連合会と異なるもの）に分けられる。前者は、さらに東京や大阪を中心としたものと地方組合がある。以下では、まず東京、大阪を扱い、これ以外は、順次その実態を示す。

⑴　東京府の土木建設業組合[3]

明治七年に東京市を中心とした土木組合が設置されたが、根拠法はなく、任意団体であり、親方の親睦団体であった。東京市の建設業組合の発展は以下のとおり。

〈「土工組合（任意団体）」設立、明治十七年（一八八四）〉

正式に結成された東京府の最初の組合に該当する。東京市内及び近郊の土木建築請負業者達が相互の親睦と業界の健全な発展を図るための連絡機関として設置された。設置の背景には、株仲間廃止以後の縄張り争いや紛争の発生があった。ただし、組合と組合員による自主管理により業界の秩序確保を目指したものであり、成文化された組合定款や組合規程等は定められていない。要約すれば、土木系親方組合であった。

〈十五区六郡東京土工組合、明治二十二年（一八八九）[4]〉

明治十七年の組合が改組されたものである。組合の名称は、東京市の十五区と隣接する荏原、豊多摩、北豊島、

南足立、南葛飾の五郡を地域としたことによる。組合員数約五〇〇であった。(5)

土工組合として公認組合になる。この組合では、日清戦争後の不景気による治安の悪化の下、建設業界から犯罪者が出るのを防ぐために、組合配下の監視や指導を行っていたと判断できる。但し、この段階でも、成文化された組合定款や組合規程等は定められていない。(6)

〈東京十五区六郡土木建築実業組合、明治三十六年（一九〇三）〉

右記の「十五区六郡東京土工組合」に建築業者を加えて改組、名称変更されたものである。従前の組合加入者の中でも建築業を営むものが多かったこと、建築専門の業者も組合の支援を行っていたこと等がその合同の理由とされている。(7)

組合の機構は、東京市の七つの地域毎にそれぞれ一つ、合計七つの傍系組合があり、それぞれの部が各地区の下部組合をまとめる。このため、傍系組合毎に組合規約が定められていた。現在のところ、関東大震災により記録類が消失し、「参之部」のみの規約が残されている。これによると、

「東京十五区六郡土木建築実業組合参之部規約」

第一条　当組合ハ東京十五区六郡土木建築実業組合ノ定ムル参之部ニシテ山之手土木建築組合ト称シ四谷、赤坂、麹町、牛込、豊多摩の四区一郡ノ土木建築ニ従事スル実業者ヲ以テ組織シ会員ノ親密ヲ図リ一致団結ヲナスヲ以テ目的トス

と記され、支部であることと、親睦が目的であったことが分かる。ついで第二条では、会員の種別を設け、

●組合員＝賛成員、正員、通常員の三種に分ける

としている。さらにそれぞれの資格を詳細に見ると

●賛成員は、土木建築請負業者で、組合規約に賛成し、毎月五〇銭の組合費を出金する者
●正員は、土木建築請負業者及び仕立て人で、組合規約を遵守し、毎月五〇銭の組合費を出金する者
●通常員は、土木建築仕立人で、組合規約を遵守し、毎月三〇銭の組合費を出金する者

との組合費の区分が設けられ、正員と通常員とは請負業を営むか否かが大きな違いで、結果的に組合費の差となっている。

第三条では、役員を規定し、事務員一名を除く、正副組合長、会計、組長は無報酬と定められている。

第四条は、その後の建設業組合に登場する賦課金であり、管見の限りでは、工事費に按分して賦課金を課すのは、東京の例が明文化された最初と思われる。具体的には、次のような内容となっていた。

第四条　当組合区域内ニテ土木建築工事ヲナストキハ東京一般ノ規約ニ依リ左ノ工事歩金ヲ徴収ス

一〇〇円以上五〇〇円までの「一・五円」から一〇万円以上の「五〇」円までの十七段階の歩金であった。

第五条は、第四条で集められた歩金の使途を定めているが、このように使途を明らかにした例はあまりない。

第五条　月掛金及歩金ハ一般ノ交際費並ニ組合規約ノ出費ニ支払シ差引残額ヲ基本金トナス但万一不足ヲ生シタル場合ハ追徴ヲ請求スルコトアルヘシ

組合員の除名の条件は、「組合費・歩金ノ二ヶ月以上滞納者、組合ノ名誉汚損行為」であり、この結果は上級組合へ進達することになっている。

本規約中には、組合加入条件（入会規約）の規定は直接記載されてないが、組合費や歩金の支払いが間接的な加

入に際しての財務条件であったといえる。
この規約中には、工事中の紛争、事故、天災々害等による組合員または組合員家族の死傷に対しての組合からの香料支払規定がある。もっとも組合員のみで、従業者は関係ないので、本当の意味での労働災害扶助とはいえない。このほかの建設業組合にあっても、基本的には経営に係わる事項が中心であり、従業員の労働・保健は第七章で示すように、厚生省が所掌する事項であり、ここで取り上げている業界の活動とは本質的に関係はない。

〈東京府における最下部組合組織〉

東京十五区六郡土木建築実業組合は東京府を中心とした大組織と上記で紹介した「参之部」のような中間組織、そして以下に示す下部組織から構成されていた。ここでは下部組織の例として「山之手土木建築実業組合規約」を明らかにし、組織の上下関係を知るための資料とする。
第一条は、組合名称に関するもので、第二条では、組合の目的が次のように掲げられている。

第二条　当組合ハ山之手在住同業者及他区域ノ同業者ヲ以テ組織シ組合員相互ノ親睦ヲ計リ業界ノ発展向上ヲ計ルヲ以テ目的トス

ここでは、他地区の同業者が参画できる点が特徴として挙げられる。さらに、「参之部」組合と比べ、業界の発展向上が掲げられている点が注目できる。
そして、第四条では組合員であることを明示する表札の掲示を規定し、第一七条では積立金「組合員ハ毎月壱円ノ積立金ヲナスノ義務ヲ有ス」と定め、第二七条で積立金を組合員の弔事に使用することが規定されている。三部の階層性を持つ組合故か、他の下部組合に対する処遇についても以下のように、本規約では触れられている。このような相互補助のシステムは、本組合の規則以外、明らかでない。

第二十三条　他ノ同業者カ本組合区内ニ於テ工事に従事スル者アルモ妨害故障等一切申出テサルハ勿論本組合ニ申込ミタルトキハ相当ノ応援ヲナスモノトス

尚工事ニ従事セシムル人夫ハ可成区域ノ者ヲ使用スヘシト雖都合ニ依リ何人ヲ使用スルモ故障等申出サルコト

〈東京土木建築実業組合（改組）〉

この組合は、明治四十四年（一九一一）に、従前の組織が改組されたものである。組合規約の中で、工事賦金を工事請負額毎に詳細に設定している。また、組合員または組合員家族の死傷に対しての組合からの香料支払規定はなくなり、奉加帳方式に変更される。奉加帳の方式は任意であるから、これまでのものに比べて抽象的な扱いになったともいえる[8]。

以下では、東京土木建築実業組合規約を抜粋して、掲げる。

第一条　本組合ヲ東京土木建築実業組合ト称ス

第三条　本組合ノ区域ハ東京市及府下五郡トス

この地域区分はこれまでに決められていた「十五区六郡東京土工組合」と同一である。

第四条　本組合ヲ左ノ七部ニ区分ス［以下、区分は省略］

第五条　組合ノ役員ニツイテ

第六条　組合役員［正副会頭、各部幹事の互選と任期］
第一四条　組合ノ重要事項決議方法

次の第一五条は、請負工事の額に従って、基準の率により、組合に賦課金を納める規定に該当している。

第一五条　本組合ハ組合区域内ニ於テ請負工事ノ起工アリタルトキハ左ノ歩合ニ依リ賦金ヲ其ノ仕立人ノ手ヲ経テ請負人ヨリ集金シ仕立人ナキトキハ請負人ヨリ集金ス

この東京府における従前の明治三十六年設立の「東京十五区六郡土木建築実業組合」では、組合費について記載がないので、運営は賦課金によって行われていたことが分かる。請負工事を基礎とした賦課金による組合費は、他の組合でも同様であった。この賦課金の額は明治二十二年の「東京十五区六郡土木建築実業組合参之部規約」と同じである。東京の場合はその後、賦課金による運営がなされていた。他の組合でも規約によって請負金額の一部を賦課金としたものに、後述する長野県の組合があった。

右記の規定の中では、その他の組合員の資格を規制する条文は含まれていない。

〈東京土木建築業組合（改組）〉

大正五年に改組された「東京土木建築業組合」は、明治二十八年一月三十日東京府達甲第二号同業組合準則により許可された「公認組合」である。また、公認組合たることをもって設立された背景があり、当時の発起人たちの願望は、以下の言説から窺える。(9)

① 予め業界より責任感の強い人物を厳選し新たな組合設立に対応すること

②　初めから公認組合としての創立を目指し、認可までこの運動を継続すること

そして、組合規約は以下のとおりである[10]。

〈東京土木建築組合規約〉

第一章は、組合の組織及び名称に関することで、第一条で東京府下に居住しまたは出張所、あるいは事務所のある土木建築請負業で組織することが規定されている。

第二条ではその名称が決められている。組合の地区及び事務所所在地に関係し、これまでに紹介してきた「東京十五区六郡」と等しい。

第三章の組合の目的及び方法の中に、組合員の資格と組合の事業が明示されている。第五条の組合の目的は、親睦と営業上の障害除去、相互利益の推進、そして業界としての品位の向上など、従前との違いはみられない。第六条は組合の事業であり、具体的内容は、以下のようであった。

①　組合が組合員の営業方法に注意し、正確な取引を行わせること

②　組合員が営業に関し紛争に巻き込まれた場合に、調査と調停を行うこと

③　各府県の工事入札心得、請負規程、その他業界にとって参考となる図書等を蒐集し、組合員に縦覧させること

④　組合員（その店員を含む）が同業者の利益を増進し、あるいは一般の模範になるときは、これを表彰する。

⑤　組合員の慶弔に関する規程

⑥　官庁の営業に関する諮問に対する応答と、業務上必要な事項の建議

⑦　その他

従前の任意組合の規程に比べると、組合の事業がより具体的に示され、個々の構成員（請負業者）に対して組合が、

社会的信用を得るよう、取り図る姿勢が見て取れる。しかしながら、トラブルを条件としつつも、組合が調整を行う点には、カルテル化の芽が見られる。

第八条は、役員の選挙方法とその権限に関する事項である。この中で、組合員には何の規程も示されていなかったが、第一〇条で組合役員と支部長に対しては、「組合地区内ニ於テ土木建築請負業ヲ開始シテ満一年以上」（他は禁治産者等による欠格条件）が条件として課されている。

以下では、「第五章　会議」、「第六章　加入及脱退者ニ関スル規程」と続き、第六章の第二八条では、組合加入者は申込書に記載し組長に提出とあり、第二九条で加入登録料三円を納付することになっているので、特段の資格は設定されていない。また、第三一条の脱退も組合の目的に違反した場合に役員会の決議により脱会を命じるようになっているので、明確な基準を以て脱会を決めているわけではない。

以下では、「第七章　会計ニ関スル規程」、「第八章　違約者処分」、「第九章　規約の改正」、「第一〇章　解散」の構成となっている[11]。

そして、昭和四年四月に警視庁公認組合となるために、規約の改正が行われた[12]。他では、評議員を常議員と改称すること、五郡の他に八郡・九郡支部を増設すること、これら機構の拡大による役員等の増員が必要になったこと等が関係していた。大正五年の規約（形式以外）との変更点を示せば、次のようであった。

第三条の目的が、「本組合ハ斯業ノ改良発展ヲ期シ共同利益ノ増進ヲ図ルヲ以テ目的トス」と記され、目的の中では、親睦や業界の品位確保がなくなっている。

また、第四条の目的達成の事項にあっては、

①　組合の品位と英知向上のために講演会や模範工事の見学を企画すること

② 機関紙を発行すること

等が追加され、特段の変更は見られない。そして第九条の役員の規程では、従前（大正五年分）とは異なり、役員において一年以上の経営経験の条件がはずされている。

以後は昭和十六年四月（工業組合法）まで継続した。そして、昭和十六年の工業組合法の適用により従前の諸組合は解散となった。

(2) 大阪府の土木建築業組合

ここでは、大阪府の場合を検証するわけであるが、地方的な特徴が見られる[13]。

〈大工職業組合御願〉

最初の組合結成の動きとしては、明治七年（一八七四）に大阪の大工職人達が大阪府知事宛に提出した「御願」が挙げられる。この提出書は、再度同業組合結成の許可を大阪府に陳情したもので、その内容は、株仲間の廃止の趣旨に基づき独自に弊は自戒するが、悪徳業者の横行が甚だしいため、これを防ぐために組合を結成し、役員は公選によって民主的運営を図る、といったものである。また、規程案としては、組合の運営に関する規定や労働時間、賃金に関する規定などを定めていた。この規程案について「大阪建設業協会六十年史[14]」では、「職人の立場がみられ、いまで言う一人親方の二重性格を物語っている」と述べている。

明治十一年、同業者団体の結成と大阪の繁栄を取り戻し、産業界の再編を行うために五代友厚が大阪商工会議所を開設し、続く同十四年大阪堺市街商工業取締法が布達され、この取締法により各業種で仲間組織の結成がなされ、土木建築請負業の仲間組織も結成され、その規約が成文化されている。この規約は、次の内容を含んでいた。

① 入札申合せ（談合）の禁止
② 工事途中での施工中止行為の禁止
しかし違反者に対する処分は「付合いや取引をやめること」程度で、強制力はなかった。この新しい仲間組織も周囲から十分に理解されず、効力をもった活動のできる組織ではなく、解散している。いわば先駆けの団体組織の宿命であろう。

〈大阪土木建築業組合〉

明治四十年に大阪で最初の業者団体として設置された。大阪では、株仲間の廃止以後、同業者の連絡がなされぬまま、各企業が自己の信念に従って独自の業務・営業展開を行っていたが、次第に仕事量が多くなり、連絡・協議・親睦のために組織結成の必要性が強く認識された。さらに、当時の業界においては当局の取締りを逃れるために請負業者の名に隠れた不徳・不正業者を排出するためにも、業界自身による強力な組合結成が必致となった経緯がある。大阪府知事への設置届は、翌四十一年二月二十五日付でなされ、保第三六四〇号により認可指令があった。

組合規約では、組合活動を「組合ハ組合員ノ営業ニ注意シ、取引方法ヲ正確ニ実行セシムルヘシ」と定め、詳細な内容としては、組合員の取引に関する紛争の調停、違約背者に対する履行催告、不履行者や不正行為者に対する取引停止、または過怠金処分を行うこと等を定めていた。

しかしながら、組合組織の形は整ったものの、組合員の自覚を頼りとしただけでは、理想であった業界の向上は不十分であり、次第に有名無実化し、大正三年十月の組合役員会で強制組合に改組する決議が採択された。

この組合の要請は大阪府へ提出され、大正四年に大阪府令第三二号土木建築請負業取締規則交付（従前の土木請負業取締規則の改正）がなされ、この規則に規定された業者の資格、あるいは組合への強制加入条件により、本組合は強制組合化され、所期の目的がほぼ達成された。この規則の具体的内容は第2章を参照されたい。
組合への加入に際しては、名簿登録料の納付（五〇銭）、組合費支払（一ヶ月二〇銭以上二円以内）を義務規定としているが、具体的な加入基準は規定されていない。なお、組合費の決定にあっては、相当の議論がなされ、次の案が検討されている(15)。

第一案　均一制。営業規模の大小に係わらず、全国的業者も町場棟梁も同一のため、悪平等として不採用。

第二案　等級別制。役員の査定による案であり、紛料を招く恐れのあるために、税務署による査定である営業税を根拠とした。一等一五円から九等一円二〇銭の九段階。

結果として、第二案が採用されるものの、これでも不平等との批判があり、大正十年八月には一等三五円から一〇等五〇銭へ改正された。また、営業税を算出根拠とした点は、東京府（例えば「参之部」では、工事の請負金額の多寡による）とは異なる。

〈大阪土木建築工業組合〉

大阪土木建築業組合のあとを受け、以後は業界三大問題への解決を図りながら、土木建築請負業組合法（昭和十三年の熱烈なる請願も廃案のため実現せず）、昭和十六年に戦時体制下の中で取り組まれた工業組合法に準拠した大阪土木建築工業組合に改組される。新工業組合は全業者を網羅する建前であったが、既に大阪府令によって従前の組合自身が強制組合であったので、旧組合員がそのまま新組合員となった。昭和十六年の企業許可令公布に伴う調査によれば、大阪では組合員三、四八七、非組合員三四五であった。この企業許可令により統合が行われた結果、組合員数は一、八〇〇に減少する。また、工業組合設立にあたっての出資金は一口一〇〇円で一名の出資金は一口以上五〇口以下とされた。五〇口に制限された背景は不明であるが、ある意味では、過大な出資者が組合を牛耳ることの予防策であったともいえる。

ここでは、大阪府を例として、統制組合の活動内容を同組合定款の中から明らかにする。工業組合化は、国の強い指導で、全国的に展開されていたので、各地で設置された府県別組合も、ほぼ同一の内容であったと思われる[16]。同工業組合の定款にあって、第五章の事業及びその執行では、第一節（総則）にて組合の事業が示されている。即ち、

① 工事の鑑定

企業主からの意を受け、組合員からの申請があった場合に組合が工事の鑑定を行う（第三一条）。鑑定は組合員から選出する（第三二条）。鑑定には手数料を徴収する（第三三条）[17]。

② 営業に関する統制（資材配給、工事請負金額の協定、労務者賃金の協定）

使用資材の割当と工事請負金額の協定及び使用労務者の賃金協定並びにその他の統制（第三四条）。組合に統制委員会を置き統制に係わる、資材の使用数量の割当、工事単価、賃金及び工事請負、その他の協定に関する事項を諮問する（第三七条）。資材配給に関しては、組合員の使用する釘、針金、鉄線及び亜鉛板（統制品）の割当を行う（第三八条）、資材割当は組合員の請負工事の仕様書に基づき資材換算表を以て計算する（第三九条）。そして、工事金額の協定及び労務者賃金協定に関しては、組合員の行う工事請負金額、工事に使用する労務者賃金の協定（第四三条）、工事請負の際に工事書の写しを組合に提出（第四四条）、第四四条による提出を受けたあと組合により金額の査定（第四五条）、必要な場合、組合が特定工事にあっては適正工事請負金額を決定（第四六条）し、組合員が工事に使用する労務者の賃金を協定し、組合員に通知（第四七条）等が該当する。また、資材配給や工事金額の協定、労務者賃金の協定に際して必要な手数料を別に定めた（第四二、四九条）。完全なカルテル化といえる。

③　共同設備

共同設備に関して必要な事項は、総代会の決議により定める（第五〇条）とされている。

④　工事請負の斡旋

委託のある場合は、土木、建築工事請負の斡旋を行う（第五一条）。工事の斡旋にあっては工事内容と組合員の現業の業況を参酌し、理事会で決定し、その手数料として請負金額の一〇〇〇分の二を組合に納付する（第五二条）。必要な場合は、工事委託者または受託者から一定の供託金を徴収する（第五三条）。上記の規定によって斡旋した工事の完成遅延、請負金額の収納に関して組合は無責任（第五四条）。以上は何を根拠にこのようなことを条文に掲げられていたのか不明であるが、民法の解釈により可能になったとも考えられる。

⑤　営業に必要な物資供給

組合員が営業に必要な物資の供給に関しては、必要な事項について総代会の決議により定める（第五条）。

その他としては、資金の貸付、営業に関する指導研究及び調査、その他の施設についてふれている。

戦争も終盤に入ると、以後は、日本土木建築業統制会の設立に伴う近畿土木建築統制組合大阪支部、昭和二十年の戦時建設団への吸収を経て、戦後に至った。

３・３　建設業組合（地方の組織）

ここでは、東京、大阪等の大都市以外の業界団体の設立に伴う、一種の自己規制としての組合規定を、長野県と福岡県を例に取り上げ、請負業の資格がどのように扱われていたかを明らかにする。

(1) 長野県の場合(18)

長野県では大正期に入り、業界三大問題に対応すべく、工事入札連絡だけでなく、営業上の問題が共通の利害となり、業者の団結の機運が増し、県内の指導的立場にあった人物が集まり、大正十一年五月に長野県請負同業組合を設立した。しかしこの組合は三〇足らずの会員で構成され、各郡の有志的性格が強く、昭和九年に規則の改正を行い、組合活動の活性化が図られた。

「公認長野県土木建築請負業組合規約」（昭和九年一月改正）によれば、第一章で組合の名称を扱い、第二章では、

本組合ハ長野県内ニニケ年以上居住スル土木建築請負業者ニシテ大正九年内務省令第三六号道路工事執行令並ニ本県土木工事請負規則ニ適合セル者ヲ以テ組織ス

との組合参加の資格を規定している。この条文を解釈すると、内務省の工事執行令や長野県の工事請負規則の対象者から構成される業者団体であって、民間からの受注のみの請負業者は対象となっていないことが分かり、いわば、公共工事関連業者団体に該当する。そして「道路工事」とあるように、実態としてはかなり土木に特化した内容ともいえる。このことは、鉄道建設に限定した土木業組合に等しい組織とも考えられる。

第四条では、

本組合ハ組合員相互ノ親睦ヲ旨トシ技術及事務上ノ研究ヲナシ人格智識ノ向上徳義ノ尊重ニ努メ営業上ノ弊害ヲ矯メ其ノ利益ヲ図ルヲ以テ目的トス

とあり、組合員相互の親睦を第一義とし、社会的に認知されるよう、技術、営業上の向上に努めることが目的となっ

ている。

第五条では、組合員の資格を規定し、二名以上の会員による推薦と、入会金一〇円が課せられている。そして、第六条は組合による構成員に対する一種の自己管理に該当し、

組合員ニシテ県市町村組合ノ経営工事ニシテ一口金壱千円以上ノ工事請負契約ヲ締結シタルトキハ其ノ工事ノ種類、契約相手方、請負金額及工事竣工期限ヲ直チニ組合ニ届出ツヘシ

との規定があり、さらに第七条では、組合員が工事請負契約を締結したときには、請負金額一口一千円以上で一万円以下の場合は請負金額の一〇〇〇分の三、一万円以上の場合は一〇〇〇分の二・五の金額を組合費として納入する義務を課している。そして、組合による請負工事の実質的把握とも言えるが、換言すれば組合による会員の完全な管理であった。

上記、二つの条文からは、団体が工事の請負状態を常に管理する姿勢が読み取れ、東京や大阪で展開された強制参加組合に等しい形態になっている。このことは、当時の請負活動の取締りを担当した府県警察署の機能を補完しているともいえる。本規約が昭和九年の制定であることを勘案すると、同十六、十七年以降、統制組合化に至る芽が、その基本的考え方を含めて既に地方にあったともいえよう。組合費に関しては、負担を企業規模とする民主性がみられるが、均一組合費によらぬため、逆に大企業が組合内で強い発言権を持てたとも推測できる。

以下の条文は、組合脱会、除名、組合員の不慮の事故に対する互助制度、組合総会、役員組織・役割等に関係する。

そして、第四十条からは、昭和九年に制定された規約の特性が表出している。即ち、

第四十条　本組合ハ総会ニ於テ職工人夫ノ賃金ヲ協定シ組合員ハ各自競ヲナスヘカラス

第四十一条では、組合の雇用する職工人夫が不都合を生じさせた場合は、組合長が審議を行うと規定しているので、組合が少なくとも専属の技能者・労務者を斡旋していたことがわかる。そして、人的資源以外の資材管理についても言及され、

第四十二条　組合員ハ其ノ居住地ニ於ケル各種材料ノ価格其ノ他ノ調査ノ依頼アリタルトキハ其ノ需ニ応シ速カニ回答スルモノトス　但シ該調査ニ要スル費用ハ依嘱者ニ於テ負担スルモノトス
第四十三条　本組合員ノ依嘱アリタルトキハ諸材料ノ斡旋ニ努メ相互ノ便益ヲ計ルモノトス

など、工業組合法の適用を受け、業界団体が組合として組織的な活動を行う経緯は、第四章において建設業界の統制化の中で扱うが、長野県の土木建築請負業組合規約の中では、既に一種のカルテル体制の確立が見て取れるし、少なくともその準備が地方においてもなされていたことが分かる。

ここで内務省令第三六号「道路工事執行令」（大正九年十一月八日）を引用する。[19] この執行令は、請負人の資格、入札方法等の、法律勅令をもって各省大臣に与えられた地方団体への委任事項（詳しくは第二章参照）により道路工事執行上に必要となる制度であった。そして、内容は、直営工事と入札工事に分け、直営工事では、何故直営にするかが規定され（大略、一般に言われていることに等しい）、入札工事では、一般・指名入札に分け、指名入札の場合が記載され、さらに随意契約も同様の規定であった。本執行令で注目すべきは、最低落札額を決めた部分で、

第十一条　入札中予定価格以内ニシテ予定価格ノ三分ノ二ヲ下ラサル最低価格ノ入札ヲ為シタル者ヲ以テ落札人トス但シ設計入札ニ在リテハ設計及入札金額ニ依リ落札人ヲ定ム

との定めがある。この規定は、会計法の精神に抵触するものであるが、実施された。本書にあっても、工事入札額の最低基準を設けた例は、本道路工事執行令以外は、見当たらなかった。

(2)　福岡県の場合

ここで、福岡県を取り上げた理由は四つある。第一に、長野県と同様に、地方における建設業組合の設立状況と規約の内容を明らかにすること、第二に、単独組合と地区連合組合との関わりを示すこと、第三に、地方業界団体と担当官庁（警察）の関係を示すこと、第四に、工業組合化の中で本県が最後に設置され、これが土木と建築業界の確執から生じ、解決のために指導機関の県がどのように参画していたか解明することである。

a　福岡県における建設業組合の設立と連合会との関係[20]

明治十八年に福岡県令をもって各種同業組合の法制化が奨励された。これは、明治十八年の東京府達甲第二号「同業組合準則」と同じ年にあたる。[21]

福岡県で設置された建設業組合の特徴をみると、土木建築業でなく、「建築業」の名称が初期段階に使われていた点にある。このことは、第2章で紹介した、福岡県の建設業の取締規則にあっても「建築業取締規則」（昭和三年）として、建築を営業とする者に適用された点と同様である。

そして、建築に限定するなら、明治四十年二月に「福岡建築同業組合」が設立されている。発起人は岩崎（岩崎組）、辻（辻組）、安恒、高橋、木村、竹田勘太郎等で、組合員数は二〇余名であった。活動は、物故者・脱会者が多いため、十分でなく、そのまま大正期に至る。

一方、職別組合にあっては、明治四十年三月十五日に福岡大工同業者組合第一回総会が開催されたとの記録があり、この時に大工賃金一日八〇銭の実施が決められていた。残念ながら、これらの明治時代の二つの組合組織の具体的内容と、その後の経過は不明である。

大正八年十一月四日、東京において「日本土木建築請負業者連合会」が結成されたと同じく、「日本土木建築請負業者連合会九州支部」も設置された。支部長には、地元にあって旧福岡県庁建設などで著名であった岩崎元次郎が就任した。地元の福岡日日新聞に九州支部設立の記事が掲載され、その中での宣言[22]は、

……三、請負業者の資格制限の法令は各省之を異にし其統一を欠き……

と、法令の不備を指摘している。建設業の資格に関する各省区々であるとの指摘は、大正中期であることを勘案すると、入札に係わる資格であると判断できる。

その一年後の、大正九年四月十八日には、「九州土木建築業協会」が設立され、同年九月十八日をもって「九州土木建築業協会福岡支部」が創立されている[23]。この経過を同支部設立の案内状よりみると、大正八年十二月に東京において、土木建築業者全国連合会が組織されたことに引き続き、大正九年四月十八日に九州土木建築業協会第一回総会が福岡において開催され、その後、連合会組織が創設の運びに至り、熊本、鹿児島、久留米、佐世保、小倉等で支部が設置されたと示した後で、福岡支部は、

福岡市、早良郡、糸島郡、筑紫郡、朝倉郡、糟屋郡、宗像郡ノ一市六郡ノ同業者ヲ以テ組織スと記されている。福岡支部設置の協議の内容は業界三大問題が中心であった。そして、九州土木建築業協会の設置に伴い、福岡支部を発足することになった。上記に述べたように、大正九年九月十八日に支部設立総会が行われた。創立当時の会員数は不明であるが、二年後の大正十一年三月現在では五〇名といわれている。この過程をみると、地区別の要請により組合が設立された背景とは異なり、上位（広域連合会）の創設と連動して、地元につくられた点が、東京、大阪は勿論、地方にあっても長野県の場合とも異なっている。以下では、下部組織の組合がどのような規約をもって活動をしていたか明らかにする。

「福岡支部規約」

第一章　総則

［第一条　名称を九州土木建築業協会福岡支部とすることであり、次の第二条が会の目的となっている。］

第二条　本会ハ協会［九州土木建築業協会を指す］ノ主旨ニ依リ会員相互ノ親睦ヲ旨トシ品性ノ向上及徳義ノ増進ニ努メ斯業ノ改善発展ヲ図リ弊害ヲ矯正、権利ノ擁護ヲ計ルヲ以テ目的トス

と親睦団体の域を出ていない。第二章の「会則」では、第四条で、支部の地域を定め、第五条では、入会・脱会は役員会で許諾を決定する旨が述べられ、第六条では、除名の条件（会費の滞納、規約違反、信用の失墜、会の体面汚し）を決め、第七条で会員資格の消滅を述べている。これらの規約の中には、特に資格らしきものもなく、上位の九州土木建築業協会との関係も記されていない。

第五章の「会計」からは、会費は一年間二〇円と決められていた。ちなみに、大阪では大正十年当時、一等で三〇円（等級別制）、長野県の場合は、昭和九年で一〇円の入会金となっている。

大正十二年になると、九州土木建築業協会福岡支部の活動は自然休止状態を迎えた。その後、大正十四年七月二十日に九州土木建築業協会福岡支部総会が開催され、支部を発展的解消とし福岡土木建築請負業組合と改称し再出発することとなった。

昭和三年二月十四日、[24]公認組合設立のために臨時総会を開催し、組合名を福岡建築請負業組合とし、歩金制度の廃止、等級別負担金制度が採用された。東京府の「東京十五区六郡土木建築実業組合」（明治三十六年）では工事歩金方式で、大阪では明治四十一年時点で等級別が採用されている。

なお、この頃（昭和二年五月十九日）、福岡では日本建築業協会第二七回総会が大宰府文書館にて開催されている。

昭和三年五月三十日には、福岡県令第四号の取締規則中の組合の適用（公認）を受けるために出された、福岡建築請負業組合設立が認可された。その際の準備段階では、県の内示より公認組合たるべきこと、組合は先進都市公認組合規則等の調査を行う、名称は仮に「福岡県建築請負業組合」とする等が決議された。実際のところ仮称は、正式名称となった。以下では、「福岡建築請負業組合規約」から目的、活動内容、組合員の資格をみる。

［第一条は名称］

第二条　本組合ノ区域ハ福岡警察署管轄区域トス

第三条　本組合ハ組合員ノ親睦ヲ計リ営業上ノ弊害ヲ矯正シ信用保持ノタメ業務ノ改善ヲ図ルヲ目的トス

第四条　本組合ハ建築業者又ハ其関係者ヲ以テ組織ス

このことから、当時、建築請負業組合は県内の警察署を単位として設置されたことが分かる。また、警察中心の運営が行われ、連合会事務所を福岡県警察部建築課内に置き、かつ県内各警察署内に支部を置き、連合会会長に警察部長、支部長に各警察署長が就任するなど、県内の業界は警察中心にまとめられていた[25]。第二章の「建設業取締規則」中では、その運用までは記されていなかったが、福岡県の例からは、警察の関与が非常に大きなことを窺わせている。このような警察行政の関与実態は、次の「b　地方業界団体と担当官庁（警察）の関係」（後掲一一七頁）で示す業界団体内部の不満となった。

組合の業務は、（第三章）第六条で組合員間の工事請負並びに取引契約の履行に関する紛争の調停、取締法令の研究と主旨の普及徹底、組合員の不正と不徳義行為の監視と矯正を内容としている。懲戒とは別に、組合員の模範者表彰制度、組合員の慶弔を行うことが決められている。さらに、業界の改良発展を図るための必要な調査研究、取締官庁の命令遵守等が挙げられている。

以下で会員資格をみると、第四章にて、加入者は規約を承認の上、加入申込書に記入捺印し（第八条）、入会金（一〇〇円未満とある）を納付し（第九条）、変更または廃業の場合の届出（第一〇条）が定められているだけである。

この新しい組合の創設を受けて、昭和三年六月十二日に九州土木建築業協会福岡支部は解散し、福岡県を範囲とする組合になった。そして、昭和四年六月十日に県内の各警察署別に設立された組合をまとめ、福岡県建築業組合連合会が設立され、会長に安井福岡県警察部長が就任した。

一方、土木請負業者にあっては、昭和三年六月十一日に土木請負業組合を創設した。この組合は、福岡市の土木請負業者を対象としたものである。そして、行政への積極的働き掛けがなされ、昭和五年には土木請負業組合員連絡会議の開催方を福岡県当局に懇請した。また、同年に福岡県当局及び各方面に対し土木建築業にも工場法を適用するよう陳情を行い、保証金及び担保制度廃止の運動を起した。土木請負業にあっても組合設置がなされたが、第2章で示したように、福岡県では昭和三年制定の規則が建築業しか対象としていなかったので、この時点では、土木にあっては、県令に準拠した（公認）組合のステイタスは持てなかった。

その後の、福岡県内の建築業組合の活動は、以下に示すように、昭和七年に支部の設立が中心に展開された。

昭和七年五月一日　福岡県八女郡建築同業組合設立発会

昭和七年五月五日　福岡県嘉穂郡建築同業組合設立発会

昭和七年五月六日　福岡県糸島郡建築同業組合設立発会

昭和七年六月十日になると、福岡建築請負業組合例会にて組合名が「福岡建築業組合」に改称された。この時点で何故「請負業」が外されたかは不明であるが、不況からの脱出、各種同業組合の定款、規約等の改廃があって、時局の変転と組合員の移動に鑑み、名称と規約の改正を行ったとの記録が残っている。(26)

昭和七年以降になると組合の当面する問題について検討がなされる。その一つとして強制加入組合制度の陳情（「土木建築請負業取締令ヲ定メ強制組合組織ノ制度ヲ設ケラレ度件陳情」）を県当局に行うがある。(27)

昭和八年十一月には、福岡県令第四号建築業取締の一部改正と公布がなされた。改正の主要点は以下のとおりであった。

第一条では、従来の建築業の他に土木業者もその対象となる。この結果と昭和九年四月には、強制加入組合が可能となったことから、「福岡建築業組合」の規約を改正し（理事制の採用等が該当する）、さらに名称が「福岡土木建築請負業組合」に改称された。

全国組織との対応では、昭和十一年十月十八日に日本土木建築請負業連合会の第一八回総会が福岡で開催された。この総会では、次のような議案が提出され、可決されている。

第一号議案＝事務報告

第二号議案＝会計報告

第三号議案＝労働者災害援助責任保険に関する改正要望

この他では、第八号議案として「土木建築請負業組合法の制定を当局に要望する件」（提案説明大阪組合、賛成意見九州各県組合）があった。

昭和十二年四月の第八回福岡県土木建築請負業組合連合会では、福岡組合の田中副会長による県連機構改革の爆弾発言（後掲一一七頁）があった。

そして、昭和十三年五月になると、土木建築の資材配給一本化のために本土木建築請負業者連合会は一県一支部設置の方針を決定している。

昭和十六年に入ると、十一月三十日には工業組合法に準拠した福岡県土木建築工業組合の申請が行われ、十二月三日には設立が許可された。新組合は県内各警察署所在地に組合支部設置を決議した。同年十二月八日になると、全国の連合会である日本土木建築工業組合の創立総会が開催されたが、この機能（全国）が達成されるためには、福岡県土木建築工業組合の支部が福岡県内の各警察署単位で設置（昭和十六年十二月二十日）されるまで、待たねばならなかった。

〈九州土木建築統制組合[28]〉

昭和十八年二月頃は、企業整備令による第二次整備強行の準備期にあたり、政府による物資・労務の強化が行われた。福岡県の業界は自主的整備を行うため、京都、名古屋等の業界、組合の視察を行っている。

昭和十八年九月二十八日に企画院と商工省の廃止に伴う軍需省が設立され、同年十月十五日には「会社統制令」の公布、同月三十日の第二次企業統制令の実施、同日付軍需省指示による業界の統制一本化政策が実施された。これらの施策により、昭和十九年一月には、軍需省の指示により九州土木建築統制組合の設立打合せ会が開催され、同年三月に九州土木建築統制組合が設立され、福岡県土木建築工業組合は発展的に解消した。すなわち、五月に福岡県土木建築工業組合の解散総会が開催され、同組合は九州土木建築統制組合福岡県支部となった。

第四章で詳述するが、統制組合の業者資格の内容は、年間工事実績五〇万円以上の業者にあっては企業権が付与され、単独企業として存在が許された。五〇万円以下の業者は合同して企業権を獲得することになっていた。このときの福岡県の状況は、単独資格企業が一九社（以上福岡支部）と一社（甘木支部）であった。

統制組合（九州土木建築統制組合）事務所の所在県について、福岡県と熊本県の競争となったが、最終的には福岡県に置かれた[29]。

〈戦後の福岡県の建設業組合〉

戦後の状況については、第6章で扱うが、福岡県の場合は、戦前との継続性を考慮して、ここで紹介する。

昭和二十年十一月一日には、工業組合法により日本建設工業統制組合が設立されるとともに、日本建設工業統制組合福岡県支部が設立された。そして、翌二十一年一月になると組合加入資格審査委員会が設置され、五月二十七日には、日本建設工業統制組合福岡県支部創立総会並びに県支部協力会が開催される運びとなった。

昭和二十一年七月二十七日には、第一回九州建設業会会議が長崎で開催され、同年十二月一日の商工組合法廃止によって、翌二十二年二月十五日に、福岡県土木建築工業統制組合が改組され、福岡県土木建築工業組合発起人会を開催するに至った。

b　地方業界団体と担当官庁（警察）の関係

ここでは、業界組合と担当官庁の関係をみるわけであるが、具体的に警察行政と建設業が、どのような係わりをもってきたか、この話題に対して、これまでは明らかにされてこなかったように思われる。福岡県を対象とした場合には、次のような展開がなされてきた。

昭和十二年四月に開催された第八回福岡県土木建築請負業組合連合会で、福岡組合の田中副会長は県連機構改革の爆弾発言を行った。具体的内容は、次のようにまとめることができる。すなわち、福岡県建築業組合連合会の組織が、その設立当初から県当局の支配に置かれていたこと、業界の自主的運営が制限されていたことが理由であって、田中副会長（以下に示すように、会長は県警察部長であるので、実質的な代表者）は、福岡組合理事会で連合会の民主的改革を提案した。長文の引用になるが、どのような実態であったかを知る最適の資料といえる。

〈爆弾発言の内容〉

●連合会機構改善の時期が到来したこと、および決議権の構成についての問題点、決定権の構成についての言及

（説明）連合会存立の意義は規約第二章の目的及び事業を遂行するに当り支部組合の分散したる個々の力によるよりも夫等を総合したる連合会という強力なる力により広大なる成果を得ることにあり従って連合会は支部組合と同質の機構を以て最も理想とするものにも拘らず現行規約によればその実際的運用機関たる評議員会に於ける決議権の構成は次表の如く役所が営業者に比し六票の多数を示せりを以てみるも現在の機構は明らかに営業者の為の連合会たるべき本来

の主旨に全く反せり。

二　評議員会に於ける決議権の数

役所側　会長一、理事一、幹事（建築課員）四、支部長（警察署長）三〇、合計三六

営業者側　副会長三、幹事三〇、合計三三

（註）営業者側三三名のうち副会長は其所属組合の幹事を代表することになっているので、三票減ずるので三〇票

三　県令による取締規則による取締者被取締者の関係

（説明）連合会及び支部組合は県令により営業者の団体としての取締りを受け居るに之が取締りに当る者は警察部長、建築課長、警察署長なり然るに連合会及び支部組合の取締りをなすべき立場にある者が同時に取締りを受くべき側の団体の責任者たるは取締りの実行上不都合なり。

四　連合会の団体行為について

（説明）統制経済の強く叫ばれる今日亦其時運に従って営業上の必要に迫られ関係官公署に対して種々善意なる団体的行為をなすの止むなきに至ること予期せざるを得ざる際現在の機構は最も不適当な構成をなし居れり。

五　連合会最高幹部の具備すべき資格について

（説明）各支部組合員の連絡、総合、指導機関たる連合会の機能運営の衡に当る者は吾々の業態内容並に営業者心理に最も通暁なるものなることを要するや明かなり従って連合会幹部は営業者のみにより選任することが当然のことなり。

六　他府県組合の実例

（説明）最近調査したる所によれば他の府県組合又は連合組合は取締規則の有無に拘らず総て民間営業者より全役員を推挙せるに当福岡県連合会のみが創立後近く十周年を迎えんとするに至るも尚役所側を運用当事者となせるは県内全営業者の面目を失するものなり。

以上から分かることは、業界団体であっても、その実態は、取り締まる側と、取り締まられる側が同じ組織の構成員であって、監理する側（警察）にとっての都合がよいものの、業界団体の自主性は、本来的に存在していなかったことが分かる。この点は、戦前の警察行政の本質と関係していたとも言える。

c　福岡県土木建築業組合連合会と福岡県土木請負業組合連合会の合併問題[30]

福岡県土木建築業組合連合会については、これまでにその活動状況を示してきた。そして、福岡県土木請負業組合連合会は、古くから土木業者のみで組織され、土木管区毎の地域に設置されていた。そして、土木業者の中では、二つの団体に参加する者が多い状況にあった。

昭和十五年八月、商工省の指示によって、工業組合法に基づき両組合は「土木建築工業組合」を設立せねばならなくなった。しかしながら、合併のための設立準備委員会は昭和十五年九月四日に解散する。

約一年半を経て、昭和十五年八月十三日、福岡県土木建築業組合連合会、福岡県土木請負業組合連合会は、第一回代表者協議会を開催した。しかし、同年十一月の協議会で紛争が起きた。

昭和十六年五月五日に、それまでの日本土木建築請負業組合連合会を引き継いで、日本土木建築工業組合連合会が設立し、同連合組合より、福岡県で二つの業界支部団体が存在することは望ましくなく、合併が勧告された。途中では、以下のような裁定が出されたが、失敗に終わっている。（以下要約）

「福岡県土木建築工業組合に関する裁定案」昭和十六年九月六日　地方商工主事　進　達之助

一、定款及事業計画は警察部長の調停案によること。

二、双方に於て取り纏めたる設立同意書は其の儘有効なものとする。

三、右同意書は双方持寄りの上重複を整理する。
四、未加入者に対しては双方より選出したる発起人八名（土建五名、土木三名）の連名を以て各支部長及組合長宛挨拶状を発し同意書を受けること。
五、総会は前期の整理したる同意書及新に受けた同意書に基き之を開催すること。
六、現在迄に双方に於ける経費は正当と認めるものに対し創立費として総会に付議承認を求めること。
七、総会の準備に付ては経済部長及警察部長の指揮指導を受けること。

昭和十六年九月十三日になって、福岡県土木建築工業組合設立協議会が開催され、工業組合創設の決議が以下のようになされた。

「動議」
一　会員は土木建築工業組合の速やかなる設立を希望しその斡旋を県商工、建築課に重ねて要望する。
二　両課の円満なる一致協力を図り相共に新工業組合の設立指導を受くることの斡旋を森本要造氏に一任する。

しかし、結果的には、森本氏他の策術により合併問題は出資資格者問題で紛糾した。以後は両者間で払拭しがたい不信感が継続した。そして、同月二十四日になって、本間福岡県知事の斡旋により、県土木建築業組合連合会と県土木請負業組合連合会の紛争が漸く解決するに至った。最終的には知事調停で解決した。

昭和十六年九月二十六日、全発起人は揃って警察部長を正式訪問し、工業組合としての要望条件書「設立趣旨」を提出し、最後案を応諾した。この状況が福岡県をして最後の工業組合設立になった理由である。そして、調停、斡旋とあるようにかなり県行政の力が強いことが分かる。

3・4　全国組合連合会

大正年間に入ると各地（取締りの関係から府県が中心）で建設業の組合が設立されていたが、業界の改善は、全国的に展開される必要があるとの判断がなされた。

発端は、大阪土木建築業組合の決議、「先づ東京と相連携し全国業者代会を開き一挙目的貫徹に邁進すること」に基づいていた。大正八年八月大阪土木建築業組合は、全国の同業団体に業界三大問題に関する建議書を送付する。建議書の内容は、多くの賛同を得て、松村雄吉組長は、東京土木建築業組合長中野喜三郎組合長に書簡を送る。大正八年九月九日付の書簡では、三大問題を指摘した後で、「共鳴一致の必要を感ずるのみならず、すでに各地方より続々賛成の通知もこれあるならば、この際有力なる貴組合の協力を得、東西相呼応して全国斯業者の大会を開催して意志の疎通を図り、一定諒解のもとに与論の帰趨を明らかにして、もって社会に発表するを最良の方法と確信いたし候により、……」と述べている。

大正八年十月七日に大阪側が上京し、東京土木建築業組合との初の協議が行われた。この会合に先立ち、大阪側が用意した取り交わしの文書があり、この主張が後の全国的連合組織を誕生させる契機になった。以下では、その一部を掲げる。

……元来本件ハ斯界ノ重大問題ニシテ地方的小問題ニ無之　実ニ同業者一般権利銷長ノ岐カルル処ニ候得ハ極力其貫

徹ニ努力スヘキ絶好時期ニ際会セル折柄ナレハ微力ナル我組合ノ奮起ヲ以テ甘ンスル能ス　晋ク天下ノ同業者ヲ糾合シテ共鳴一致ノ必要ヲ感スル而已ナラス既ニ各地方ヨリ続々賛成ノ通知モ有之場合ナレハ此際有力ナル貴組合ノ協賛ヲ得　東西相呼応シテ全国斯業者ノ大会ヲ開催シテ意思ノ疎通ヲ計リ一定諒解ノ下ニ与論ニ帰趨ヲ明ニシテ以テ社会ニ発表スルヲ最良ノ方法ト確信致候ニ依リ我カ組合ハ役員ニ決議ヲ経テ本件ノ御賛同ヲ求メヘク……[31]

この東京側との協議により、同月に、東京にて全国同業者大会第一回準備委員会」が開催された。この会が契機となり、全国連合会組織の設置の機運が興り、創立委員二八名の名により全国の業者に勧誘状を発送した。この時の創立事務局は鉄道請負業協会内に設置された。

大正八年十二月四日には、日本土木建築請負業者連合会創立総会の運びとなり、全国から二〇〇名超が参加した。地方連合会からの出席者は、斯連合会を代表する上層部の幹部であったが、そのうちの半分は、半ズボンに地下足袋のいでたちであったとの記録[32]があるので、当時の地方の組合員の実態が窺い知れる。総会では、規約の審議と役員の選出が行われ、会長に菅原恒覧（鉄道請負業協会会長）、副会長に大林義雄と清水釘吉が選出された。この会は、後に日本土木建築請負業連合会と改称され、今日の全国建設業協会の前身となった。

この時の決議文は業界三大問題に関係し、内容は、以下のとおりであった。[33]

一、土木建築請負業者ニ対シ議員被選挙権ノ制限ヲ設ケタル衆議院議員選挙法、府県制郡市町村制中ノ条項削除ヲ期ス
二、営業税ノ撤廃若クハ其税率ノ根本的改善ヲ図リ以テ負担ノ公正ヲ期ス
三、請負業者ノ資格制限保証金制度及片務契約ノ改善ヲ期ス

そして、連合会規約の中で枢要な部分を抽出すれば、以下が掲げられる。すなわち、目的は、全国土木建築請負業者の連合によって業界の改善と向上を図ること。会長と副会長は総会で選出し、支部長、理事、相談役は会長が依嘱する。会長は総会の議長となり、支部長は支部の議長となって、理事と共に会務と決議事項を掌理する。本会は団体の連合を原則とするが、当分の間は団体並びに個人を以て組織する。

このほか、中央・地方における会員資格、中央組織と地方組織の関係及びその権限のあり方、会の運営に係る経費の負担・分担等を明らかにすべきであるが、これを解明する資料は発見されていない。

本連合会の活動には、請願等の政府に対する業界としての要望が多い。そもそも連合会の設置目的が、業界が一致団結して改善要求を提示することにあったので、活動の本質といえる。しかし、以下に示す、建築業協会や土木工業組合も全国組織とはいえ、本連合会のように末端の建設業者を含めた要望であることは、圧力団体としての大きさに差がある。以下に、主要な事業活動を掲げる。

① 印紙税法改善請願（建築請負に係わる印紙税の改善要求。問題は解決しなかった。）
② 道路工事負担金仮払いに関する件（内務省工事の内払金）
③ 熟練労働者救済の促進
④ 土木建築に従事する熟練労働者再生の方法についての陳情
⑤ 失業対策工事の直営廃止運動

最後の三つは、大恐慌のあとの景気低迷の状況下で、政府が直営工事を行い、必ずしも建設を専門としない労働者を雇用したことと関係し、熟練労働者の救済が業界として課題になり、昭和六年十月二十三日の第一三回連合大会にて、東京支部から提案がなされ、同年十二月には東京府庁及び東京市役所に請願書を提出した。

業界のあるべき姿は、昭和九年の創立一五周年の第一六回総会で定められた「業是」に現れている。

一、吾人ノ職業ヲ尊重シ其ノ使命ニ精進スヘシ
二、技術及経営ノ進歩ヲ講シ斯業ノ向上発展ニ資スヘシ
三、業界ノ共存共栄ヲ図リ従業員ノ福利増進ニ努ムヘシ
四、不当ナル競争ヲ慎ミ堅実ヲ旨トスヘシ
五、常ニ責任ヲ重シ伝統的美風ヲ発揮スヘシ

以上は、業界が自己の存在を社会から認識されるための規制といえるが、「三、四」が存在していることから、一種のカルテル化も意図されていた。この昭和九年十一月には、会の名称は、「者」を削除し、「日本土木建築請負業連合会」と改称された。理由は定かでないが、任意団体から強制力をもつ法令を根拠とした連合組合を設置するためには、統制による基盤つくりが課題であり、日本土木建築請負業組合法を単行法で制定する準備が開始されたことと関係があるとも考えられる[34]。

その後の主要な活動としては、昭和十一年十二月の第一七回総会で満場一致で採択された「土木建築請負業組合法を速に制定されんことを請願」がある。請願は、土木建築請負業組合法の設置に係わるもので、請願書の中で記載された、なすべき事業は、

① 営業に関する指導研究及び調査に必要な共同施設
② 工事用材料の購入、販売、保管、加工及び金融その他営業に関する共同施設
③ 工事用もしくは、工事に対する検査その他業者の信用を保持し責任を全うするための統制的施設

（以下は、組織に関することで、略）

等が建設業固有のものに該当する。全体の内容は、基本的には、大正十四年に制定された工業組合法の趣旨と同一であった。この時点では、統計表（昭和五年国勢調査）が公開され、土木建築請負業者数約二万人、日本土木建築請負業連合会会員は、会員数五一団体、団体所属請負業者総数約一・五万人と記されていた。各府県の連合会加入者が示された資料[35]では、東京と大阪が一番多く二、〇〇〇名を超え、大きな県で二〇〇名を超え、最小は岐阜の八名であった。地方団体にあっては、必ずしも名称を「〇〇県土木建築請負業連合会」とせず、連合会のないもの、建築請負だけのもの、さらには、「横須賀建工同士会」「青森鉄道請負協会」「茨城工業倶楽部」など多彩であった。また、地方団体は、神奈川県では、横浜、横須賀、川崎の三団体があるように、必ずしも一県一団体ではなかった。

そして、昭和十六年に入ると、建設業界も工業組合法の適用を受け、同年五月五日、旧日本土木建築請負業組合連合会を引き継ぎ、日本土木建築工業組合連合会が結成された。役員も旧連合会と同一であり、設置の根拠が明らかになったことが変更点である[36]。

しかしながら、工業組合化の一年後、連合会総会にて、岡山県土木建築工業組合長の逢澤寛が理事長に選出された。従前は、大倉土木の社長であった原孝次がその役を務めていたから、建設工業会の代表が、地方の中小企業から選出され、民主化が図られたとも外見上はみられるが、実際は大手と中小の利害関係が逼迫し、多数を占める中小の代表者が、その権利拡大のために講じた措置であった[37]。

3・5　全国企業による業界組合

これまでに扱ってきた、業界団体組合は、取り締まる規則の関係（主に警察行政として）から府県別に設置されてきた。この他にも、全国規模で営業を展開する企業を会員とした組合組織が存在し、「建築業協会」と「土木工業協会」が該当する。以下では、それぞれの活動をまとめる。

(1)　建築業協会[38]

本協会の特徴は、発足時は東京を中止とした建築業者の団体であって、大阪とは異なり、土木は含まれていない。また、同じ東京府にあっても、既に指摘した「東京十五区六郡土木建築実業組合」とは、参加企業の規模や工事量において異質の団体であった。そして、設立の経過は以下のとおりであった。

〈協会の発足〉

明治四十四年五月、東京府下の主だった建築業者が、日本橋倶楽部に集い、これが同協会の設立準備会的な性格をなし、同年九月には正式な協会発足となった。この背景には、清水組支配人であった原林之助が海外（米国）視察の際に、斯業の団体組織の活動に触発されたことがあるといわれている。

翌四十四年九月十五日には、大阪の賛同者を加え、東京において建設業協会の設立総会が開催された。東京・大阪の有力建築業者約二〇名の参加となった。設立時の協会幹部は以下のようであった。

理事長・評議委員　横河民輔
常務理事・評議委員　原林之助
理事・評議委員　大倉粂馬
同　大林芳五郎
同　安藤徳之助
同　佐藤勇七
評議委員　稲住謙吉
同　橋本料左衛門
同　富樫文次
同　宮崎善吉

この中でも横河民輔は、協会設立から企業統制による昭和十九年の解散に至るまで理事長、会長職を務めた。本協会は、既に述べてきたような地区を中心とした組合とは構成員の性格が異なる。どのような性格の団体であったか、まず、その設立趣旨から明らかにする。(39)

……茲ニ吾人同志者相図リテ本協会ヲ組織シ、先ツ現今我邦ニ於ケル営業者中信用厚クシテ根底鞏固ナルモノヲ以テ会員トシ、互ニ親睦ヲ篤ウシ徳義ヲ重ソシ、弊風ヲ除キ斯業発展ノ途ヲ求メント欲ス。
今日建築事業上ニ関シ改良ヲ要スルコト頗ル多シ、当業者互ニ相戒メ、其態度ヲ慎重ニスヘキハ勿論、或ハ職工就業者ヲ養成シ、慰安ノ法ヲ講シ、或ハ工銀ヲ協定シ又ハ事業上ニ起リヌル紛争ヲ和解シ及斯業ノ発展ヲ阻害スルノ恐アル偏重ナル税法、片務的ナル請負契約ヲ是正スル等ハ正ニ本協会カ進ンテ其折衝ニ当ラントスル所ナリ……

と、内容的には、業界の利益追求が主題となっている。従って、これまでに述べた地区別組合と活動の目的に大きな違いは見られないが、明治四十四年の時点を考慮すると、「職工就業者ヲ養成シ、慰安ノ法ヲ講シ」云々は、かなり早期に取り組まれたともいえる。これも、「本協会ハ其会員ヲ制限シ未タ一般当事者ヲ網羅スルヲ得スト雖モ……」と本設立趣旨の最後で述べられているように、大規模企業故の取組みともいえる。

〈協会の会員資格〉

次に、同協会の規約から第二章に掲げられていた会員資格等を見てみる。

第二章　会員

第四条　本会ノ会員ヲ正会員特別会員ノ二種トス

第五条　正会員ハ建築事業ヲ営ムモノニ限ル

［第六条　特別会員について］

第七条　会員タラントスルモノハ会員二名以上ノ紹介ヲ得テ入会ノ申込ヲナスヘシ

第八条　入会ノ申込アリタルトキハ評議委員三分ノ二以上集積シタル会議ニテ於テ出席会員ノ同意ヲ以テ入会ヲ承諾ス

［第九条　代表者を出す場合の理事会での承諾］

第一〇条　正会員ハ入会金トシテ金参百円以上ヲ入会ノ際本会ニ寄付スルモノトス［特別会員については省略］

［第一一条　退会の規定］

［第一二条　六ヶ月以上の会費未納、五回以上の総会の無断欠席の場合は、除名することがあること］

［第一三条　以下の行為があった場合は、評議委員会で三名以上の調査員を選考し、調査結果を報告。］
一　本会々則ニ違反シタルトキ
二　事業上ニ関シ不徳ノ行為アリタルトキ
三　信用ヲ失墜スヘキ行為アリタルトキ
四　本会ノ体面ヲ汚損スヘキ行為アリタルトキ
［第一四条　除名に関する規定］
［第一五条　会員の資格喪失事項］
［第一六、一七条は略］

この会員の規定は、全三八条中、一四条に該当し、細かく記述されている。本規約の特徴をあげれば、建築業者に限定していること、入会に際して評議員会が関与すること、寄付金が多額であること等が該当する。また、会費については、第四章の「会議、第二三条」で会費その他の費用は、正会員及び特別会員において平等に負担するとなっているが、その負担の割合は評議員会で決定する旨が定められている。

〈協会の活動〉

設立の際は、本部を東京に置いたが、大正七年頃には東京と大阪に設けられ、関東支部と関西支部と称した。二つの支部は毎月一回例会を開き、それぞれの地に本店・支店を持つ会員が集まり、種々の方策を検討した。なお、総会は年一回行われた。

本協会の活動の特徴は、業界の代表的な企業から構成されていることから、三大問題をはじめとする、業界の改善に対する提案や建議に集約できる。

請負規定に関しては、日本建築学会が作成した「建築契約書並びに工事請負規程」(案として、「建築雑誌」第三〇号、明治四十四年十二月号に掲載)に対して、同雑誌中で様々な論議がなされた。建築協会でも独自の案を作成し大正三年に「建築工事請負契約書及請負規程」の成案を得て、各方面の意見を求めることとなった。協会の主張は、契約の本質を主眼とし、当時の種々の契約規程をいかに調和させるかにあった[40]。

さらに大正八年になると、業界の抱えている片務性の是正に対して、各省大臣、貴衆両院議長、その他各官庁に、「土木建築業に関する法規及び取扱手続の改正に付いての建議」を提出している。この建議書の中には、「三、工事請負人の資格を限定したる省令の改正統一」も含まれていた。

その他の活動としては、大正十三年の関東大震災をうけての「仮建築請負方法に関する陳情」(大正十三年九月)や、大正期に入ってから活発に議論され、米国方式に触発された「実費精算式施工請負契約」(同草案も出される)の検討がなされた。

このような活動により、建設業界の社会的認知の獲得に努力をしてきたが、戦時体制に入ると業界の再編成が論議となり、国の施策による、地方中小業者と大手業者の二分化、建築業協会と土木工業会の合同化案(昭和十七・十八年頃)などが出された。しかし、昭和十九年の「日本土木建築統制組合」の発足により、建築業協会は解散されることとなった。

(2) 土木工業協会[41]

明治期の初めの建築請負の大規模なものは、鉄道敷設であったことは、第2章で述べてきた。そして、日清戦争後の明治三十年代に入ると鉄道大規模工事に応札する請負業者が横の連絡をとるべく、明治三十二年（一八九九）日本土木組合が設置された[42]。

組織としては、頭取が鹿島組組長の鹿島岩蔵、副頭取が有馬組組長の森清右衛門、以下一五名から構成され、組合員の条件は、応札者を一定の水準で実質的に制限した。このあたりの会員資格は、建築業協会と等しい。そして目的は、過当競争の廃止と工事の質の確保にあった。協会設立と同時に、会員の親睦を目的とした「土木倶楽部」（大倉粂馬主催）がつくられた。しかしながら、日露戦争後は、国内の鉄道工事が少なくなり、朝鮮半島の鉄道建設が始まり、組員の殆どがその工事に動員され、明治三十八年に解散となった[43]。

大正四年（一九一五）十一月十五日には、日本土木組合の伝統を受け継ぎ、鉄道請負業協会が設置された。資料[44]によれば、本土木組合時代に知己を得た業者の集まりであって、組合の発足は、明治四十四年に鉄道院が制定した工事請負契約書、工事請負入札心得書が発注者中心であったために、これの修正希望を出すことが目的であったとも言われている。

本協会は、理事長を鉄道工業合資会社社長の菅原恒覧が務め、会員は殆どが東京の業者から構成され、会員数は一六社であった。次に鉄道請負業協会会則から、目的と会員資格等の実態をみる[45]。

第一章総則にあって、第一条で、「鉄道請負業者ノ改良発展ヲ資ケ会員ノ親睦ヲ図ルコトヲ目的トス」と会の目的が述べられ、次の第二条では、会の名称を定め、経費に関しては、第四章で、会員からの入会金と会費及び寄付金によって運営される旨が規定されている。これまでは、目的以外は特に独自の規定は存在していない。

第二章は、会員と会費に関するもので、第五条では、「本会ノ会員タルヘキ者ハ鉄道工事請負業者ニ限ル」と、会員の範囲がかなり限定されている。その後の条文は、会員になるためには三名の推薦を必要とし（第六条）、会員総会にて入会の許否を決定し（第七条）、入会金一〇〇円を納め（第八条）、会費は毎年一二〇円を納める（第九条）ことになっていた。その後は、第三章の役員、第四章の会員総会、第五章の退会及び除名から構成されている。

協会の具体的活動指針は、「鉄道請負業協会規約」に記されている。かなり具体的な活動内容が示されているので、業務内容を以下に示す。(46)

第一条　本会ハ会則第一条ノ目的ヲ達成スル為左ニ掲グル業務ヲ執行スベシ

一、労働者ノ保護及取締上ニ関シ研究スルコト
二、労働者ノ工銀協定ニ関シ研究スルコト
三、同業者間又ハ企業者ト同業者間ニ発生スル業務上ノ争議ヲ仲裁スルコト
四、会員ハ使用人又ハ下請人ノ行為ニ関シ要求アリタルトキハ之レヲ詮衡シテ其ノ賞罰ヲ表彰スルコト
五、業務上有益ノ機械器具其ノ他ノ発明ヲ奨励シ又ハ発明品ノ試験ヲナシ其ノ成績ヲ発表スルコト
六、会計規則ニ定メラレタル請負業者ノ資格及請負方法ニ関シ研究スルコト
七、鉄道工事請負契約書案ニ関シ研究スルコト
八、請負ニ関スル現行ノ諸法規ヲ研究スルコト
九、税法執行ノ統一ニ関シ研究スルコト
一〇、会員ニアラザル同業者ノ信用ヲ調査スルコト
一一、鉄道請負業ノ沿革ヲ編纂スルコト
一二、欧米ノ鉄道工事請負法ヲ調査スルコト
一三、会報ヲ発行スルコト

一四、以上ノ外業務上必要ナルコト

これらの事業内容は、業務の改善、労働者の保護取締、賃金協定、請負・契約方式に関する研究等が基本であって、営業の対象は異なるが、建築業協会の設置目的・事業と大略等しい。しかし、使用人・下請の表彰、発明の奨励とこれの検証など、建設業の多層構造的特徴や技術の発展などでは、詳細な内容が規約に記されていた。また、昭和の戦時体制に至らぬ、大正四年という時代背景を考慮すると、業界団体の一種の理想がみられる。

そして、大正十年頃になると、鉄道請負業協会とよく似た社交団体の協和倶楽部が開設された。二つの組織は、会員も重複していた。このような背景の中、大正十四年九月、鉄道請負業協会と協和倶楽部は解散の後、新たに合併し「土木業協会」が誕生した。従来は、鉄道工事の請負業者の集まりであったが、合併に伴い、鉄道のみならず一般土木（道路、水力発電、都市基盤施設）へ協会の業務を拡大した。

この時の協会幹部は以下のようであった。理事長は菅原恒覧、常務理事は鹿島精一と銭高作太郎、小谷清、そして会員数四一社であり、鉄道請負業協会の解散時と同じ数であった。会員数からは、建築業協会と同じように、少数の大企業に限定されていたことが分かる。

昭和十二年十月二十日、土木業協会は社団法人となり名称を土木工業会と改名した。このときの会員数は、五八社であった。設立趣意書の中では、土木工業は国の文化を創造し産業の先端となる国家の基本工業であって、斯業の興廃が多大な影響を与えるものであるが、技術的な発展に比べ、その経営は旧態然たる状況にあって、業界内にも不正工事を行う者もみられ、重要商工業にあっては、自治的、もしくは国家権力によって統制の行われているところであるが、土木工業会は放縦無統制のままにあるので、その改善のために、社団法人土木工業会を設立したとしている。第4章で詳述するように、昭和十六年に工業組合法の適用を受け、建設業界にあっても工業組合化が行われるが、土木の場合は、これより四年ほど前に「土木工業」の名称を使用していた。次に本工業組合の定款を掲げ、目的、事業内容、会員資格等の規定をみる。(47)

社団法人土木工業会定款

第一章　目的

第一条　本会ハ土木請負工業ノ向上発展ト統制融和ヲ図リ、併セテ斯業ニ関スル学術技芸ノ研究ヲ為スヲ目的トス

第二条　本会ハ前条ノ目的ヲ達スル為左ノ事業ヲ行フ

一、会報ノ発行

二、土木請負工業ニ関スル調査、研究、指導其ノ他本会ノ目的ヲ達スルニ必要ナル施設

三、会員ノ営業ニ関スル統制

四、官公署其ノ他企業者ノ諮問、照会ニ対スル応答並ニ工事ノ状況、成績等ノ調査及ビ報告

五、請負工事ノ調査及ビ査定並ニ請負人ノ選定及ビ推薦

六、会員相互ノ共済

七、請負ニ関スル紛議ノ調停

八、其ノ他必要ナル事項

これらの内容は、大略鉄道請負業協会のものに等しいが、抽象化されたようにも捉えられる。ただ、「請負工事ノ調査及ビ査定」に関しては、自治的な規制であっても、後半の「請負人ノ選定及ビ推薦」に関しては、カルテル化

の前哨的立場が見られる。

第二章の会員に関しては、名誉会員と正会員から構成され（第五条）、正会員については、国内に営業所をもち土木の請負業を営むことを条件とし（第七条）、正会員となるためには五名の正会員の紹介が必要で、さらに三分の二以上の出席による評議会で許否が決定される（第八条）。また、第八条では、隠居あるいは死亡した正会員の資格は、申出により継承されると規定し、他には見られない制度であった。そして、第一一条は除名に関するもので、会の目的に反する行為のある場合、会の名誉と信用を失墜させた場合、三ヶ月以上会費を滞納し、或いは供出金納付の義務を怠った場合とされ、他の組合規定と相違はない。

土木工業会の活動は、従前の旧組織を含め、請負契約の改善、工事請負契約書の提案など、建築業協会と、ほぼ等しい。

その後、戦時体制に入り、陸軍の軍建協会、海軍の海軍施設協会の設立等もあり、存在価値がなくなり、昭和十九年十月、統制組合成立後に解散する。

戦後に関しては、昭和二十三年二月に土木懇話会として復活し、菅原通済（鉄道工業会長）、西松三好（西松建設社長）、宮長平作（日産土木社長）等が中心となって活動を行った。昭和二十三年九月に法人の定款と細則を決定し、昭和二十四年に設立許可をうけ、その後今日に至る。

3・6　土木と建築の違い

本章では、業界団体の活動を組合設置と関連付けながら明らかにしてきたわけであるが、建設業は、「土木と建築」の二つの業態を一つとして活動してきたとは言い難い。東京府の場合は、明治十七年に設置された「土木組合」、その後の「十五区六郡東京土工組合」(明治二十二年)が最初であって、明治三十六年になって建築業が加えられた経緯がある。また、大阪府の場合は、明治四十年設立の時代的背景も関係し、当初から土木建築業組合となっている。逆に言えば、地方にあって建築業組合に土木が参画した例は、福岡県にあった。もっとも同県の場合は、警察による取締りが、県令「建築請負業取締規則」となっていたことが起因しているのかもしれない。第2章とも関係するが、組合設置の根拠法(規則)が存在して、社会に認知される組合となりえたとも判断できる。いずれにせよ、地方にあっても土木業と建築業とは棲み分けが存在していたといえよう。

また、大企業を中心とした場合には、土木と建築は、それぞれ独自の組合活動を明治期から行っていた。前者にあっては、鉄道請負業者が中心となり、土木工業組合に至り、後者の場合は、建築業を営む場合に会員が限定されていた。明治から前大戦に至るまでの期間は、請負契約による建築工事は、大規模・高額に限定されたものであったから、業種別組合といっても特殊な集団といえよう。

これらを勘案すると、民間工事の町場的受注関係であれば、供給者側の棲み分けがなされ、親睦以外に組合を設置する必要はなかったともいえる。一方、公共工事の野丁場的契約関係では、会計法の入札制度の適用を受け、受注に関しては業者が共通の利益を守るため「一種のカルテル化」が不可欠で、早期に組合が設置されたとも考えられる。この条件と右記の組合設置法の関係から、土木業者が中心であったとも考えられる。

また、さらに複雑な要因は、土木と建築を全く別業とせず、一つの企業が二つの業態を持っていることにある。土木と建築が別組合をもつより、一つの方が運営上も便利と考えるのは巷間の域を出ていないのか、一企業が二つの別種組合に参加している例は非常に多い。この現象は今日でも継続している。

組合設置の現象からは、最初は土木を中心とした組合であったといえる。この理由の一つに、国全体のレベルで考えれば、明治の初期の大型工事は、東京や大阪等の大都市を除くと、その殆どが土木工事であったことと関係している。そして、地方の一般建築工事は、大工棟梁が守備範囲とする木造建築が対象で、請負契約を中心とした組合制度には馴染まないものであった。本書では、大工棟梁の組合活動の分析も対象とすべきと判断していたが、精緻な地方的組合活動の資料の渉猟がなければ、その実態は明らかにされないであろう。

以上をまとめると、建設業団体（組合）の変遷は、土木と建築を一つの業態では捉えきれず、それぞれの工事受注の様態が深く関係していたと結論付けられよう。さらに付言するなら、本章で扱った建設業関連組合は、根拠法（規則）との関係で推移してきたともいえる。

3・7　章　結

本章が対象とした業界団体は、第2章とも関係するが、基本的には建設業の「元請」の組織である。本来は、建設業を構成する各種職別についても、団体結成の背景と問題点を抽出すべきであったが、収集資料の関係で未検討に終っている。そして、請負業界にあっても、団体設置の意図は、自己の利益を単独でなく、他者と同様の立場から守ろうとした背景があり、これが、本章の中心にある強制組合化の趣旨であったと判断できる。本当の自由競争とはいえない活動が存在していた。

業界団体は、親睦を主とするのであれば、任意で問題はないものの、公に認められるための団体（組合）設立の根拠法が必要で、それは、以下のとおりであった。

① 同業組合準則（農商務省達第二号、明治十七年）
② これを受けた東京府の「同業組合準則」（明治十八年）
③ 工業組合法（大正十四年制定）
④ 商工組合法（昭和十七年制定）

後段の③は、建設業にあっては、昭和十五年に適用され、④は昭和十八年の施行であるから、勿論戦時体制中に適用され、この関係は第4章で扱う。

「同業組合法」は、商工行政を担当した農商務省が制定したことから産業界全般の発展を企図したもので、建設業界も一産業として参画していた。しかしながら、本書が求めた資料の中では、特に法令準拠組合と明記されたものはなく、明治から大正にかけては、親睦を中心とした任意団体として存在していた。従って、その組合活動も、会員相互の情報交換、親睦、慶弔が主たるもので、特に資材の一括購入や受注の一括化など、協同化の利点を生かす事業はなされていない。大阪府の場合でみれば、組合員の取引に関する紛争の調停、組合規約の不履行、不正行為者に対する取引停止等が事業の内容であった。また、詳細な活動や、組合の階層性（県・郡・町村レベル）については、東京府の組合の中で捉えた。

法令準拠組合の設立は、第2章でみてきたように、警察による。これらとは別の規則である各府県の土木建築業関係は請負業取締規則と関係していた。すなわち、同規則の条項にある「組合」設置が大きな要因であったといえる。もちろん、同業者組合設置の具体的条件は、農商務省の「同業組合準則」を根拠にしていたことは明らかであるが、強制組合化は、別の意図によるものであった。ただ、この強制組合化は、取り締まる側の利点、取り締まられる側のそれが相互に作用していた。業界としては、「抜け駆け」を防ぎ、横並びの中で営業が行える点、警察側は組合を介して建設業界全体の取締りが図れる点が指摘できる。一般には、警察側もこの強制化を望んでいたが、東京府の場合は、他県（特に大阪府）と異なり、強制組合化に慎重であった。内務省直轄の組織故の慎重な取組みであり、これが本道であったともいえる。

福岡県の同業者組合の分析からは、次の二つの問題点が抽出できた。

①　建設業組合と取締り側の関係

②　建築業と土木業との関係

前者にあっては、同業者組合でありながら、幹部の構成員が、県警察部と所轄警察署の吏人からなっていた実態が明らかになった。本来は取締りと被取締りは別の組織であるべきものが、混在（極言すれば、呉越同舟）していた。従って、本来の業界組合活動とは異質な運営がなされていたことが分かる。これは、たびたび指摘しているように、府県（地方庁）の請負業取締規則が、その実、組合を介した間接的な取締りであったことの証左であろう。

後者の土木と建築の関係は、福岡県の場合、二つの業態は利害をめぐって紛糾し、結果的に県の仲介により収拾が着くなど、地方の建設工事にあっては、土木と建築が工事範囲だけでなく、利害でも対立していたことを示している。

請負業取締規則は、その規則の適用範囲から府県を単位としていたが、その後は全国を対象とした連合会が設置された。全国組織に言及すれば、二つのタイプが確認できる。一つは、各府県の規則を根拠として連合会となったもので、大正八年に設立された「日本土木建築請負業者連合会」が該当し、構成員は、大小さまざまで、利害も対立し、その調整に課題を抱えていた。特に地方業者が連合会の代表者に選出されるなどの全国大手と地方中小の確執があった。もう一つのタイプは、全国を営業範囲とする大企業から構成され、共通の利益が明確であったといえる。そして、特に連合会組織とはなっていない。このタイプには、建築工事を業とした大手業者の団体である建築業協会、基本的には、土木・鉄道請負工事に関係する業者の団体である土木工業協会が該当する。従って二つのタイプの存在からも業界団体の二重構造が指摘できる。

本書の対象となる、建設業者の資格と業界団体の関係は、次のようにまとめることができる。

① 建設業者の経営上の資格の件

東京府にあって、組合役員に対して営業の経験年数を規定したものはあったが、例外的な取扱いであった。会員資格としての推薦人制度もみられるが、特段、斯業の特質とはいえない。

② 財務上の資格（保有設備を含む）

入会金や会費の規定が見られ、一律なもの、あるいは工事実績による組合への拠出金などがみられた。

③ 技術者の資格

この資格を明確に規定した組合はみられなかった。しいて挙げれば、使用労務者の組合管理が存在していた。

本章の結果を要約すれば、「3・6 土木と建築の違い」で指摘したように、土木と建築、野丁場と町場の関係から、業界団体を捉える必要があり、特に（強制）組合化にメリットをもとめたのは、土木（本質的に野丁場型）であったともいえよう。また、府県規則で設置される組合は、業界のみならず、取締機関としても望ましい形態であり、このような特性が、第4章で展開される統制組合化への転換を容易にしたとも考えられる。

第3章　注

(1) 資料を東京土木建築工業組合沿革誌、三一頁と富岡鉄男、「技術・文化・知的財産者の権利」、二〇〇一年、三六、五三頁に求めた。
(2) 東京土建業組合沿革史、三一頁
(3) 資料第一号、昭和二十三年九月、建築関係法規の変遷、経済安定本部建設局請負制度調査協議会、嘱託鳥居秀夫、三四頁、第三　建設請負業者団体法規
(4) 東京土木建築業組合沿革史、六頁。「十五区六郡」に言及すれば、明治十一年七月発布の郡区町村編成法により、東京は大小区制を取りやめ、十五区六郡を設置した。行政範囲の東京と捉えることができる。最初の構成では、十五区とは、麹町、神田、日本橋、京橋、芝、麻布、四谷、牛込、小石川、本郷、下谷、浅草、本所、深川等であり、六郡は、東多摩、南豊島、北豊島、南足立、南葛飾、荏原であった。なお、この東京土工組合では、荏原が該当していない。
(5) 同書、九頁
(6) 同書、九頁
(7) 同書一一頁
(8) 日本土木建設業史、一三一～一三二頁
(9) 東京土木建築業組合沿革史、三四頁
(10) 同書、三七～四四頁
(11) 東京土建史、一〇二～一一〇頁
(12) 大正九年の請負営業取締規則中、第九条の組合設置の条項を受けたものと思われる。
(13) 資料は、大阪建設業協会六十年史、二三、三二頁
(14) 同書、三三頁
(15) 同書、七〇頁
(16) このことに関しては、大阪建設業協会六十年史、一六三～一六六頁
(17) これらは、一種の自主規制に該当する。
(18) 日本土木建設業史、一五七～一六〇頁
(19) 同書、二〇七頁

(20) 福岡県建設業協会沿革史、福岡県建設業協会発行、昭和三十六年四月一日、三頁
(21) 同書、五四六頁、年表により確認。
(22) 同書、一二頁
(23) 同書、一五頁
(24) 福岡組合誌では、昭和二年三月二十五日、福岡県令第四号土木建築請負業取締規則公布（二七頁）としているが、第2章で示したように、公式文書（福岡県公報、第一六一号、昭和三年一月三十一日）では、公布日が同年一月三十一日となっている。また、名称も「建築業取締規則」である。この公布日は、組合設立に連動するので、一年前の誤記ではないかと考えられ、このように判断できる部分は、筆者が訂正した。
(25) 福岡県建設業協会沿革史、四一頁
(26) 同書、四九頁
(27) 同書、五一～五二頁
(28) 以降については、同書一〇一頁による。
(29) 今日では、経済・行政の九州での中心は福岡となっているが、戦前にあっては、中央の出先機関の多くが熊本に置かれた経緯があった。京都帝国大学の分校として九州に医科大学（現九州大学医学部）を誘致する際も、福岡と熊本の競争になった。
(30) この件に関しては、福岡県建設業協会沿革史、八一～八八頁
(31) 日本土木建設業史、二五七頁
(32) 同書、二五九頁
(33) 同書、二五九頁
(34) 大阪建設業協会六十年史一五三頁によればこのような判断ができる。
(35) 同書、一五六～一五八頁
(36) 同書、一七一～一七二頁
(37) 同書、二〇八頁
(38) 以下では、資料を「建設業のあゆみ」、㈶建設業協会、昭和四十四年十月二十二日発行にもとめた。
(39) 同書、一四頁
(40) 同書、二一頁
(41) 以下は、土木工業協会沿革史による。

(42) このことは、大阪建設業協会六十年史一〇三～一〇五頁と建設業協会史一〇頁から確認できる。
(43) 建築の歩み、一〇頁
(44) 日本土木建設業史、二二頁
(45) 以下については、土木工業協会沿革史、六～八頁
(46) 同書、八～九頁
(47) 同書、二八一頁

第４章　企業統制と建設業の再編

本章では、戦時体制下において建設業がどのような取り扱われ方をしたか明らかにする。具体的には、初めて取り上げられた建設業に対する法令、商工省の対応、さらに戦争末期の統制体制等である。特に国家総動員法（昭和十三年）が、産業全体に影響を与えていたこの時代は、戦時の特殊環境にあったが、建設業の資格や建設業における職別の取扱いなど、戦後の建設業法制定に関する事項が取り扱われた時期でもあった。また、我が国の商工行政の特質も大きく関与していた。

４・１　戦時統制の特質

(1) 戦前における商工行政の特質[1]

基本的には、我が国の通産（商工）行政は、米国のような発展指向国家に対して規制指向国家に該当することから、明治期以来、西欧の進んだ経済活動に対して、国の指導性をもって対応する特徴があった。すなわち、米国では政府・行政が経済活動に直接的に関与することなく、競争の維持や消費者保護等の調整機能を果たしてきた。一方、日本にあっては、国家繁栄が産業の発展と不可分な関係にあり、積極的な政策をもって誘導・助成する方策がとられた。キーワード的（あるいはスローガンとも言い換えられる）に表現すれば、殖産興業、富国強兵、生産拡充、輸出振興等が関係していた。そして、いくつかの例外があっても、一般的に両者の差に関しては、政策面では米国は効率を重視した市場合理化・活性化型であるのに対して、日本は有効性を主眼とした計画合理型であり、そのための具体的な意思決定は前者にあっては議会主導にあるのに、後者では官僚が該当する。

我が国の商工行政は、このような特質を有していたし、有していると判断しても不都合はない。従って、本章で扱う建設業統制に対して具体的なアイデアは、商工省を中心とした官僚体制の中で展開・構築されたと判断できるし、今回発掘された伊藤憲太郎資料の価値もここにある。そして、政策面での特質は、官僚達の国体護持、あるいは憂国の姿勢に依拠した結果が表出したことは明確であろう。

以下では、商工省の商工行政の特質をその設置から終戦時までを概観し[2]、以降に詳細に分析する建設業統制に対する基本的スタンスの有り様を示す。なお、この期間を一言で表現すれば以下のようにまとめられる。

① 農商務省から独立した産業政策の開始時期から重要産業統制法制定となる昭和六年頃までの期間
② 経済参謀、企画院本部設置や金輸出再禁止に始まる日中戦争や太平洋戦争開戦までの期間
③ 商工省が軍需省の一部となる期間

a 商工省時代

商工省前史としての産業政策では、大正十四年の工業組合法の制定が挙げられる。同法は当時農商務省工務局工政課長であった吉野信次の構想によるところが大きく、その趣旨は、国内を市場とした大企業製品に比べ、海外の

輸出市場に活路を求めていた中小企業は、弱体な経営のためダンピングや赤字輸出を伴う死活的な過当競争にあった。吉野の構想では、工業組合法は次のような点が留意されていた。

① 弱小企業の組合による組織化

② 共同出資による財政基盤の整備

③ 共同施設（仕入、検査、保管、輸送等）等を行うことにより組合員の経営改善を果たし、

④ 生産、出荷、販売の数量・価格等の協定（カルテル）によって市場秩序の維持をする。そして、行政的な助成、支援措置としては、

⑤ 共同施設の設置に対して補助金を交付する。

⑥ 事業の運転資金に対して融資を行う。

⑦ 協定による組合員の統制は届出により公認する。

等が該当していた。なお、行政官庁は、カルテル協定の遵守を強制したが、出資強制の関係から組合への強制加入は認められていなかった。この工業組合法は、明治中期から普及していた農村の産業組合（共同施設の経営改善を目的とする出資方式の組合で、統制事業は行わない）と商工業に属する重要物産同業組合（無出資形式で、営業の弊害を回避する場合のみ統制行為が認められる）を統合し、商工業界にこれを適用し、さらに不況対策に関して経営の構造的安定と取引の秩序維持を図ろうとしたものである。この結果、工業組合は二一、輸出組合は三五となり、共同施設による運営合理化やカルテル協定に基づく取引の安定に寄与した。

商工省が設置された後は、組織的には保険部の新設（昭和二年）及び貿易局の独立を経て、昭和五年の臨時産業

合理局の設置まで大きな変更は見られなかった。同局は前年の昭和四年に産業合理化の要請が社会的に高まり、商工省に付置された商工審議会の答申により誕生したもので、二部よりなる外局であったが、多数の職員が他局の兼務の中で、我が国初のカルテル立法にあたる重要産業統制法の制定と施行、さらに先進諸国との対等な関係を工業生産の面で果たす工業品の規格統一及び合理化、生産管理と財務管理準則の制定等、企業合理化に不可欠な政策に取り組んでいた。

一方、昭和五年に商工省が設置した統制委員会は、重要産業統制法を立案し、翌六年三月の立法化、同年八月からの施行となった。同法の趣旨は、指定重要産業（当初一九業種）のカルテル協定（統制協定）を政府への届出により公認し、政府は間接的に強制命令が出せることにあった。その範は、ドイツにおけるカルテル立法にあった。大企業によるカルテルは明治の中頃から行われていたが、本法によりカルテルを公認しつつ、これを間接的に政府が規制するシステムは、不況克服の有効手段であったともいわれる。大企業のカルテル化は、昭和九年頃までには二四業種となり、鉄鋼、繊維、化学、食品、石炭工業等の重要産業を網羅し、朝鮮、台湾、樺太等の外地にも適用された。

これらのカルテル化に関する官僚の考え方は、産業政策の産みの親である吉野信次の言説で示されている。

近代の産業は、主に自由競争を通じて現在の発展を達成した。しかし（資本主義）の種々の害悪が徐々に明らかになりつつある。完全な自由を維持することによっては、現在の混乱から産業界を救うことは出来ない。産業は、包括的な発展計画及び統制のための施策を必要としている（吉野信次「日本工業統制論」、昭和十年）。

また、カルテル協定に対する政府の対応は、重要産業統制法下においても、物価吊上げや、その他の弊害を生じない限り、その母体組織に干渉することなく、協定自身も届出を原則としていた。かくして工業組合制度による中小企業のカルテル協定に比べると自主的な統制策であって、大企業と中小企業との二重統制構造が存在していたことが分かる。

満州事変（盧溝橋事件）と前後し、昭和十二年に燃料・貿易の二つの外局が新設され、中国大陸での戦争長期化により臨時物資調整局（昭和十三年）が設けられた。臨時物資調整局は配給業務に専念したが、他局との調整が付かず、昭和十四年には革新的な機構改革が行われ、同局を廃止し、産業別五局（縦軸）を設け、総務局がこれを統轄（横軸）するシステムに変換された。この産業別行政は戦後も継続する。

この期間の重要施策として企業整備がある。昭和十三年の転業対策部の創設により、物資配給統制が、平和産業（軍需産業に関係しない、国内向け消費物資生産）に対して行われなくなり、同部はこれらの生産工場の軍需産業の下請化の斡旋や輸出向製品への展開を指導してきたが、根本的には中小企業が対象になるので、同部としては工業組合を通じて指導・斡旋をせざるを得なかった。そして、上述のように昭和十四年の商工省の物資別原局化の改組により、中小企業に関する組合行政は振興部にまとめられた。この時の変換が商工省における規模別行政（大企業と中小企業とを分けて扱う）の萌芽といわれている。

そして、第二世界大戦の勃発に伴う貿易業界の衰退および戦時体制突入による資材と労働力不足により企業整備の旗が掲げられ、産業調整方策が本格化した。太平洋戦争が開始されると振興部は、企業局に改組（昭和十七年六月）された。この措置を法律的に強制するために国家総動員法による企業整備令が制定され、事業設備の譲渡、処分、事業の休廃止が命じられることとなった。翌昭和十八年六月には戦力増強企業整備要綱が閣議決定され、全産業を平和・軍需・日用必需品産業に分け、平和産業は軍需産業に転換せしめ、最後のものは休廃止させることを目的としていた。

戦時下は政府と業界の混合体制が、資材割当を行った。日中戦争に入ると資材割当制度が実施され、工業組合が原材料の一括割当を行い、組合が構成員たる組合員に再割当を行うなど、政府割当業務の代行機関となった。そして重要産業統制法を基盤とした各種協会や連盟も、工業組合と同様に重要産業団体令（昭和十六年八月）に基づく政府の資材割当の補助機関となり、以後は同令による統制会に改組された。このことは、原材料の割当のみならず、生産、賃金、労務等全ての事項に関係し、政府による統制代行機関になったことを意味する。

b　企画院との機能分担

昭和十二年に設立された企画院は、軍需局（大正七年）、国勢院（大正九年）、貿易局（昭和二年）、内閣調査室（昭和十年に設置され、資源の統制運用計画と準戦時体制下の重要国策立案を業務とした機関）、さらに企画庁（昭和十二年）の基本国策策定業務を統合して日中戦争勃発に対する緊急政策立案のためにも設立された経緯がある。この背景には、第一次大戦における欧州各国の経済動員計画を参照し、戦時経済運営計画の準備を行う意図があった。この政策立案の性格上、六つに分けられた部には多数の武官が配置された。

企画院は、国家総動員法（昭和十三年）を制定し、戦時総動員体制を確立し、さらに経済新体制要綱（昭和十五年）を制定した。これを受けて、商工省は各業種の統制会・統制会社・統制組合を設立させた（昭和十六年）。さらに企画院は、昭和十三年以降、各年、物資動員計画及び生産力拡充計画を設定し、商工省は物資配給制度、基幹物資増産政策を講ずることとなった。

c　軍需省時代

太平洋戦争が総力戦になると、それまでの各省個別行政では兵站機能が果たせず、国家総動員体制に入った。そして航空機の増産を図るため、軍需航空機生産の一元化を推進すべく、企画院と商工省を統合し軍需省が設置された（昭和十八年）。組織的には、航空兵器総局を外局として特設し、逓信省よりの電力局移管を含む七産業局（原局）、これらを統轄する総動員局が設けられ、従前は商工省に属していた、軍需産業と関連性の薄い繊維・雑貨は農林省へ、保険・取引所等は大蔵省へ、貿易業務は新設の大東亜省に移管された。このような戦時体制の特質として、航空兵器総局は勿論であるが各原局にも将校が配置された。

軍需産業に関与しない不要不急と称された産業には、軍需工場と下請関係のない機械・金属工場、内地向けの繊維工業、そして雑貨工業が該当した。商工省時代、これらの中小企業に対しては、日中戦争当時は転業対策部が設けられ、軍需工場への転換の指導・斡旋が行われていたが、その後は振興部、企業局の設置となり、組合行政として処理された。軍需省体制に入ると、企業整備本部が設置され、計画的な企業整備が、より積極的に推進され、休止・転用・南方移出・廃業等の計画的処分が行われるようになった。

軍需省の統制は、軍需品生産の責任体制を明確化した軍需会社法（昭和十八年十一月）に見て取れる。同法の中心は、軍需会社（艦船・兵器を除く）の財政・労務等を一元的に軍需省が管掌すること、生産責任者（社長があたる）が、会社を代表して政府に直接責任を果たすこと、株主総会の制約免除を付与すること、これらを踏まえて生産責任者と職員は国家総動員法により徴用されたと見做すことにあった。換言すれば、私企業の業態を残しつつも、経営は直接政府の管理下に置かれていた。

以上が、終戦までの商工行政の実態と行政政策の意図であったが、建設業自身は業界全体として工業組合法の適用を受けた点で、旧財閥系のような巨大産業のカルテル協定とは異なり、中小企業統制の中に位置づけられよう。また、資本集約型か労働集約型、下請生産型か内製型、単一製品型か複合型、最終商品型か中間製品型、受注生産型か市場先行型といった産業構造の違いが、商工行政の中での建設業行政と深く係わっていたことは、明らかであるし、建設業の内容を考えると産業になりにくい業態であったことが分かる。本章では、以下で建設業の統制過程をトレースするわけであるが、こうした産業界全体の動きを前もって参照する必要がある。

(2) 建設業以外の企業統制

産業界にあって建設業は、自身を規制する法令を持たず、いわば傍流として扱われた。本章では、建設業の統制の過程を分析するものであるが、その前に建設に関係する製造業がどのような統制を受けていたかを明らかにする。

a 鉄鋼業関連の統制

鉄鋼業は、重工業行政だけでなく、戦時統制行政の最重要産業に位置していた。これは戦時下においては様々な産業統制の中で最も早かったことからも明らかといえる。

昭和十二年八月、「製鉄事業法」の公布によって、日中戦争から太平洋戦争までの企業統制が始まったといえる。[3]そして、太平洋戦争以前では、同年十月に「鉄鋼工作物築造許可規制」が公布され、鉄筋コンクリート造、鉄骨鉄筋コンクリート造、鉄骨造、さらには鋼構造工作物（建築物含む）を建設する場合には、地方長官の許可が必要になった。また、戦局と関係のない一切の建築物（百貨店・料理店・飲食店・劇場・映画館・遊技場・待合・貸座敷・集会場・公会場・倶楽部・住宅・商店・銀行・事務所・寺社・教会・市場・旅館・アパートなど）は原則として、建築が不許可とされた。[4] 同規則は、翌年改正され、昭和十四年には、内容が強化され改正された。この規制（改正後は省令）は大口需要者に対するものであったが、昭和十三年に「銑鉄鋳物ノ製造制限ニ関スル件」（商工省令）が公布され、文房具・火鉢・家具・什器・建築材料・街頭照明柱など計四七品を指定し、銑鉄[5]を使用しこれを鋳造することが禁止された。統制は日本鋼材連合会、日本鉄鋼連合会などの組織を経て、昭和十六年に鉄鋼統制会の設立となった。[6]

その後は、国家総動員法に基づく重要産業団体令（昭和十六年）の適用を受け法人化されるが、この措置により原料及び配給統制の機構も一段と強化された。配給統制の規制は昭和十五年頃から「竹筋コンクリート[7]」や「構造用合板」等の開発を促し、代用材料の開発とも不可分であった。

b　セメント業の統制

本来セメント業は、国内において原料資源に恵まれていたため、日中戦争以前は品質についても優劣はなく、その上長期貯蔵に適しない性質から、国内にあっては、常時激しい競争が行われていた。日中戦争開戦から、資金面をはじめとして原料・資材に制約を受けることになったが、配給面ではまだ自由市場として取り扱われていた。これは当時の重化学工業におけるセメント需要がそれほど大きくなかったことに起因している。

しかし、原料の石灰石が製鉄業と競合し、加えて昭和十四年七月に石炭割当制が実施されたことから、割当生産と重点配給が必要となった。昭和十五年、「セメント配給統制規制」（商工省令）の公布により、切符制を含む配給統制が実施された。また「価格統制令」により価格についても統制が加えられるようになった。昭和十五年九月には「工業組合法」に基づき、日本セメント工業組合が設立され[8]、それまであった連合会は発展的解消に至った。

そして、太平洋戦争勃発と共に、統制は一層強化され、重要産業団体令に基づき、セメント統制会が設立された。昭和十六年からは需要が飛躍的に膨張したため、政府は大増産計画を推進したが、鉄鋼業との関係で石炭配給の制限により、生産量は低下した。時局の進展に伴い、配給・生産を中心としてより強力な機構整備が行われたが、水滓セメント・鉱爐セメントなど、一種の代用材料の使用により、品質は昭和十四年を頂点に、低下の一途を辿ることになった。

c　その他産業の統制

その他の土木建築関連産業としては、ガラス・耐火煉瓦等の窯業製品と産業機械・鉄軌・倉庫業・製材などが挙げられる。ガラス・耐火煉瓦・産業機械・鉄軌・倉庫業については「商工行政史（下巻）[1]」でその内容が記されている。

例えば、ガラス（板硝子）については、重要原料であるソーダ灰の減少と、燃料の石炭が重要産業方面へ消費が増大したことによって、材料入手の隘路も次第に大きくなって、昭和十五年の「板硝子配給統制要綱」、昭和十八年の企業整備令の適用、そして「建築用板硝子配給統制要綱」（昭和十八年）などが実施された。昭和十九年からは軍需計画生産による発注統制や、金属不足によるガラス製の仏具・釦等の生産も行われた。これらは、本工業の戦時下における平和産業としての性格と、時局の悪化が大きな要因であったといえる。

また耐火煉瓦については、昭和十三年に地区別に結成された組合を経由して統制が開始された。しかし、実際には自主的な資材配給や生産・販売価格の協定等のみで、関連会社の整理や設備改善等の戦時統制強化は、太平洋戦争中に行われることとなった。

4・2　土木建築業組合法の制定

重要産業に関しては、早期に斯業の育成のために法令が整備されていたが、主要生産物と直接関係しない建設業は、産業の一部として認知されていなかった。そして、昭和の商工行政の中でも、特殊産業との理由で、工業組合法（大正十四年制定）の適用を受けずに来た。しかしながら、軍需生産を支える産業と判断され、戦時下のもと、業界法の制定に着手された。結果は、以下に示す要因から廃案となったが、これが契機となり、昭和十六年の工業法準用となった。しかしながら、業界法とはいえ、「組合法」であり、これを嘱望していた理由は、第2章で取り上げた、業界のカルテル化と関係していたとも言える。

(1)　法案上程の経緯[9]

この土木建築業組合法は、昭和十三年三月十九日に政友会代議士の牧野良三（後に商工参与官、逓信政務次官）と他四名の提案者、さらに肥田琢司の他二六名の賛成者によって議員立法されたものである。法案提出後、第七三議会の衆議院では可決されるが、貴族院にて審議未了のため廃案となった。この議会中に戦時経済の枢要となり、様々な具体的施策の根幹であった国家総動員法が成立している。本法案の目的と主たる内容は、大正十四年制定の「工業組合法」の目的とほぼ同じであった。

土木建築業組合法案の提案理由は、以下のようであり、昭和十年代初期の建設業の置かれていた状況が分かる。[10]

土木建築業は一国文化の象徴にして産業の根幹なり。而して国民生活に至大の関係を有し其既設営造物は国富の重要部分を成せり。輓近一ヵ年の全工事費総計は十六億円を超へ工事の請負を業とする者約二万此れに従事する者実に三百余万の多きを算し、其数に於て我が国重要産業の最たる繊維工業の其れと伯仲するものあり。今各種の改良発展と業者の保護統制に多大の便益あることは産業行政上真に慶賀すべきことと信ずる。然るに土木建築請負業においては全然法制の具わるものなし。此れ本案を提出する所以なり。

このことからは、建設業が国家経済や産業面でも、重要な位置を占めているとの主張が窺え、少なくとも、業界の圧力はあったとしても、当時の議員が法案化の必要を認識していたことが分かる。

(2) 土木建築業組合法の内容[11]

どのような業界法であったか、提案された内容を以下で検討する。

第一条　本法において土木建築業者と称するは、土木建築に関する工事をなすを業とする者にして勅令の定むるところによる。

第二条　土木建築業者は道府県を一区域として、土木建築業組合を設くることを得。

道府県を一区域として、土木建築業組合を設置することができるとしたのは、地区を限定した点で第2章の警察の取締りに近いが、ここでは、道府県を一区域とした点が重要であって、以後で組合の単位は、基本的にこの区分によっている。

第三条　土木建築業組合はその目的を達成するための事業の改良発展を図り、技術及び経営の進歩を講ずるため、共同の施設をなすをもって目的とす。
第四条　土木建築業組合はその目的を達するため、次の事業を行うことを得。
一　組合員の業務に関する指導、研究及び調査
二　組合員の工事もしくは材料に対する検査、其の他必要なる取締り又は事業経営に関する統制
三　土木建築労働者の福祉増進に関する諸施設
四　組合業務に関し行政庁に対する建議並びに答申
五　其の他組合の目的を達成するに必要な施設

第三条の事業内容が第四条中にて具体的に規定されているわけであるが、これまでに述べてきた（特に第3章）組合の事業と大きな違いは見られない。ただ、「二」に関しては、法令の下での工事管理と経営面の改善を、組合の事業に指定した点、そして、取締りや統制の用語で規定している点に注意が必要である。以下は、道府県を一区域とした組合の設置とその連合会に関係し、「組合法」とあるように、全一六条中、一二条と多くを組合に関係することが占めている。

第五条　土木建築業組合を設置せんとする時は、其区域内の土木建築業者の三分の二以上の同意を得て創立総会を開き、定款其の他必要なる事項を定め、主務官庁の許可を受くるべし。
第六条　土木建築業組合設置の認可在りたる時は、其区域内における土木建築業者はすべてその組合員になるものとす。
第七条　土木建築業組合は定款の定むる処により、其の組合員に対して経費を分賦し及び過怠金を徴収することを得。

前項の経費及び過怠金を滞納する者ある場合に於て、組合長の請求の在る時は市町村は市町村税の例により之を処分す。此の場合に於て組合は其徴収金額の百分の四を市町村に納付すべし。

前項に規定する徴収金の先取特権の順位は市町村の徴収金に次ぎその時効については市町村税の例による。

経費の分賦、過怠金の徴収に就ては勅令の定むる処により意義の申立て、訴願及び行政訴訟をなすことを得。

第五条から七条までが地方組合に関係し、三分の二以上の同意（第五条）、組合が設置された場合は強制加入になること（第六条）、組合の経費負担（第七条）などは、従前の組合規定に等しい。ただ、第七条にて、市町村税を参考にすること、徴収金額の一〇〇分の四を市町村に納付することが特徴であり、具体的である。

第八条　土木建築業組合は其目的を達するため全国を区域とする土木建築業組合の連合会を設置することを得。

前項の連合会を設置するときは、之を日本土木建築業組合連合会と称するものとす。

第九条　前条の連合会を設置せんとする時は土木建築業組合三分の二以上の同意を得て設立総会を開き、定款を議定し主務官庁の認可を受くべし。

第一〇条　土木建築業組合の連合会の認可ありたる時は全国の土木建築業組合は全てその会員となするものとす。

第一一条　第七条第一項及び第四項の規定は日本土木建築業組合連合会に之を準用す。

第一二条　土木建築業組合及び日本土木建築業組合連合会は法人とす。

第一三条　本法に拠ざる土木建築業組合の団体にして必要と認むるものは、日本土木建築業組合連合会に加入せしむることを得。

第一四条　土木建築業組合及び日本土木建築業組合連合会の定款変更は主務官庁の認可を受くることを要す。

第一五条　主務官庁は土木建築業組合及び日本土木建築業組合連合会に対し業務に関する報告をなさしめ、業務の執行又は財産の状況を検査し経費の予算又は徴収方法の変更を命じ其の他監督上必要なる命令又は処分を為すことを得。

第一六条　土木建築業組合又は日本土木建築業組合連合会の決議若しくは其役員の行為にして法令若しくは定款の規定に違反し又は公益を害すると認むる時は主務官庁は下記の処分を為すことを得。

一、組合又は連合会の決議の取消し

二、役員の解任

三、事業の停止

四、組合又は連合会の解散

第八条から第一六条までが、連合会に関するもので、第八条で連合会は設置できるとされているが、以上の条文からは、その設置が必然で、このために法令ができたようにも判断できる。そして、第一五条にあるように、国がこの連合会を通して建設業に対する統制を行おうとする意思が強くみられる。

付則　本法施行の細目は勅令を以て之を定む。

以上をまとめると、工業組合法が建設業の実態と馴染まないことで「土木建築業組合法」が提案された背景を考えると、法令案中の主務官庁とは商工省を指すといえる。その後の昭和十四年以降の商工省の建設業の組合化も、この時の案がベースになったように思える。

4・3　建設業の工業組合化への対応

(1)　建設業の工業組合化の経緯

この法案は廃案となったが、土木建築組合法廃案後の動きとしては、昭和十五年十一月に工業組合法が建設業者適用され、各地方組合は同法による工業組合に改められた。従前（大正八年設立）の日本土木建築請負業連合会は、昭和十三年に提出された、法案の第一二条の適用を受ける形で、法人格をもつ「日本土木建築工業組合連合会」に改組された[12]。そして、第3章で指摘したような背景から、福岡県を最後に工業組合法による建設業界再編が昭和十六年に完了した。建設業の工業組合化については、「東京土建工組より関東土建統組への回顧」の中で、岩崎英祐（同組合専務理事）が、「工業組合法を土建に適用した際（昭和十六年当時）、建設業が商業か金融業的性格か、そのいずれでもない工業としての性格が一番濃厚という解釈だったといわれた」との説明を行っている[13]。

次に実際のところ、各地で設立された工業組合法に従った組織の実態を、大阪を例としてみてみる。

「大阪土木建築工業組合定款[14]」［以下は抜粋］

第五章　事業及びその執行

第一節　総則

第三〇条　本組合は其目的を達成するために左の事業を行う。

1　工事の鑑定

２　営業に関する統制（イ資材配給、ロ工事請負金額の協定、ハ労務者の賃金の協定）
３　共同設備
４　工事請負の斡旋
５　営業に必要なる物の供給
６　資金の貸付
７　営業に関する指導研究及び調査
８　其の他の施設

第二節　工事の鑑定

第三一条　本組合は企業主の請求により必要と認めたる時又は組合員の申請在る時は工事の鑑定をなす。

〔第三二、三三条　省略〕

第三節　営業に関する統制

第一款　総則

第三四条　本組合は土木建築用資材の使用数量の割当、工事請負金額の協定及び使用労働者の賃金の協定其の他の統制をなす。

〔第三五、三六条　省略〕

第三七条　本組合に統制委員会を置き、統制に関する左の事項を諮問す。
１　資材の使用数量の割当に関する事項
２　工費の単価、賃金及び工事請負其の他の協定に関する事項、統制委員会に関し必要なる事項は、第三五条一項の規定による規程を以てこれを定むる。

第二款　資材配給に関する統制
第三款　工事金額の協定及び労働賃金の協定
第四款　共同設備
第五款　工事請負の斡旋
第五一条　本組合は委託在りたる時は土木工事又は建築工事の請負の斡旋をなす。
第五二条　前条の規定による斡旋は工事の委託在りたる時は当該工事の内容及び組合員の現業の状況を参酌して理事会の決議を以てこれをなす。
前項の規程により斡旋せられたる組合員、工事施行の引受を為したる時は、当該工事の請負金額の百分の二に相当する手数料を本組合に納付すべし。
第六款　営業に必要なる物の供給

このあたりの統制に関する内容は大同小異で、まさに中小企業の発展を前提とした組合組織の確立が根底にあった。従前の警察による取締りとの相違は、組合としての事業を積極化させる点にある。また、この頃の建設業界をめぐる環境を示せば、以下のとおりであった[15]。

(2) 産業（労務）報国活動

昭和十四年には国民能力申告令が出され、産業報国運動が始まる。戦時体制が厳しくなるにつれ、国内体制の整備を平沼内閣に代わった阿部内閣が重点施策とした。

産業報国運動に言及すれば、次のように言える。戦時体制に入り、産業労働力の不足が生じ、労務調査令（昭和十六年）が公布されると、民間労務者供給の組織化が進展し、各地に労務報国会が結成された。この動きに呼応して、厚生省の強い指導のもと労務報国会設立の通牒が昭和十七年に出され、翌十八年に全国組織である「大日本労務報国会」が結成された。同会は、動員計画、賃金統一、技能・技術高揚等の活動を行なった。当初は一二万余の業者と約六二万人の労務者を会員とした。この運動の前には、昭和十三年に結成された「産業報国連盟」があり、同十五年十一月には「大日本産業報国会」の結成になっている。

昭和十五年十一月二十三日創立の大日本産業報告会の綱領[16]は、次のようであった。

一、我等ハ国体ノ本義ニ徹シ全産業一体報国ノ実ヲ挙ゲ以テ皇運ヲ扶翼シ奉ラムコトヲ期ス

一、我等ハ産業ノ使命ヲ体シ事実一家職分奉公ノ誠ヲ致シ以テ皇国産業ノ興隆ニ総力ヲ竭サムコトヲ期ス

一、我等ハ勤労ノ真義ニ生キ剛健明朗ナル生活ヲ建設シ以テ国力ノ根底ニ培ハムコトヲ期ス

右記の内容を簡単に示せば、全てが精神論から構成されている。

産業報国会、労務報国会は、厚生省による発案であり、勅令団体の地位により各道府県で結成され、土木建築労務者・港湾荷役・運搬等の自由労務者群を対象とした産業労務組織を目指したもので、商工省のとった経営者側からでなく、ボトムから土木建築業組織を確立しようとした対照的な施策であった。

次に、土木建築における、（土建）労務報国会の実態をみると、昭和十八年当時、北海道、青森、秋田、福島、岐阜、福岡、宮崎の各道県での結成が確認され、結成方式には以下の三種があった[17]。

①　北海道方式　全道一体型で、北海道で工事を行う場合は、会員であることが求められた。

②　宮崎県方式　県産業報国の一部門に土木建築部門が設置される。土木建築業に独自の活動を期待する。

③　福岡県方式　一般産業報国会と同じような扱いがなされ、工場鉱山と共に、現場単位で産業報国会が結成される。

土木建築業の産業報国の具体的事業を「北海道土木建築産業報国規約」からみると、第一条で、名称を決め、第二条で、事務所の位置を決め、第三条では、組織が北海道で土木建築事業に従事する事業主、職員及び労務者の全員をもって組織するとしている。第四条は会の目的であるが、具体的事業は次の第五条に記載され、「本会ハ前条ノ目的達成ノ為左ノ事業ヲ行フ」とし、

一、産業報国精神ノ普及及徹底ニ関スル事項
二、能率、保健、共済、慰楽其他従業員ノ福祉厚生
三、国策協力、銃後々援
四、其他本会ノ目的達成上必要ナル事項

などが挙げられ、建設業の全体の構成員に係わる活動であることが分かる。

⑶　資材供給と工業組合化

時局が厳しくなる中、昭和十五年六月に建築用物資配給統制協議会が設置され、建築認可と共に釘、針金、鉄線等の物資使用量の指定が行われ、所属の府県土木建築業組合が割当切符を発行し、組合員に公布することとなった。

しかし、取締り以外、法的根拠のない任意団体の建設業関係組合に物資割当てをさせることができず、改善が必要となり、法的根拠を持つ組合の組織化が政府側（商工省）から要求された。

以下は、その経緯である。昭和十五年七月十五日に商工省化学局長永田彦太郎（当時は大臣伍堂卓雄、次官岸信介）は、日本土木建築請負業連合会幹部と協議を重ね、工業組合法による組合の組織化を図るため、この旨を各府県知事に通知した。その主眼は、

- 各府県組合の定款統一
- 資材配給の組合化により組合員に重点使用の趣旨を徹底
- 配給の公正を周知させる
- 組合員に出資を求め資金にあてる

等であり、この通牒により、大阪の場合は、昭和十六年三月二十五日に大阪土木建築工業組合の設立認可を受けた。建設業の工業組合化を行政が要請した一因といえる。

４・４　統制時下における各界の建設業再編案

工業組合化以降は、統制化に入るが、戦局に対応する建設業界の再編に関しては、業界の関連団体から種々のアイデアが出され、この中の一部は、４・６で解説する商工省の業界再編通牒に取り入れられている。

⑴　建設業の再編案

物資配給や戦時の効率的建設を図るために、行政側が業界に対して工業組合法に準拠した全国・地方組織を設立させた背景は以上のようであったが、商工省の調査からは、地方組合の理事長の回答から、次のような実態が明ら

かになった[18]。

①　組合未加入者が自由に営業している。特に軍関係者は組合から恩恵を得ないと主張する。

②　地方に組合ができても、組合員は資材配給の恩恵を受けない。

③　土木建築業が転業の対象になり、既存の業者にとって脅威となっている。

工業組合法の適用は、必ずしも理想通りに運ばなかったが、時局を鑑み、更なる業界の再編（統制機構整備案）が検討されていた。しかしながら、これらの動きは土木建築に関係ある、または関心をもつ個人的活動が結果的に偶々団体の動きとして表面化し、国家的要請とはなっていなかった。以下に述べる各界の統制組織の提案は、その後の行政側の施策の基礎となり、結果的に統制策に結実していくわけであるが、昭和十六、十七年頃は、国家として建設業を重要産業として捉えていなかった。このことは、戦時における軍備、生産拡大等の基幹をなす産業として建設業が位置しながら、日華事変以来の資金調整等の法制面でも、また物資配給やその他の扱いにしても、鉄鋼業のように需要産業とは同列でなかったことを示している。これらが、建設業のみが機構及び統制の確立に関して立ち遅れた原因である。次に再編案の大略を示す[19]。

①　大政翼賛会の動き

昭和十六年一月大政翼賛会において、土木建築機構に関する官民懇談会が開催される。単なる懇談会に終わるが、土木建築における新体制に関する初の公的会合であった。

②　日本土木建築工業組合連合会の動き

全国組織による、業界再編案の提示であって、どちらかといえば中小企業を基盤にした案であった。

③　建築業協会及び社団法人土木工業協会の動き

第3章で詳述したように、建築と土木の大手企業から構成される団体であって、その性格が表出している。

③　四会（建築）連合協議会（日本建築学会、日本建築協会、建築士会、建築業協会）の動き

建築に限定された連合組織の再編案であって、学理、設計、請負の総合的観点から問題点が捉えられていた。

④　東京土木工業組合の動き

同組合の業務組織研究委員会（委員長：戸田利兵衛）によって出された案であって、単一組織の提案になるもの。

⑤　横河民輔による案

営団的な案であり、非公式な意見として開陳されたもの。横河の個人的な建設業界の改善意見である。

これらの中で、内容的にみると四会の案（④）が商工省の統制案のベースになっているようにも思える。

以下には、建設関連団体等による業界再編案を解説するが、あくまでもアイデアであって、戦局の拡大に伴う、軍需施設、生産施設への要求はますます増大し、物資から労務へ統制が深刻化するにつれて、可及的、早急的な建設力の増強が求められたのは必然であった。このことは、「4・9　その他の国家機関による建設業統制」で指摘するように、陸軍、海軍、鉄道（省）が、個別に建設業者の組織化を図るなど、建設業界の国家的統制が完成する前に、他の分野では着々と統制化の道を進んでいたことに留意が必要である。

以下では、大政翼賛会を除いた五つの案の具体的内容を紹介する。

(2)　日本土木建築工業組合連合会案[20]

昭和十七年春の本連合会総会において中小企業者側からの統制会設置の緊急動議が出され、この結果を受け実行

委員会で検討が行われ、建議試案となり、昭和十七年五月に商工大臣に提出されたもの。以下では、それぞれの案の内容を示す（建設業協会及び社団法人土木工業協会案も同様）。

① 骨子　中小企業者の利益代表的な性格をもつ。本連合会の主導権が大手から中小に移った後なので、特にこのような案になった。

② 基本的条件

(a) 重要産業団体令に基づく土木建築統制会の設立。

(b) 構成員は、個人業者、道府県統制会社、道府県工業組合または道府県株式会社とする。

(c) 個人会員である個人業者は過去三ヵ年の工事消化実績の一ヵ年平均金額につき、その最高の者から一五名以内。

③ 工事受注及び配分を行うために中央統制会を置く。

④ 小業者は統合して統制会に参加させ、その最低限度は法人で払込資本金三万円、各三カ年間の工事消化実績の一ヵ年平均五万円とする。

⑤ 統制する仕事の範囲は自家修繕のようなものを除く包括請負工事の全分野にわたるもの。

(3) 建築業協会及び社団法人土木工業協会案

重要産業団体令の出た昭和十六年秋以降、建設業協会大阪五日会有志における研究が進展し、建築業協会、土木工業会の共同研究となり昭和十六年五月の本土木建築工業組合連合会の建議直後に商工大臣に対して建議したものである。[21]

①　骨子　大企業の考え

②　基本的条件

(a)　重要産業団体令に基づく土木建築統制会の設立

(b)　構成員は個人会員及び地域別（ブロック）統制組合

(c)　個人会員資格：法人＝払込資本金または出資総額一〇〇万円以上、過去三ヵ年における一ヵ年平均契約高一、〇〇〇万円以上、一定の資格をもつ技術者三〇名以上

③　地域別統制組合員資格：法人は公称資本金二〇万円以上、払込資本金または出資総額一〇万円以上、過去三ヵ年における一ヵ年の平均契約高五〇万円以上、一定資格の技術者五名以上。以上の資格は二ヵ年ごとに再審する。

④　統制すべき工事範囲：軍・官その他公共公益的土建工事で、二〇万円以上を統制の対象とする。

(4)　**四会連合協議会（日本建築学会、日本建築協会、建築士会、建築業協会）案**

昭和十六年の春以来の研究成果を「土木建築再編要綱案」として昭和十七年六月に商工大臣に建議したものである。[22]

①　骨子　中立的な立場

②　建設工業統制機関[23]を設け、材料業・下請業及び労務者等をその傘下に収める。

③　施工業者、資料（注：資金の誤記であろう）及び労力のいずれにおいても土木・建築は不可分であるから土木建築を一括建設工業部門として統合するのが妥当。

④　全国的施工業者を個人会員として、地方的施工業者は道府県単位で組合を組織し、これを団体会員として統制機関に直属させる。但し、道府県組合は漸次可及的に少数ブロック組合に統合する。なお、必要に応じて業者は整理統合する。

⑤　土木建築専門の材料業者及び部分工事業者に対してはそれぞれ業種別組合の設立を図り、これを統制機関の下部組織として強力な統制を加える。

⑥　労務者に対しては、労働組合的組織を排して労務者の職種別統制組合を結成し、本統制機関の下部組織とする。大工・左官等の熟練工は漸次施工業者に直属させる。

この四会による業界再編案の作成にあって、商工省技師の伊藤憲太郎へ委員を依頼する書簡が残されている。これを資料[24]として、当時どのような検討が行われていたが明らかにする。

拝啓時下益々御健祥奉賀候　陳者時局下建築界ノ体制問題研究ノ為差当リ建築学会、日本建築協会、日本建築士会及建築業協会ノ四会連合ノ下ニ建築連合協議委員会ヲ設置シ三月以来其大綱ニ付協議致居候処今般本委員会内ニ別記専門委員会ヲ設ケ建築各部門毎ニ具体的ノ調査ヲ御依頼スル事ト相成候ニ就テハ貴殿並ニ別記各位ヘ右専門委員ヲ委嘱致度ト存候間御繁忙ノ中乍恐縮何卒御承引ノ上何分ノ御盡力相願度此段御依頼方得貴意候

追テ来ル八月二日（土）午後四時ヨリ建築学会事務所ニ於テ全専門委員会ヲ開催致度ト存候間何卒万障御差繰リ御出席被下度併セテ願上候

昭和十六年七月二十五日

建築連合協議会　　委員長　佐野利器

伊藤健太郎殿［この分手書き］(25)

団体再編案の中で示された「統制機関」を設ける件については、同じく伊藤資料の中に見られる。この内容は、昭和十六年十一月二十五日の日付で、建築学会会長の内藤多仲、日本建築協会会長の片岡安、日本建築士会会長の石原信之、建築業協会会長の横河民輔の連名で、内閣総理大臣東條英機、企画院総裁鈴木貞一に提出されたものであって、「建築企画中枢機構設置ニ関スル建議」と題されていた。前文では、四会において、今春以来、建築連合会を設け建築界の体制問題を研究していたが、この結果を踏まえ意見書のとおり建築企画に関する中枢機構設置を要請するとしている。

〈建築企画中枢機構設置に関する意見書〉

その要旨は、国家の建築事情に関して人的・物的資源に基づく計画を綜合的に統制し実施の能率的調整を計るために、企画院の機構を整備拡充することにあるとしている。

説明としては、建築関係部門の能力を常に掌握し、国防計画、生産拡充計画、人口計画、国土計画及物資、労務並びに資金の動員計画等の重要国家計画に反映させ、適正化を図るとともに、建築事業実施の調整と建築施設の利用を有効にすることが急務であるとし、そして、次の事項の実施に取り組むべきと結んでいる。

①　建築事業の綜合計画に関する事項
（年度事業計画、四期別事業計画、地方別事業計画、官民別事業計画等）

②　建築事業の実施調整に関する事項
（物資配分、工事発注受注の調整、技術者、労務者の需給調整等）

③　建築の基本的規格並びに価格に関する事項
（材料、構造、用途等による規格、規格別価格等）
④　建築に関する基礎的調査及び研究に関する事項
（基礎的調査、研究の統制等）
備考　技術院（仮称）設置の場合は、前記三号及び四号の大部分は同院に移管すべきとしている。

(5) 東京土木工業組合案

本工業組合では、再編案について二度検討されている。これらの案は、これまでに具体的内容があまり紹介されてこなかったので、全文を示す。(26)

「東京土木建築工業組合委員会案」
統制会機構ヲ次ノ通リトス
一、統制会個人会員ハ商工大臣之ヲ指定ス
二、統制会ノ下ニ各府県別統制組合ヲ置ク
統制組合員タル資格ハ次ノ通リトス
(イ)　資本金払込額十万円以上ノ法人ニシテ一ケ年工事実績既往二ケ年平均二十万円以上ノモノ
(ロ)　個人ニシテ一ケ年工事実績既往二ケ年平均三十万円以上ノモノ
三、一口金額十万円以上ノ工事ハ工業組合ノ施工ニ委ネ工業組合員タル資格次ノ通リトス

(イ) 資本金払込額二万円以上ノ法人ニシテ一ケ年工事実績既往二ケ年平均五万円以上ノモノ
(ロ) 個人ニシテ一ケ年工事実績既往二ケ年平均三万円以上ノモノ

次に修正案は、以下のとおりである。

〈東京土木建築工業組合修正案[27]〉

統制会

(一) 統制会ハ現在ノ工業組合員ヲ甲乙丙丁ノ四級ニ分チ全国及ビ東部、西部、並ニ地区別、府県ノ統制組合ニ依リ工事ノ統制割当ヲ為スモノトス。

(二) 各組合員ノ資格ヲ左ノ如ク定ム。

イ、全国統制組合
土木建築工業組合員ニシテ左ニ該当スル甲級組合員ヲ以テ組成ス。
資本金　五十万円以上
実績　年額五百万円以上
技術者　三十人以上

ロ、東部（西部）統制組合
全国ヲ東部・西部ニ分チ当該部ニ属スル土木建築工業組合員ニシテ左ニ掲グル乙種組合員ヲ以テ組織ス。
資本金　十万円以上
実績　百万円以上

技術者　　十人以上

ハ、地方統制組合

一、地区別統制組合

全国ヲ七地区ニ分チ各地区別ニ統制ヲ行ヒ同地区内ニ於ケル土木建築工業組合員ニシテ左ニ掲グル丙級組合員ヲ以テ組成ス。

資本金　　五万円以上

実績　　五十万円以上

技術者　　三人以上

ニ、府県別統制組合

府県ニ於ケル土木建築工業組合員ニシテ左ノ実績ヲ有スル丁級組合員ヲ以テ組成ス。

実績　　三万円以上ノモノ

但シ府県別統制組合ハ地区別統制組合ニ隷属スルモノトス

(三) 統制会ハ一般ニ工事ノ発注ヲ受ケタル場合当該工事ノ特殊性及其規模ノ大小等ヲ斟酌シ会長ノ認ムル所ニ従ヒ各統制組合ニ割当ヲ行フモノトス。

(四) 前項ノ場合発注者ノ希望ニヨリ特ニ施工ヲ指名シテ依頼ヲ受ケタル時ハ其指名者ヲ優先的ニ考慮スルヲ原則トス。

(五) 乙級以下ノ組合員ノ割当ヲ為ス場合会長ニ於テ必要アリト認メタル時ハ当該地区外ノ地域ニ於テ工事ヲ割当テルコトアルベシ。

(六) 第二項ニ掲ゲタル実績トハ既往二ケ年間ニ於ケル平均実績額ヲ謂フ。

(備考)

東部　北海道地区、東北地区、関東地区
西部　中部地区、近畿地区、中国四国地区、九州地区

(6) 横河民輔案

伊藤資料に残されている横河案は、Ｂ５判縦書き、手書き謄写版印刷のものである。諸般を勘案すると昭和十七年商工大臣宛の非公式意見と考えられる。表題は、「土木建築工業の新体制に就て」であり、「附　建設工業営団機構要綱」が附せられ、「建築協会会長　横河民輔（この分は手書き）」と発案者名が記されている。営団方式により国家の要請する建設事業を達成することが使命であるとの、また横河個人としての理想が込められているとも言える案になっている。この横河案も管見の限りでは、全貌を示した資料は稀であるため、ここで詳しく紹介する。

前書きでは、「……自分が過去五十余年建築技術者たる立場から又建築業協会、建築資料協会の関係から此統制問題に就て考究の義務ある様に感じる故に甚だ未熟ながら一言を試る次第である。……」と述べ、建設業の改善への個人的見解であることを示している。そして、建設業界は四つの解決に取り組むべきとの意見を示している。

① 土木建築請負業者を全国的に統轄し、工事を適当に配分して施工にあたらせる。
② 全国の技術者を包括し、失業者の就業と生活の安定を考慮する。
③ 労力特に熟練工夫の生活安定、養成教育、福利施設を考慮する。
④ 材料生産者の供給量とその質の改善を図り次年度の予定所要量による生産計画とする。

以降が、本文にあたる。

〈建設工業営団機構要綱〉

国家の公私の要求に応じて、土木建築に関する工事の一切を行う建設工業営団の設置が、時局の統制に対して最善の方策であると自己の考えを述べ、そのための営団の組織は、

① 幹部　政府任命により総裁、副総裁、理事、監事、評議員を以て組織し全機構の運営にあたる。

② 総務部　外部との交渉事項、内部各部の連絡、地方支部との連絡その他会計庶務等の処理を担当。

③ 技術部　委任工事の設計、監督、鑑定、調査及びその工事の予算及び清算等にあたる。工事の設計監督者を統合して営団の所属とする。

④ 施工部　委任工事を直営として行う。また、適格者を推薦する。全国の建設工業者を全部本営団の所属とする。所属建設工業者は以下の三種とし、工事の大小難易、繁閑と能力を考慮し適当に配分する。

(い) 甲種事業者：法人の場合、払込済資本金または出資総額一〇〇万円以上。過去三年間に請負工事で一ケ年平均一千万円以上の契約高を有すること。営団総裁において前項の者と同等以上の工事施工能力を有すると認めたるもの。土木建築に関する専門学校以上を修了した技術者で、工事に一〇年以上従事した経験を持つ技術者三〇名以上を有するもの。

(ろ) 乙種事業者：甲工業者より、会社規模が小さく、工事量や技術者数の少ないもの。

(は) 丙種事業者：各地方府県組合を一単位とする企業。

以上の各種の資格は、少なくとも二ヶ年毎に再審を必要とする。

① 工事配分の割合及区域

営団に委託された工事で一件金額二〇万円以上のものは甲種事業者、五万円以上二〇万円までは乙種事業者、五万円以下のものは丙種組合に割り当てる。

②　工事施工委託条件

営団で行う委託工事は、直営形式を本位とする。しかし、広範な工事を全部直営工事とすることは、内部機構を複雑化させるので、その多数は建設工業者（土木建築請負業者）に配分させるほかない。しかし競争入札は、禍根を残してきたので、実費精算手数料式が適している。

③　資材部

次の業務を行う。営団に委託された工事用の資材の配分、資材生産者の内容調査、改善指導及び金融援助、資材次年度生産計画、資材の品質試験及び資材見本陳列と紹介、仮設資材、機械工具の整備。

④　厚生部

次の事業を行う。技術者及び営団所属熟練工夫の登録と異動調査、技術者及び熟練工夫の配布と紹介、労務者遊休時日の活用、労務者の職業教育、技術者及び労務者の福利厚生施設、医療設備、災害扶助保険法以後の施設、技術者及び労務者失業保険、退職後の処置。

⑤　研究（或いは調査）部

次の事業を行う。本部では建設工業に関する諸項の調査研究、建設工業に関する諸統計、次年度の資材の需要調査、労賃及び資材の物価調査、構造及び施工法の規格調査等。

⑥　資金部

営団の事業を経営するための資金は寄付金及び事業収入による。寄付拠出金につとめる。

●施工部所属の建設工業者各自の種別に応じ拠出する寄付金

●各企業から提出された総工事量を審査し、年度別に施工すべき工事量、施工順序を決め、必要な資材、機器、労務の割当を行う。

●工事単価、人夫賃金を協定し、標準単価を確立する

●労務募集または使役条件の協定化

●天災等の不可抗力による工事損害の査定及び対策の決定

以上の横河の提案は、単に統制組合とするよりも、営団方式を採用し、国の一括管理をもって計画、設計、施工を実施しようとしたものであることが分かる。

4・5　建設業の統制組合化

先に示したように、昭和十三年に土木建築業組合法が立案されるものの、貴族院にて審議未了のため廃案となった。一方、建設業の統制化は、時局の逼迫により、建設業に工業組合法適用がされたが、より効率的な建設を担当するためには、新たな統制組織の設置が不可欠と、種々の機関が再編案を介して、その組織のあり方について、検討を行ってきた。しかし、この期間にあっても、主務官庁では、建設業の統制について検討が行われてきた。以下では、この商工省の動きを扱うわけであるが、伊藤憲太郎が所有していた資料によるところが多い。

(1)　建設業統制化の意図するところ

商工省の戦時政策は、本章のはじめで紹介してきたが、工業組合法を建設業に準用したことは、法の本質から判断して中小業的に対する行政措置であったといえる。これは、鉄鋼をはじめとする他の重要産業が、自身の振興・

取締法を持っていたのに比べ、企業規模の面や営業地域が区々のため、中小企業のために制定された法令を適用することを由とした結果と推測できる。即ち、少数の大企業が工事量の多くを占めるものの、その他の群小企業が、地方的需要に対応する業界構造と関係し、建設業を一つに組織化する矛盾が潜在的にあったともいえる。前項で指摘した、横河の「建設工業営団」も、この矛盾を改善するための提案であった。

(2)　土木建築業組合法廃案以降の商工省の建設行政の変遷

ここでは、昭和十四年以降の土木建築業組合法の不成立以後の商工省の施策に関して、伊藤資料から探る。この中には、部内の検討用の未公開資料も含まれ、商工省の考えたかを知ることができる。

土木建築業組合法が廃案となった翌年の、昭和十四年十月五日付日刊工業新聞には、次の記事が所載されていた。舞台となる満州国での建設業の取締りに関しては、本国のように旧弊に桎梏されない、一種の新しいシステム導入が可能であった環境が存在していた。

「請負業者ノ許可制等全土建事業ヲ統制満州デ断行ニ決定」との見出しで、「満州国デノ生産拡充ヲ図ルタメニ土木建築事業ノ統制ヲ行ナフ。具体的ナ内容ハ次ノ通リ」記述し、具体的な統制の内容は次のとおりであった。

①　請負業の許可制実施　自由業である請負業を資格限定主義の許可制にする
②　請負制度の根本的改正　片務契約の是正
③　請負業の統制　旧弊を正し、従業員の使役条件及び主要業務を是正
④　機械機材の統制　機械、仮設材料の効率的使用のためにプールをつくる
⑤　労務募集及び使役の統制　関係機関と協力し統制募集を行う

⑥　資材及び工具の配給統制　一元的機関による配給。需給調整
⑦　労働者食料品の配給統制
⑧　技術員、技工の統制　従業員登録制度を設け従業員の確保を図る。政府と大企業は養成機関を設置し人的資源の充実に努める
⑨　軍、政府、特殊会社から構成される統制委員会を組織し重要工事の計画を実施する
(イ)　各企業から提出された総工事量を審査し、年度別に施工すべき工事量、施工順序を決め、これに必要な資材、機器、労務の割当を行う
(ロ)　工事単価、人夫賃金を協定し、標準単価を確立する
(ハ)　労務募集または使役条件の協定化
(ニ)　天災等の不可抗力による工事損害の査定及び対策の決定
⑩　工事資金の統制　資金調達のために特殊金融機関を設けるか、満州興業銀行の融資条件を緩和する。前渡金制度の実行による資金調整の確立

以上の内容は、昭和十八年から建設業界の統制（再編）を具体化させた商工省の通牒に非常に近いことが分かる。この新聞記事と同等の内容で、約二ヵ月後の日付の商工省内部文書[28]がある。

〈昭和十四年十一月二十四日、「工事請負業法提案趣旨」〉

記載事項の内容から、満州国のことと判断でき、ここでは、請負業を土木、建築、電気工事としているはじめに、これら請負業の実態（工事費は毎年一〇億円余、工事請負業者は二万、従業員は約一二〇万人）であること及び国内（満州国）産業に占める位置を述べ、このような重要産業でありながら、これまで何らの法制度が

適用されてこなかったとしている。そして請負契約に係わる不透明性が談合等の不正を生み出したと指摘し、統制の必要性を導き出し、最後の結びとしては、満州国に斯業に理想の姿を求めていた。すなわち、

因テ工事請負業界ニ其ノ健全ナル組織化ヲ促シ之ヲシテ材料ノ配給其ノ他適切ナル統制ヲ為サシメ又政府ニ於テ工事費ノ適正保持、工事請負能力ノ配分等ニ関シ必要ナル事項ヲ命ジ得ルコトトシ以テ業界ノ宿弊ヲ一掃シ其ノ社会的信用ノ向上ヲ図リ又産業拡充計画ノ遂行ヲ容易ナラシメ大陸経営ノ先駆タルノ役割ヲ全フセシメンガ為ニ茲ニ工事請負業法案ヲ提出セントスルモノナリ

と結んで入る。「大陸経営の先駆」と記されていることから、満州国における建設業統制であることが分かる[29]。また、新聞記事で示された請負業者の許可制は「工事請負業法」であったと推測できる。

次の資料[30]は、同じく満州を対象とした建設業の統制化を示すものである。日付がなく、中では「康徳九年（注：昭和十七年）八月一日依リ之ヲ実施ス[31]」とある。従前の満州土木建築業協会を満州土建公会と改称し、この公会を中心に建設統制を行う意図が分かる。ここでは統制に関する事項が詳細に示されているので、全文を掲げる。

「土建統制強化要綱」

第一　方針

大東亜戦争下ニ於ケル我国国防建設竝ニ産業開発ノ緊急性ト土建工事ノ特性杜ニ鑑ミ現下ノ資金、物資、労務統制ノ強化ニ即応シ国内土建請負能力ノ綜合的結果高揚ヲ図ルト共ニ之ガ動員竝ニ効率的運営ニ遺憾ナカラシムル為満州土木建築業協会ヲ統制会的機構トシテ改革強化シ企業体ノ協力ヲ促進シ土木建築ノ経営刷新竝ニ請負制度ノ改善ヲ行ハントス

第二　要領

一、満州土建公会ニ関スル事項

(1)　満州土木建築業協会ヲ満州土建公会ト改称ス

(2)　政府ハ満州土建公会ニ対シ概ネ左ノ権限ヲ賦与ス

イ　土木建築業者（会員）ニ於テ請負ヒタル工事ハ凡テ公会ニ登録セシメ以テ土木建築業ノ実態把握ニ資セシムルコト

ロ　公会カ其ノ会員ニ対シテ行フ工事用機器及仮設材料ノ配給斡旋又ハ資金ノ融通斡旋ハ債務保証等工事ニ関スル助成ハ前項ノ登録ニ基キ之ヲ行フコト

ハ　公会ハ其ノ会員ノ請負限度ヲ規制シ又ハ会員ノ契約締結ニ関シ必要ナル事項ヲ命ジ得ルコト

ニ　公会ハ企業者ノ希望ニ応ジ会員ノ斡旋ヲ為シ得ルコト

ホ　公会ハ其ノ会員ニ対シ工事用機器及仮設材料等ヲ一元的ニ配給斡旋スルコト

ヘ　公会ハ其ノ業務ニ関シ政府ノ認可ヲ経テ会費及各種ノ手数料ヲ徴シ得ルコト

ト　公会ハ其ノ目的ヲ達成スル為政府ノ認可ヲ経テ必要ナル規定ヲ設ケ得ルコト

チ　公会ハ其ノ会員ノ営業状態ニ付報告ヲ徴シ又ハ検査ヲ為シ得ルコト

リ　公会ハ其ノ目的ヲ達スル為必要ナル事業ヲ経営シ得ルコト但シ営業ヲ目的トシテ之ヲ為シ得ザルコト

(3)　満州土建公会ノ自律的業務ノ範囲ハ従前通トシ尚政府ハ之ノ強化ニ付指導ヲ行フモノトス

(4)　政府ハ満州土建公会ニ対シ所要ノ助成ヲ行フモノトス

(5)　満州土建公会ノ性質及其ノ機構ハ概ネ左ノ通トス

イ　公会ハ営業ニ付政府ノ許可ヲ受ケタル土木建築業者ヲ以テ強制加入スル法人トスルコト

ロ　公会ノ最高決議機関ハ理事会トシ、執行機関タル役員ハ会長理事長及理事（以上ノ中常務ニ従事スル理事ハ凡テ専任）トスルコト
ハ　公会ノ会長ハ政府ニ於テ之ヲ任命シ其ノ他ノ役員ハ会長ノ推薦スル中ヨリ政府之ヲ任命スルコト
ニ　政府ハ公会ヲシテ工事ノ設計、監督、積算等ニ関スル受託機構ヲ整備セシムルコト

内容的には、横河民輔が業界の再編成で提案した、営団機構案と似た点が散見できる。

二、土木建築業経営ノ刷新強化ニ関スル事項
(1)　土木建築業ヲ適正ナル規模ニ改編スル目途ノ下ニ許可基準ヲ高度化シ原則トシテ資本金二十万円以上ノ会社ニ非ザレバ許可セザルモトス
(2)　選考ノ基準ニ適合セザル既許可業者ニ対シテハ概ネ一年以内ニ右基準ニ適合スル如ク措置スルモノトシ政府ハ其ノ間可及的ニ経営機構ノ改善又ハ企業合同ニ付指導慫慂ヲ行フモノトス
(3)　許可業者ハ之ヲ甲乙丙三種ニ区分シ甲種（会員）ハ資本金概ネ百万円以上ノ会社ニシテ営業地域ヲ制限セザルモノ、乙種（会員）ハ資本金概ネ五十万円以上百万円未満ノ会社ニシテ数省ヲ営業地域ト為スモノ、丙種（会員）ハ資本金概ネ二十万円以上五十万円未満ノ会社ニシテ原則トシテ一省ヲ営業地域ト為スモノトシ何レモ交通部大臣ニ於テ許可スルモノトス
(4)　土木建築業ノ経営内容ノ明確化ヲ期スル為左ノ措置ヲ講ス
イ　営業年度ニ於ケル収支決算ヲ要報告事項トスルコト
ロ　決算期ニ於ケル利益配分計画ヲ要報告事項トスルコト

(5) 経営方法ノ改善、経営費ノ節用、定地的営業ノ確立ヲ期スル為支店、出張所（工事現場詰所ノ類ヲ除ク）ノ設置ハ之ヲ要認可事項ト為スト共ニ必要アル場合ハ之カ設置ヲ命シ得ルモノトス

この許可業者を甲乙丙三種に分け、それぞれについて決められた営業範囲やその資格の条件付けも、横河の建設工業営団案と酷似している。

三、請負制度ノ改善ニ関スル事項

(1) 損失補償制度ノ確立ニ資スル為左ノ方途ヲ講ズ

イ 政府ハ公会ヲシテ損失補償制度ノ確立ヲ図ル為災害補償、災害保険等ノ実施ニ関シ必要ナル方途ヲ講セシムルコト

ロ 企業者ハ損失補償ノ為必要ナル考慮ヲ払フコト

(2) 政府ハ可及的ニ現行片務的約款条項を廃止シ契約ノ適正化ヲ図ルモノトス

(3) 政府ハ公会ヲシテ原価計算制度ノ確立ニ関シ適当ナル方策ヲ講シ以テ工事単価ノ規制ヲ促進セシムルモノトス

(4) 下請ニ関シ左ノ改善ノ方策ヲ講ズ

イ 一式下請ハ之ヲ禁止スルコト

ロ 分割下請ハ一定ノ条件ノ下ニ之ヲ一次ニ制限スルモ分業下請ハ之ヲ制限セザルコト

ハ 名義ノ貸与ハ之ヲ禁止スルコト

第三 措置

一、要領中二及三ノ(4)ハ康徳十年[31]□（不明）月ヨリ之ガ実施スル如ク康徳九年中ニ必要ナル措置ヲ完了ス

二、満州公会法ヲ制定シ現行交通部令満州土木建築業協会令ハ之ヲ廃止スルモノトス

三、土木建築業統制法及同法施行規則ノ改正ヲ行フモノトス

四、本要綱ニ実施ニ付軍、満鉄ハ之ニ協力スルモノトス

以上は、満州国を中心とした建設業の統制施策であったが、同じ時期に、国内の統制をいかに果たすかが検討されている。伊藤資料によれば、以下のような検討がなされていたことが分かる。内容から、府県に強制加入組合を設置するとしているので国内向けの業法と判断できる。

〈昭和十四年十一月二十四日「工事請負業法案（案のみ手書き）要綱」〉

一、適応範囲、工事請負の種類は勅令を以て土木工事請負業、建築工事請負業、電気工事請負業とする。

（この点は、満州と同じ請負業の範囲となっている。）

二、工事請負業に道府県単位の強制加入組合を設置させる。

三、工事請負業者の範囲は勅令で定める。

四、政府は組合に対して、次のことを命じることができる。

① 組合員が請負契約を締結したときにはその都度、組合事務所に登録し、主務官庁に報告

② 組合員が故意に完成させないとき、または、その能力がないときは組合員による代替工事

③ 材料、資材の単価の統制

④ 従業員の登録制度

⑤　従業員の養成機関の設置
⑥　組合員の工事能力の調査
⑦　組合員工事、使用した材料の検査
⑧　従業員の福祉増進施設
⑨　工事費の適正保持、工事請負配分に必要となる命令
⑩　組合の収支、共催積立金支払いに必要な命令

五、組合は次のことを行う。
①　指名入札者の推薦、工事請負に関する斡旋
②　発注者（政府、企業主）立会いの下で、工事の一般条件について入札者の協議
③　見積書作成に際し、共同積算期間を設置、組合員の見積書作成の代行業務
④　共済積立金を設け、災害補充等にあてる
⑤　落札者から見積用、共済積立金として工事費の一定割合を徴収
⑥　材料・工具類の一元的配給に必要な措置
⑦　従業員の使用条件の統一と統制
⑧　違反者に対する組合員の営業停止、除名等
⑨　その他、組合運営に必要な運営

六、全国を区域とする連合会が設置できること。連合会の定款等には主務官庁の認可が必要

七、主務官庁は、組合及び連合会に対して必要な命令、処分ができること

八、主務官庁は、組合及び連合会での決議の取消し、役員の解任等の制裁を加えられること

以上の内容を概観すると、道府県単位の強制加入組合を設置すること、組合への請負工事の登録、組合の工事管理などは、昭和十八年代の統制と同じ内容であるが、従業員の登録制度は独自であった。

(3) 工事請負組合法案

この時期には、建設業取締に関する施策が積極的に展開され、右記の業界取締案の直後に次の法案が検討されていた[32]。

〈昭和十四年十二月一日「工事請負組合法案」〉

十一月二十四日時点では、「工事請負業法」であったのに、僅か一週間ほどで「工事請負組合法」になったのかは不明である。資料からは、工事請負業法でも強制組合を設置し、該組合が規制を行うことになっていたので内容的には同じといえる。基本的には、この案が骨子となり、工業組合法を適用して土木建築工業組合が設置されたと考えられる。同組合に関する直接の根拠法はないので、ここで所管官庁の商工省がどのような考えをもっていたかを明らかにするために、全ての内容を示す。

第一条　工事請負業組合ノ種類ト其ノ範囲ハ勅令ニテ定メル

第二条　工事請負業者ハ当該工事請負業ノ改良発達ヲ図リ技術及経営ノ進歩ヲ講スル為共同ノ施設ヲ為ス目的ヲ以テ道府県ヲ地区トスル工場［ママ、業の間違い］請負組合ヲ設立スルコトヲ得

組合法なら当然組合がその対象として明記されるべきであるが、本法では、任意的に作られる組合（強制的でない

こと）を認める形式をとっている。第二章で示した警察の取締りで規定された組合も設置は任意で、設置された後は強制加入であったので、この精神に近い。もっとも後の方で所官庁が強制的に組合を設置させることができるようになっている

第三条　組合は法人とする。

（このように本法は構造的に「組合」を対象としている。）

第四条　組合の行う事業

①　組合員の業務に関する指導と研究及び調査

②　組合員の工事や材料の検査、取締り、そして統制

③　組合員が使用する工具や材料の一元的配給と管理

④　従業員の登録、要請及び福祉増進の措置

⑤　その他組合の目的を達成するために必要な事項

第五条　「工事請負業組合」の名称を必ず用い、本法によらない組合はこの名称の使用禁止

第六・七・八条　組合の定款、経費の分担、定款違反者への過怠金

第九条　行政官庁は、組合に対して必要な統制規定作成と措置を命ずることができる

第十条　第九条と同じ趣旨

第十一条　行政官庁が工事現場、倉庫、事務所等を臨検し、工具、材料、帳簿等の検査ができること

第十二条　第十一条の結果により、禁止、使用制限があたえられること

第十三・十四条　組合の登記

第十五条　工事請負組合を設置する時は、その地区（道府県か）内の三分の二以上の同意が必要。定款、役員について は行政官庁の認可を受ける。
第十六条・十七条　設立総会
第十八条　工事請負業組合の定款（記載すべき内容）
目的、名称、地区、事務所の所在地、組合員入会、脱会の規定、出資一口の額・払込方法、余剰金の処分・損失分担、準備金の額・積立方法、組合員の権利と義務、事業執行とその執行（以下略）
第十九・二十条（略）
第二十一条　組合員は一口以上の出資とする。五〇口以上は特別の事由なき場合は不可
第二十二条　組合員の責任は、費用負担の他は出資金額以内に限度[33]
第二十三・二十四・二十五条（略）
第二十六条　組合理事、幹事に係わる選任及び解任は行政官庁の認可が必要
第二十七・二十八・二十九〜三十二条（略）
第三十三条　検査を行う組合にあっては検査員を置くこと。検査員の選任及び解任は行政官庁の認可が必要
第三十四・三十五条　検査員に関する規定
第三十六・三十七条（略）
第三十七条　行政官庁は、国民経済の健全なる育成を図るために、必要な場合には、地区内の工事請負業者に工事請負業組合の設立を命じることができる。
第三十八・三十九・四十条（略）

第四十一条では、全国を区域とする連合組合が設置できること、第四十二条では地区組合と同じように法人格を与えている。これでは強制力がないので、第四十三条では、必要な場合、行政官庁が連合会設置を命ずることができるようになっている。結局のところ組合（民間）の自由意志はないといえる。

第四十四・四十五条［略］

第四十六条　工事請負業組合ニ関スル規定ハ第五十一条ニ規定ニ依リ準用シタル産業組合法第三十八条ノ二ノ規定ヲ除ク外工事請負業組合連合会ニ付キ之ヲ準用ス但シ第四条中組合員トアルハ所属ノ組合トス

［以下略］

この資料では、作成官庁が正式に記入されていないが、伊藤の既存資料による説明や商工省用箋を用いていることから、商工省で案が練られたと考えても間違いはない。

(4)　工業組合法による建設業の統制

昭和十五年末、建設業に工業組合法が適用された。本章の冒頭で指摘したように、同法は、政府が恐慌に際し、各種産業のカルテルを強化させることで中小企業の組織化を向上させようと、大正十四年に制定された組合法であった。

ここで留意すべき点は、「中小企業の組織化向上」という本法の目的であって、建設業は職別工事業者・下請制度など、その業界体系が複雑であり、根本的には同法が適していたとはいえない。この要件が、土木建築業組合法を審議未了で廃案に至らせたともいえる。そして、工業組合法の適用は当時の商工次官だった岸信介の英断による。

岸は、当時の日本土木建築業組合連合会の専務理事であった松岡英介の大学の後輩であり、同氏の強い要望があったことが、背景としてあった。

工業組合法適用後は、昭和十六年五月に日本土木建築業組合連合会、同年末までに各道府県を単位とする土木建築工業組合が設立された。しかし、工業組合法はその加入に強制力がなく、組合未加入者でも自由に営業が可能であった。加えて、工業組合を通した資材配給統制機構の不備もあり、物資配給に関しては、必ずしも組合員のみが恩恵を受けられるわけでなかった。

伊藤資料の、昭和十六年五月二十五日のメモがつけられた「土木建築工業部門機構整備要綱草案（手書）」は、臨時資金調整法等を考慮した上で、軍、住宅営団、金属回収、更には防火改修に至るまでの内容となっていた。また、本案では、道府県における地方土木建築工業組合設立の促進による整備案が記されている。この時点では、まだ昭和十八年施行の商工組合法や企業許可令は、表出していない。

さらに、伊藤資料には、昭和十六年八月十八日各地方長官名宛「土木建築工業組合ニ關スル件」に対する、商工省がまとめた「地方工業組合ノ希望」あり、内容は以下のとおりである。

一、工業組合会員ニ非ザレバ請負營業ヲ爲シ得ザル請負業ヲ免許制トセラレタシ
二、目下ノ組合加入ニ對シ資材其他ニ付恩恵ヘラレヌ爲組合ノ維持ニ困難アリ
三、地方特ニ警察部ガアウトサイダー（主トシテ大工）ニ對シ団体ノ結成ヲ積極的ニ援助スル傾向ニアルハ好マシカラズ
四、組合ノ出資金ノ使途ニ付指導セラレタシ

五、資材ハ聯合會ヲ通ジ地方組合ニ於テ一元的取扱ヲ爲シ得ル様取計ハレタシ

六、組合員ノ資格トシテ直接國税拾圓ヲ納ムル者トナス場合アルモ此ノ程ノモノスラ包括請負業者ト見ルコトハ出來ナイ、組合員ノ資格ノ限度ヲ引上ゲラレ度シ

七、請負業取締ニ關スル地方命令ニ依ル強制組合ト工業組合法ニヨル工業組合トヲ一元化セラレタシ

以上を解釈すると、各県に建築用物資配給統制協議会が存在し、むしろ工業組合の活動を牽制したため、地方によっては組合員にもかかわらず、配給が全くないという背景がある。つまり、業界における職別工事業者の多種多様性や、下請制度といった特殊性がもたらした問題があった。換言すれば、工業組合法適用は、職別工事業者や下請業者の基準が確立されないまま行われた結果、このような混乱を引き起こした。商工省にあって伊藤憲太郎が、企業許可令の考えを導入し始めたのは、この頃からと考えられる。

実際のところ、「地方工業組合ノ希望」を踏まえ、伊藤資料中「土木請負業者ノ資格（手書）」を含め、商工省用箋紙で五枚にわたってその検証が行われていた。同資料では、伊藤の業者資格の検討内容が、以下のようであったことが分かる。

二、左ノ各号ノ一ニ該当スルモノハ土木建築請負業者ニ非ス

(1) 請負工事ノ全部ヲ一括下請負セシムルモノ

(2) 單ニ材料ノ調達又ハ勞力ノ斡旋ヲ請負フヲ業トスルモノ

(3) 單ニ電気工作物、瓦斯工作物及給排水工作物ノ配線工事又ハ配管工事ノミノ施行ノ請負ヲ為スヲ業トスルモノ

これは、工業組合法適用によって、上記のような業者が増えたためになされた配慮と考えられる。組合には物資統制の他にも、各種統制事項があったが、共同受注や工事配分の考慮をしていた組合もあった。これらの要因により、商工省は、「企業許可令」を制定することとなる。伊藤自身も、上記の「土木請負業者ノ資格（手書）」の中で、同法をもとに企業整備を行う準備をしていた。この準備を含めて、商工省の完全な建設業の統制に至る過程は、本章の「４・５(6)　建設業統制のための試案」（一九五頁）の中で明らかにする。

(5)　企業統制に係わる調査

当時の、これらの統制を検討するために、業界の実態を知る必要があって、商工省は地方の建設実態を知るために調査を実施している。以下では、どのような内容であったか、商工省が東京府に依頼した調査例を示す[34]。

昭和十四年十二月二日

商工省化学局長　永田彦太郎

東京府知事殿

「土木建築請負業者ニ関スル調査ノ件」

標記ノ件ニ関シ左記事項ニ付御調査ノ上昭和十五年一月十五日迄ニ御回答相成度此段及依頼候也

一、土木建築請負業ニ属スル地方命令アルトキ其ノ命令

二、貴庁管下ニ於土木建築業者ノ団体アルトキハ其ノ名称、定款（法令ニ基クモノナルトキハ其ノ法令）並ニ其ノ運営ノ状況（当該都道府県トノ関係、団体ノ実施シツツアル事業等）

三、土木建築請負業者（独立セル請負業者並ニ下請兼業者）ノ数ヲ（一）土木専業、（二）建築専業及（三）土木建築兼業別ニ別紙様式ニヨリ調査スルコト（法令又ハ定款ナキ団体ニ在リテハ「備考欄」ニ其ノ組合員タルノ資格ヲ附記スルコト）

〈別紙〉

土木建築請負業者組合数調［以下は一覧表］

●所属団体名

●組合員数：独立セル請負業者（法人組織ノモノ、個人営業ノモノ）*、下請兼業者（法人組織ノモノ、個人営業ノモノ）*

●其ノ他

●備考

〈備考〉

一、本調査ニ於テ独立セル請負業者トハ建築専業者ニ在リテハ建築物並ニ其ノ附属工作物、土木専業者ニ在リテハ道路、橋梁、鉄道、港湾、河川、溝渠等ノ土木工作物並ニ之ニ類スル工作物ノ築造工事ニ付自己ノ名義ヲ以テ築造主ト直接請負契約ヲナシ自己又ハ其ノ使用人若クハ下請業者ノ技術、労力及材料ヲ以テ自己ノ計算ニ於テ工事ヲ施行スルヲ業トスルモノヲ謂フ

電気工作物、瓦斯工作物及水道工作物ニシテ単ニ配線ノミノ請負ヲ為スヲ業トスル者ハ右ノ土木専業者中ニハ包含メサルモノトス

［この調査では、土木建築業者を対象としている］

二、下請専業業者トハ自己又ハ其ノ使用人若クハ下級下請業者ノ技術及労力ヲ提供シテ土木又ハ建築工事（電気、瓦斯、水道、暖房、換気等ノ建築物附帯工事ヲ除ク）ノ全部又ハ一部ヲ自己ノ名義及自己ノ計算ニ於テ下請シ工事ヲ施工スルヲ業トスルモノヲ謂フ

単ニ材料ノ調達ヲ請負ヒ又ハ労力ノ斡旋ヲ請負フガ如キ所謂「ブローカー」業者ハ含マザルモノトス

三、団体ニ所属セザルモノハ所属団体名ノ欄ニ無所属ノ項ヲ設ケ之ヲ記入スルコト

四、「其ノ他」ノ欄ニハ組合所属ノモノノミニ付記入スルモノニシテ土木建築工事下請業兼業者ニモ属セザルモノ（電気、瓦斯、水道、暖房、換気等ノ建築物附帯工事ヲ請負フモノヲ含ム）

五、＊印ノ欄ニハ建築ノ場合ニハ所謂大工ノ棟梁ニシテ独立セル請負業者又ハ下請兼業者ヲ含ムモノトス

この調査にあっては、土木建築請負業に対する地方の規則等、土木建築業者団体組織、土木建築請負業者数の実態を照会している。最後の部分は、専業と兼業に関するもので、昭和十八年からの統制において、総合工事業を定義する際の資料にしたと思われる。

(6) 建設業統制のための試案

このような経過を経て、昭和十五年に建設業界に対して工業組合法が適用されたわけであるが、その後も斯業に対する統制の具体策が検討されていた。

昭和十六年四月八日付けの資料（伊藤資料　B5判、商工省用箋、タイプ打ちに手書き修正）として、「建設業界の整備に関する委員会設置の件」がある。内容は、以下のようであった。

現下の建設工業業界は、軍関係のみならず、生産拡充、住宅営団、防火改修、資源改修等の国家要請がなされている。このために昭和十五年七月、商工省は建設工業界に工場法の適応方針を決め道府県に組合結成方の通牒を出してきた。その後の動きには未だ十分とは言えず、次の点が業界に要請される。

①　請負条件の統一（単価、統制、その他）
②　生産費の適正維持（災害、見積に対する補償制度の確立）
③　請負方式の合理化（会計法の改正等）
④　工事の配分調整
⑤　技術及び労働力の調整（生産部隊編成の合理化等）
⑥　設計施工上の技術的研究並びに結果の公開
⑦　生産用資材の確保とその配給の適正円滑化
⑧　代用資材の研究と優良代用品の利用徹底
⑨　生産必需品の確保と配給の適正円滑化
⑩　生産並びに資材受給に関する官庁その他の手続きの簡素化
⑪　従業員教育制度の確立と教育の普及

昭和十六年二月に陸軍が「軍建協力会」を結成したのは右記の事項を達成するためであった。従って業界にあっても、関係官民よりなる「建設委員会（仮称）」を組織して、審議することが求められた[35]。

昭和十五年、建設業界に工業組合法が適用され、土木建築工業組合が創設されると、さらに官民からなる建設委員会を設置し、業界を戦時体制に適用させるべしとの考え方があったことが分かる。

このような委員会での審議の結果、建設業に関する統制（案）が、具体化し、次の文書のような内容に結実した。昭和十六年七月二十五日付けの文書で伊藤資料（B５判、商工省用箋、タイプ打ちに手書き修正、旧字カタカナ書き）、表題は「土木建築工事費統制要綱案（案のみ手書き）」となっている。この統制要綱の内容は、以下のとおりである。

㈠　その方法

①　建設の用途別に工事費について一定基準（限度額）を設け、これを超える場合には商工大臣または地方長官による許可制とする。但し、軽微、特殊なもの（基礎関係）は例外とする。

②　前号の工事費の限度は、工作物の種類、構造、工事の等級により次のような区分を設ける。

イ　工作物または単位当り工事費について最高限度を決める。

ロ　各工事別に標準限度額を決める。

③　工事費の限度決定は次による。

イ　設計の統制も含み、仕様は限定すること。標準仕様書を作成すること

ロ　見積形式の統一化

④　生産品の検査制度の設置

⑤　支払方法の改善　出来高支払、災害補償、見積補償

㈡　統制機構

①　法令の執行機関は商工大臣及び地方長官。中央及び地方に関係官若干を置く。

② 中央に委嘱員約五〇名よりなる諮問機関を設置し、標準仕様書、見積形式、工事費限度の設定、工作物の評価等に対する商工省の諮問に応ずる。諮問機関の構成員は関係各庁及び民間需要団体、設計事務所、請負会社の経験者からなる。

③ 統制の実施にあたり許可申請審査員の速成教育を行う。

④ 土木建築統制に関する法令の統合、実施機関の統合を特別に考慮する。

㈢ 条件

本制度の実施にあたっては次の点を考慮すること

① 資材配給の確保と円滑な配給

② 工事費の最高限度と標準限度のために適正な原価計算をなすが、ある程度の危険率を認めること

③ 強制請負のための根拠を規定する。

④ 関係官民の協力

統制要綱とあるように、具体的な内容が検討されている。前半では工事（費）の区分を設定し、区分に対する許可条件を示し、中央に諮問委員会を設置し、統制に係わる問題を処理し、資材の配給の円滑化を図り、関係官民の協力によりこの事業を達せさせる意図が強く見られる。

そして、昭和十六年九月四日付け資料[36]として、「土木建築工業組合の組織（案）に関する件」が検討されている。その内容は、次のとおりである。

① これまでの政策実施（各道府県を区域とする単一工業組合）をさらに遂行すること

② 各道府県の包括請負業者は工業組合に包括すること

③　工業組合員でなければ包括請負に必要な物資の配給を行わない。
④　工業組合内に組合員からなる部制を設ける。
⑤　将来組合員になるものには、資材に関して別に定める。
⑥　包括請負とならない大工その他に関しては、差し当たり市町村または警察署単位の準組合を結成させ、道府県または警察署監督の下に資材配給を行う。

この時点では、大工等に対しては、府県レベルの下位にある市町村単位としていたことが分かる

そして前「土木建築工業組合の組織（案）に関する件」の検討結果を受けて、昭和十六年九月十日には「土木建築工事統制要綱案」が出された[37]。

〈土木建築工事統制要綱案〉

㈠　統制の方法

①　土木、建築工事の契約にあって当該工事の金額に応じて（限度一件一〇万円）商工大臣または地方長官の承認が必要。軽微なもの（大体一万円以下）は除く。

②　承認の基準

イ　工事の種類

ロ　承認を受ける工事量並びに手持ち工事量と消化工事量の割合

ハ　過去の実績　大体昭和十三、十四、十五年の三年間の受注・消化実績。受注先、受注工事総量、一件当りの工事量も考慮

ニ、運転資金　前途金その他、工事費受取方法を考慮する。貸借対照表、損益計算書その他の必要となる書

類の添付
ホ、技術者、労務者、機械器具の雇用と所有又は使用状況
へ、その他、承認を受けようとする工事の消化能力の根拠
③ これらの届出書から不適切と判断された場合は、工事契約はできないこと
④ 商工大臣または地方長官は、特定工事については現場主任者の変更が命じられること
⑤ 商工大臣または地方長官は特定工事に対して特定業者に請け負わせることができること
⑥ 商工大臣または地方長官は必要なときは、工事受注の禁止または制限が課せられること

(二) 統制の機構
① 統制執行機関は、商工大臣及び地方長官。中央及び地方に関係官若干名を置く。中央に商工大臣が指定する統制機関、地方に地方長官が指定する地方統制機関を置く。これらの機関は、本令に基づき承認書類の取りまとめ、進達、交付等に関する事務を行う。
② 建築統制協議会第三部会を改組して前項の承認基準を決定し、工事の承認等を審議する。地方建築用物資配給統制協議会を改組して地方建築統制協議会とし、当該地域の状況を判断しながら承認基準の策定や工事の承認を行う。
③ 土木建築統制に関する法令の統合、実施機関の統合等について特別な考慮を行う。

(三) 条件
① 工事業者に対して根本的な調査を行うこと
② 工事業者に対して能力別の等級を設けること

③　技術者については、その学歴またはその経験に応じ級別を設けて、かつ登録制度を設置すること
④　本令に基づいて承認を受けた土木建築工事対しては必要な統制物資を円滑に配給する方法を考慮すること

この「土木建築工事統制要綱案」は、その後の統制化に対して骨子となっていた。内部の検討用と推測できる、昭和十六年の最後の資料としては、昭和十六年十二月十日付の「土木建築工事統制令要綱案」が挙げられる。[38]最初に指摘されているように、建設業の統制も、昭和十三年に公布された国家総動員法に基づくことが明記されている。戦時体制に入り、国家の生産・経済活動は、戦争に標準を合わせ、国家体制での取組み（プライオリティ）が国家総動員法を根拠法として展開されてきた。これまでの、資料中で、昭和十五年の工業組合法の適用を同法との関連で説明したものは、この資料しか確認できていない。

〈土木建築工事統制令要綱案〉

①　土木建築工事の統制は、国家総動員法によるもので、統制は別段、勅令で定めること。
②　建設工事の請負契約を行う場合は、命令の定めるところにより商工大臣または地方長官の許可を得ること（この件は度々指摘されている）。
③　土木または建築工事の内容は命令に定めるところによる。
④　土木または建築工事業者とは命令の定めるところによる。
⑤　商工大臣、地方長官または統制機関は、工事契約の内容変更、禁止ができる。
⑥　商工大臣、地方長官または統制機関は、工事業者に対して工事の受注禁止や制限などの特別措置がとれる。
⑦　商工大臣、地方長官または統制機関は、特定の工事に対して特定の工事業者を発注できる。この場合には、命令の定めるところにより工事主に対して一定の利益を保証する。

これらに関しては、昭和十六年九月十日の「土木建築工事統制要綱案」、「㈠　統制の方法」と同じ内容である。

⑧　工事用機械器具の相互融通の措置を命ずること。この場合所有者に損失を与えた場合は使用者が補償すること

⑨　工事に従事する技能者の制限と変更を命ずることができる。

⑩　営業関係書類の提出を命じられる。

この件も、昭和十六年九月十日の「土木建築工事統制要綱案」の中に示された、「㈠統制の方法、二、承認の基準の二」と等しい内容である。

⑪　工事計画書の提出を命ずることができること

昭和十六年の建設業界において工業組合化が成就し、その後は戦時体制に入り新たな業界再編が企業統制の下に再編されるわけであるが、この政策の策定にあっては、当時商工省の技師として、まさに統制行政の中核の役割を果たした伊藤憲太郎の関与が大といえる。そして、伊藤が当時の国家による建設業統制化に求めた意図は、「建築雑誌」昭和十八年十一月・十二月号で開陳した論考[39]「土木建築の統制機構整備に就いて」(軍需技師となっているが、商工省が昭和十八年の改組によって軍需省となったため)の中で詳細に示されている。これを資料とすると、以下のような統制化の考え方が政府側にあったことが分かる。

建設業界の統制にあっては(各界の建設業の統制案の再掲)、いくつかの考え方があり、一つとしては一国策会社あるいは統制会社組織とする方法、別の案としては営団化する方法、さらには統制会や組合組織とする方法等が該当する。しかしながら、現場の人的資源に依存する個別的資産方式の特質、さらに戦時下において建設業が極めて重要な位置を占めることを勘案すると、会社統合や統合会社等の大規模な統合組織体を採用するのは考慮外であっ

て、最も妥当と判断できるものとしては、組合制度が該当し、単独法の制定以外の既存法であるなら、工業団体法令による統制組合か、あるいは商工組合法による統制組合を利用することが妥当であった。工業団体令の適用は、建設業の工事能力判定の可否と国家の工事に対する統制の可否について議論の余地があり、商工組合法を基盤とした統制組合に決定した経緯があった。しかしながら、昭和十八年に各知事宛に出された通牒により具体的な統制方法を示したが、将来的にはより強力な統制会（戦時建設団か）への移行も考慮されていた。そして、土木建築業工業組合の再編であっても、中小業者の団体に格落ちしせず、いつでも統制会に移行できるような配慮を通牒で行っていた。建設業界の統制化の要点は以下のようにまとめられる。

①　商工組合法に基づく統制組合制度の採用
②　総合工事業と別組合とを併せた一体的組織化
③　個人業者の単独加入の承認
④　統制機構の確立を主とし、企業整備は二次的な考慮
⑤　中央と地方を区分し有力業者は中央に、地方業者は地方組合に組み込む。
⑥　大工と土工は職別組合に含め、請負業者との明確な区分
⑦　職別工事業者は原則として地方単位で組合を組織化し、団体加入化
⑧　職別組合には原則として連合組織を設置せず。

4・6　商工省による建設業統制の施策

商工省による企業統制の方法は、本章の「4・1(1)　戦前における商工行政の特質」(一四五頁)で述べたとおりであり、土木建築業工業組移行の該省の統制への取組みは、右記のようであった。以降では、これらの背景から、昭和十八年以降を中心としてなされた商工省による建設業の統制化の実態を明らかにする。

(1)　建設業統制の経過

企業統制以前にあっては、建設業統制の主務官庁である商工省の施策として、昭和十六年八月、「昭和十一年以降五ヵ年間に於る我が国の土木建築調査」の実施が行われ、調査結果からは、受注工事高は十一年に九・九億円、十四年に二〇・二億円、十五年に一九・四億円に達していた。そして、建築工事対土木工事は六対四であることが判明した。[40] さらに連合会幹部と数次の会談を重ねた。

その後、昭和十七年から企業統制が行政政策として急速化する。特に昭和十八年に集中している。具体的には商工省から府県知事宛に出された通達であって、以下のとおりの展開がなされていた。[41]

① 昭和十七年六月十二日　一七化第五六二二号

商工省化学局長　山本　茂

「企業許可令第三条ニ依ル事業開始許可申請書申達ニ関スル件」

② 昭和十八年二月八日　一八企局第四一八号

③
「土木建築業関係職別工事業ノ統制整備ニ関スル件」
昭和十八年七月三十日　一八企局第二五二二号
商工省企業局長　豊田雅孝
「土木建築ニ関スル綜合工事業者ト職別工事業者トノ営業分野ニ関スル件」
商工省企業局長　豊田雅孝

この間に、昭和十八年七月三日「土木建築綜合工事業の整備要綱案」、極秘（伊藤資料）、昭和十八年七月二十一日、「土木建築業の統制機構整備要綱案」極秘、があった。[42]

④
昭和十八年九月三日　一八企局第六八〇五号
商工省企業局長　豊田雅孝
「土木建築業ノ統制機構整備ニ関スル件」

⑤
昭和十八年九月八日　一八企局第六二八一号
商工省企業局長　豊田雅孝
「土木建築業ノ統制機構整備実施ニ関スル件」

⑥
昭和十八年十月二十一日　一八企局第三三九七号
商工省企業局長　豊田雅孝
「土木建築業関係職別工事業ノ統制組合設立ニ関スル件」

⑦
昭和十八年十月二十八日　一八企局第三五二七号
商工省企業局長　豊田雅孝

「土木建築工事請負業ニ関スル企業許可令第三条ニ依ル事業開始許可申請書進達ニ関スル件」

この内、①は化学局長名で出され、他は全て企業局長名となっている。このことから、昭和十七年まで習慣的に分掌を担当した化学局（多分に伊藤技師の所属していた無機課）の担当であったが、十八年に入ると建設業界を戦時体制下でいかに統制するかが主題となり企業局にその分掌が移されている。また、昭和十八年に六つの通達（特に五つは七月から十月に集中している）が陸続と出された背景は、戦時下での早急な体制確保の必要性もあるが、昭和十五年の建設業の工業組合法適用は、任意団体にとどまり、円滑な組織化が困難であった背景があって、これに対する商工省内での業界統制に関する様々な模索が終了し、その実施に移行したことを示している。

①から⑦への流れを簡潔に示せば、①により土木建築業に対して企業許可方針を通牒し、その際の申請書に必要な企業の財務、経営、設備等の状況と記述方法を指示し、②は総合請負業以外の二九種についても統制機構の傘下に位置づけるための地方行政措置を示し、③により職別工事業の工業組合参加を早めるために総合請負業の基準を緩め（大工等の問題）、④は商工組合法に基づき既存の工業組合法による組織を改組し、中央、地方それぞれに統制組合を設置し、時局に対して資材、資金、労務の有効活用を図ることが意図され、⑤は④を受け、総合工事業者のあり方を暫定案として日本土木建築統制組合の単独組合員の資格を定め、⑥は全国・地方組織で設置される職別統制組合の具体的内容を指定し、⑦は、小規模業者をまとまった組織とするための企業統合指針を示し、これらによって建設業の統制化が可能になった。

なお、職別に関しては、項を改めて当時の状況を俯瞰することとし、以下では主に総合工事業者を対象とした統制について、その内容を分析する。

(2)　一七化第五六二二号「企業許可令第三条ニ依ル事業開始許可申請書申達ニ関スル件」

資料[43]によれば、これまでに建設業界に対して工業組合法に基づく措置を行ってきたが、転業者の参画を抑制できず、業界の質的低下に至った。これの改善のためには許可制の導入が不可欠であり、昭和十六年十二月十三日に企業許可令が施行されるにあたり建設業を指定事業として、新規事業の開始については許可制を実施することにしたものである。方針としては、機構整備の関係から組織変更、企業合同の場合は過去三カ年間の平均施工高五〇万円を限度とし、この資格者に許可を与えるものであった[44]。

この通牒は、戦時体制以前の商工省の分掌関係から化学局長山本茂（建設業の担当は、同局の無機課）が、昭和十七年六月十二日に府県の知事に出したものである。本通牒では、はじめに、これまでの状況を述べ、次に

曩ニ昭和十七年四月八日附一七化局第一四一八号化学局長名ヲ以テ土木建築工事請負業ニ関スル標記ノ件ニ関シ通牒至置候爾今右通帳ニ不拘企業許可令第三条ニ依ル許可申請書ニハ左記調査書ヲ添付セシメタル上受理シ進達相成度此段及通帳候也

追而土木建築工事請負業ニ対スル企業許可令第三条第一項ノ許可ハ昭和十六年十二月十一日附振第八三〇七号商工農林両次官通牒ニ依ル方針ニ基キ原則トシテ別紙ノ方針ニ有之参考ニ供セラレ候

との調査の依頼がなされ、別記にある申請書の内容を周知させることが伝えられている。

付表　横軸＝区分、予算、資金の調達の方法

区分　設備資金（土地、建物、機械工具類）、運転資金、創立費、計、借入金、予算

資金調達の方法（現金、現物別）［計のところに「現金、現物区分の合計」］

記

1　申請ノ事由
2　予算ノ大略及賃金調達ノ方法
3　内訳
イ　土地及建物（表）　本支店出張所、合計面積、価格、新増設・購入又ハ借入別
備考　購入又ハ借入ノ場合ハ其ノ購入先又ハ借入先ヲ記入スルコト
ロ　機械工具類（表）　分類、機械器具、数量、単価、価格、手持・新規購入又ハ借入別
備考　購入又ハ借入ノ場合ハ其ノ購入先又ハ借入先ヲ記入スルコト
ハ　運転資金算定調書（表）　工事別（建築工事、土木工事別）、施工高（金額）、資金運転回数、所要資金
備考　土木、建築ヲ区別シ難キトキハ金額ヲ標準トシテ其ノ主タル金額ヲ占ムル方ニ依ルコト
4　事業収支目論見書
5　株式ノ総数及其ノ配分（株式ノ配分ヲ受クル者ガ組合員ナルトキ又ハ名鉄工業株式会社、広鉄工業株式会社ノ類ノ会社ノ株式ニシテ当該会社ノ下請業者ナルモノハ其ノ旨附記スルコト）
実績所有者氏名名簿及住所（表）　年別（最後ニ一ケ年平均）、工事種別（道府県別）、受託高（土木、建築別）、施工高（土木、建築別）、翌年繰越高

備考

1　土木ト建築ト区分シ難キトキハ金額ヲ標準トシテ其ノ主タル金額ヲ占ムル方ニ依ルコト

2　企業合同ノ場合ハ各企業別ニ付記載スルコト
3　本表実績所有者ニシテ道府県土木建築業工業組合員ナルトキハ其ノ属スル道府県建築工業組合ノ発行スル本表実績ニ対スル証明書ヲ添付スルコト
4　保有技術者ノ総数並ニ主任技術者数其ノ履歴書（学歴及工事略歴）
5　過去三ケ年間ノ工事経歴書（企業合同ノ場合ハ各企業ニ付）
7　前項ノ工事経歴書ニハ左ノ様式ニ依リ過去三ケ年間ノ年別受注高及施工高ヲ附記スルコト

以上の内容は、建設業にあって、資金、土地や建物、設備機器までを含めて資本、工事量（受注実績）、株式の配分に及び現行の建設業法による許可申請書の内容と同程度の詳しいものであった。次いで、企業許可を与える条件が示されている。

さらに、統制に対する建設業者の許可条件も定められている。以下に示すように、詳細な内容から構成され、基本的は、戦時統制を前提に、新たな会社設立は認めず、企業合同を推進させながら、中小企業を大きな組織に参入させ、府県単位のまとまりとすること、そして、これまでの工事実績を許可の判断とし、資本金や出資に関しても厳しい条件をつけること、技術者に関しては、学歴と現場での経験を基準とした一定資格者を保有することが中心にあった。特に最後の技術者に関しては、企業統制の中で、本通牒が始めて具体的条件を決めたといってよい。以下では、具体的な内容を示す。

a　土木建築工事請負業者に対する企業許可方針

〈根本方針〉

① 新規事業は認めない。

② 企業合同の場合のみ事業開始を認める（個々の企業合同が統制政策の中心となる）。但し、企業合同にあっても、昭和十四年から十六年までの三ケ年の施工実績の合計の一ケ年金額が八〇万円に達しない場合や名鉄工業株式会社、広鉄工業株式会社のような株式会社の下請業者には認めない。さらに、土木建築工事請負業以外の事業を兼業として開始する場合も認めない。

③ 組織変更の事業開始は認める。ただし、前項②の但し書きにある場合は、認めない。

④ 新たな場所で事業を行うこと、移動することは認めない。

〈企業合同によって事業を開始する場合〉

① 企業合同者の資格は、道府県土木建築工業組合の組合員であること。合同する二以上の業者の中で、一つは、三ケ年間の施工実績の一ヵ年平均金額が一〇万円以上、一件当たりの施工実績が五万円以上、かつ陸軍工事、海軍工事、生産拡充工事、官庁（道府県を含む）工事や町村工事、これに類する工事の受注実績があって、工事に対して社会的信用のある者

② 払込資本金は、過去三ケ年間の施工実績の一ケ年平均金額の五分の一ないし一〇分の一とする。土地、建物、機械設備等の新規購入又は新設、増設等は認めない。

③ 出資者は、企業合同者が半額以上出資すること

④ 主任技術者の保有については、以下に該当する工事技術者三名以上を保有すること

●大学の土木学科、建築学科等の学科を卒業して現場工事二ケ年以上の経験が有る者
●専門学校の土木学科、建築学科等の学科を卒業して現場工事五ケ年以上の経験が有る者
●実業学校の建築学科等の学科を卒業して現場工事八年以上の経験が有る者
●以上に該当しない場合は、現場工事に一〇年以上従事し工事主任の経験が有る者

⑤　事業を行う区域

北海道、東北、関東、北陸、中部、近畿、中国、四国又は九州（沖縄県を含む）の一区域に限る。

⑥　企業許可令第三条の許可に以下の条件（許可取り消し）を付す。

●正当の理由なく、六ケ月以内に事業開始しない、または、引続き六ケ月以上事業の全部、あるいは一部を休止したときは許可を取り消す。この休止期間による許可の取消しは警察の取締り中（例えば、大阪土建取締規則では一年間）にもある。
●法令と法令に基づく行政官庁の指示に違反したときは許可を取り消す。
●資本増加（第二回以降の払込の徴収を含む）をするときは、商工省の承認を受けること
●土木建築工事請負業以外の事業を行うときは、商工省の承認を受けること

〈組織変更に依る事業開始の場合〉

①　資格

●道府県土木建築工業組合の組合員であること
●過去三ケ年間の施工実績の一ケ年平均が金額五〇万円以上、一件当りの施工実績が一〇万円以上であって、以下は、企業合同の場合に同じ

② 払込資本金は、企業合同の場合に同じ
③ 出資者は、組織変更により事業を譲渡する者が半額以上出資すること
④ 主任技術者の保有は、企業合同の場合に同じ
⑤ 事業を行う区域は、企業合同の場合に同じ
⑥ 許可の条件は、企業合同の場合に同じ

この通牒の中で、「名鉄工業株式会社、広鉄工業株式会社ノ類」との説明がある。これを、伊藤資料(45)から、明らかにする。

昭和十八年九月八日

鉄道省　鳥居鉄道官　押印

商工省　伊藤技師殿

先般電話ニテ御照会有之候鉄道工事請負会社ノ調査事項別紙ノ通り御送付申上候

〈別紙〉会社名、主タル目的、代表者、本店所在地ノ一覧表

この中で、名鉄工業株式会社、広鉄工業株式会社の記載がある。

名称　名鉄工業株式会社

主タル目的

一、名古屋鉄道局所管地区内ニ於ケル土木建築工事請負

二、人夫並諸職工ノ供給請負
三、各種材料ノ運搬請負
四、機械器具ノ賃貸
五、前各項ニ附帯スル一切ノ事業
代表者　取締役社長　小森国平
本店所在地　名古屋市西区牛島町一一〇番

名称　広鉄工業株式会社
主タル目的
一、広島鉄道局区内ニ於ケル鉄道土木建築工事ノ請負並労務力ノ供給請負
二、広島鉄道局長ノ同意ヲ得タル鉄道以外ノ土木建築請負
三、工事ノ設計並測量ノ請負
四、各種材料ノ運搬請負
五、工事用諸機械器具ノ賃貸借
六、前各項ニ附帯スル一切ノ事業
代表者　取締役社長　藤田定市
本店所在地　広島市大手八丁目一八九番地一　広鉄工業ビル

そのほかでは、各鉄道局所管となる東京鉄道工業株式会社、大鉄（大阪鉄道局）鉄道工業株式会社、門鉄鉄道工

業株式会社、新鉄（新潟）鉄道工業株式会社、仙台鉄道工業株式会社、札幌鉄道工業株式会社、そして専門工事業にあたる、鉄道塗装工業株式会社、鉄道保安工業株式会社、鉄道室内工業株式会社（東京以北と名古屋以西の二会社）、鉄道電気工業株式会社が表の中に掲げられている。いわば一般請負でなく、鉄道を専門とする鉄道省の下部機関ともいえる。

以上のように包括的な企業統制であるが、この通牒が出される前に、次のような商工省から府県知事宛に照会が出され、工業組合の実態把握に努めていたことが分かる。

一六化局第二二五二号(46)
昭和十六年八月十八日
商工省化学局長　永田彦太郎
各地方長官名宛（この分のみ手書き）
「土木建築工業組合ニ関スル件」
土木建築工業組合ノ設立竝之ガ運営ニ関シテハ予而御配意相煩居リ候処貴道（府県）工業組合ノ定款中統制ニ関スル規定（特ニ資材割当及工事請負金額ノ協定ニ関スル規定）ハ当局指導ノ下ニ日本土木建築工業組合ニ於テ右ニ関スル規定ヲ決定シ貴庁ノ許可ヲ申請シタル場合ニハ之ガ認可前予メ当局ニ打合相成度此段及通牒候也

(3)　一八企局第六八〇五号「土木建築業ノ統制機構整備ニ関スル件」

本通牒は、昭和十八年九月三日付で、商工省企業局長豊田雅孝が知事宛に出したものであって、全国の統制組織

（日本土木建築統制組合）と地方統制組合とに分け、それぞれの組織（加入者条件）、事業、会議等の規則化を行っている。この中でも、会員を規定する「組織」は、工事高、保有設備等による区分であるが、数値に関しては、これまでの調査結果が反映されていた。

以下では、中央統制組合、地方別統制組合、職別統制組合に課せられた条件の具体的内容を明らかにする。(47)

〈土木建築業ノ統制機構整備ニ関スル件〉

はじめに、商工組合法に従った統制組合の設置にかかる建設業整備の必要性が述べられている。

現下ノ情勢ニ鑑ミ土木建築業ノ統制機構ノ全面的整備ヲ図ル要アリト認メラレ候コト、方々商工組合法ノ実施ニ伴ヒ既存組合改組ノ方針ヲ決定スル要アル次第モ此アリ、今般別紙要綱ニ依リ之カ実施ヲ図ルコトト相成候ニツイテハ、右御了知ノ上適宜措置相成度此段通帳及候成

次いで、本通牒の内容が、述べられているわけであるが、特に「方針」にあるように、商工組合法に基づいた中央、地方統制組合であることが明記されている。

〈土木建築業の統制機構整備要綱〉

一　方針

商工組合法ニ基ツキ中央及ヒ地方ニ夫々土木建築統制組合ヲ設立シテ土木建築業ノ統制運営ヲ行ナワシメ、時局ノ要請タル工事力ノ集中増強並ニ資材、資金、労働等ノ有効利用ヲ図ラントス。ナホ将来更ニ強力ナル統制機構ヲ整備スルヨウ考慮スルモノトス。

これに次いで、まず中央組織の内容が以下のように規定されている。

二　日本土木建築統制組合ニ関スル事項

(1)　目的

本統制組合ハ土木建築業ノ統制運営ヲ図リ及ヒ之カ為スル経営ヲ行ヒ、且土木建築業ニ関スル国策ノ遂行ニ協力スルコトヲ目的トス

(2)　組織

本統制組合ハ、左ニ掲グル者ヲ以テ之ヲ組織ス

(イ)　単独加入業者

職別工事業（別ニ定ムル者ヲ除ク）ヲ兼営セザル総合工事業者ニシテ、総合工事ノ昭和十五年乃至昭和十七年ニ於ル年平均元受施工高一千万円以上ヲ有シ且常時一定資格ノ技術者ヲ一定数以上及ビ一定ノ機器ヲ保有スルモノトス。

資料(48)によれば、この資格を有するものは三二名の見込みであって、一流で全国規模で工事を実施している業者としている。また、一、〇〇〇万円以上としたのは、五〇〇万円の案も考えられたが、前者なら三〇名程度となるが、後者の条件では五〇〜六〇名になってしまい、全国組織は地方統制組合と全国職別組合を組合員とすることを考慮し、前者の一、〇〇〇万円以上の業者三二社は全国工事施工高の六〇％を担当していることから決定されたとしている。(49)

(ロ)　前号ニ準スル者ニシテ商工大臣ノ承認ヲ受ケタル者
(ハ)　地方土木建築統制組合
(ニ)　職別工事業ニ関スル全国又ハ地方行政協議会組織区域ヲ越ユル地域ヲ地区トスル統制組合

このことから、中央組織の構成員が、単独加入業者、地方土木建築統制組合、職別工事業の統制組合員に分けられたことが分かる。特に単独加入業者は、建設産業固有の構造と関係していた。

(3)　事業
本統制組合ハ其目的ヲ達スル為左ノ事業ヲ行フ
(イ)　土木建築工事引受及ビ施工ニ関スル統制指導、土木建築工事ニ要スル機器、資材、資金、労務、労務者用品等ノ確保及ビ配分ニ関スル統制指導、土木建築工事費ニ関スル統制指導、其ノ他組合員及ヒ組合員タル団体ヲ組織スル者ノ土木建築業ニ関スル統制指導
(ロ)　土木建築工事ニ要スル機器、資材及ヒ労務者用品等ノ購入保管、其ノ他組合員及ビ組合員タル団体ヲ組織スル者ノ土木建築業ノ統制ノ為ニスル施設
(ハ)　土木建築業ノ整備確立
(ニ)　土木建築業ニ於ル技術ノ向上、能率ノ増進、規格ノ統一、経理ノ改善、其ノ他組合員及ヒ組合員タル団体ヲ組織スル者ノ土木建築業ノ発展ニ関スル施設
(ホ)　土木建築業ニ於ル従業者ノ養成及ヒ其福利増進ニ関スル施設
(ヘ)　土木建築業ニ関スル調査及ヒ研究

(ト) 組合員及ビ組合員タル団体ヲ組織スル者ノ土木建築業ニ関スル検査
(チ) 前各号ニ掲グルモノノ外本統制組合ノ目的ヲ達成スルニ必要ナル事業
(4) 部会
本統制組合ニ発注部門別、業態別及職種別ノ部会ヲ設ケ関係事項ニ付理事長ノ諮問ニ応セシム

資料(50)によれば、各部会の内容は以下のとおりであった。
① 発注部会（全国または地方単位の統制組合の個人組合員） 主として発注部門別に発注者が指名する業者をもって組織するもので、協力会（例えば、陸軍や海軍関係）と表裏一体の関係にある。業務は協力会と調整して行う。陸軍部会、海軍部会など。
② 業態別部会（全国または地方単位の統制組合の個人組合員） 埋立部会、索道部会などのように特殊技術や業態の業者から組織され、統制運営上の完璧を期し、さらに業者間の連絡機関となるもの。
③ 職別部会（地方単位の職別組合の代表者） 電気配線工事業や配管設備工事業等を除き、一般的に職別工事業者には統制運営上特別な連合体（例えば全国組織）の設置を認めていないので、これに代わる機関として設けられた。大工工事部会、土工事部会など。
次が地方統制組合の組織であって、ここでも単独加入業者が設定されている。同じ用語が使用されているが、中央（全国的）と地方の二重構造の存在が認められる

三 地方土木建築統制組合ニ関スル事項
(1) 目的日本土木建築統制組合ニ準スル

(2)　地区

本統制組合ノ地区ハ地方行政協議会組織区域トス。但シ事情ニヨリニ地方行政協議会組織区域ニ付一ノ組合ヲ設立シ得ルモノトス

(3)　組織

本統制組合ハ、左に掲グル者ヲ以テ之ヲ組織ス

(イ)　単独加入業者

職別工事業（別ニ定ムル者ヲ除ク）ヲ兼営セザル総合工事業者ニシテ、総合工事ノ昭和十五年乃至昭和十七年ニ於ル年平均元受施工高五十万円以上一千万円未満ヲ有シ且常時一定資格ノ技術者ヲ一定数以上及ヒ一定ノ機器ヲ保有スルモノトス。但シ特殊総合工事業者等ニ就テハ右基準ニ達セザルモ商工大臣ノ承認ヲ受ケタルトキハ単独加入ノ資格アルモノトス

尚企業統制ニヨリ右基準ニ達シタル者モ単独加入ノ資格ヲ有スルモノトスルモ此ノ場合ニ於テハ総合工事ノ昭和十五年乃至昭和十七年ニ於ル年平均元受施工高十万円以上ニシテ且コノ間一件五万円以上ノ総合工事一件以上ノ元請施工シタル経験ヲ有シ工事ニ就キ社会的信用有ル者ヲ中核トシ、元請下請関係、資本関係、工事ヲ行ナフ地域、引受工事ノ種類等ヲ勘案シ統制ナサシムル

資料[51]によれば、地方統制組合員は地方的に工事を実施している中小業者を基本としている。そして、地方統制組合の単独加入業者は五〇万円以外に三〇万円、一〇万円等の案も考えられたが、将来的に総合工事業者として事業を展開するためには五〇万円以上の工事量が必要であって、概略六〇〇～七〇〇社と見積られていた。また、五〇万円は昭和十七年六月以降の企業許可令による事業開始（組織変更及び企業合同の場合）の許可基準（実績五〇万円、

資本金一〇万円という目安）とも一致している。また、小工事に対しては請負がなくなるかとの懸念に関しては、大工・土工事業者に対してもある程度の総合工事請負を認めているので、小口建設の需要にも応えられるとしている。

(ロ) 都庁府県土木建築統制組合

職別工事業（別ニ定メル者ヲ除ク）ヲ兼営セザル総合工事業者ニシテ、日本土木建築統制組合又ハ地方土木建築統制組合ニ単独加入ノ資格ヲ有セザル者ヲ以テ都庁府県ノ区域ヲ地区トシテ設立セシムルモノトシ、企業統合ノ完了ニ至ル期間ヲ限リ其ノ存続ヲ認ム。但シ場合ニヨリ既存ノ都庁府県土木建築工業組合ヲ以テ之ニ代ウルコトヲ得ルモノトス

尚右統制組合又ハ工業組合ノ組合員タル資格ヲ有スル者ニシテ規模小ナル者ハナルベク大工工事業又ハ土木工事業ヲ営マシムルコトトシ夫々ノ職別工事業ニ関スル統制組合ノ組合員タラシムルカ又ハ前号第一項ノ基準以上ノ企業ニ吸収セシム

(ハ) 職別工事業ニ関スル都庁府県又ハ地方行政協議会区域以下ノ区域ヲ地区トスル統制組合

(4) 事業

日本土木建築統制組合ニ準スル

(5) 会議

必要ニ応ジ総会ニ代ルヘキ総代会ヲ設クルコトヲ得ルモノトス

(6) 日本土木建築統制組合トノ関係

本統制組合ハ其運営ニ関シ日本土木建築統制組合ノ理事長ノ指揮監督ヲ受クルモノトス

資料[52]では、商工組合法によれば、上級組合の理事長は当該組合の組合員に対して完全な代表権、執行権を有し、その権限は直接その組合員に対してだけでなく、下級組合員にも及ぶと指摘している。

四　職別工事ノ統制組合ニ関スル事項

別ニ定ムル処ニヨリ職別工事業ニ関スル既存ノ工業組合ハ統制組合ニ改組シ又組合未組織ノ者ハ統制組合ヲ設立セシム

職別組合が行政側から明確に定義付けられたのは、昭和十八年以降の商工省の通牒からであった。特に本書では、「建設業法」に規定する「工事業種別」との関連性を論じるため、次項で扱うこととする。

五　既存団体ノ整理

本要綱ノ実施ニ伴ヒ既存ノ日本土木建築工業組合連合会、各都庁府県ニ於ル土木建築工業組合、財団法人土木工業協会、建築業協会等ニ就テハ随時解散又ハ適当ナル調整ノ措置ヲ講ズルモノトス

(4)　一八企局第六二八一号「土木建築業ノ統制機構整備実施ニ関スル件」

この通牒は、昭和十八年九月八日付で、商工省企業局長豊田雅孝から府県知事に出されたものである[53]。前文にあるように、一八企第六八〇五号の内容を「土木建築業の統制機構整備細目」の形で規定したもので、特に日本土木建築統制組合の単独加入組合員については詳細な内容が掲げられ、その他（例えば、地方）はこれに倣うこととなっている。かなりの長文であるが、具体的内容を知るために全文を掲げる。

土木建築業ノ統制機構ノ整備ニ関シテハ、昭和十八年九月三日付一八企第六八〇五号ヲ以テ通牒相成候処、之ガ実施ニ付ハ別紙実施細目ニヨリ措置相成度此段通牒ニ及候也

「土木建築業の統制機構整備細目」

一　日本土木建築統制組合ノ単独加入組合員ノ資格ニ付テハ左ニ依ルコト

(1)　単独組合員タル資格ヲ有ス綜合工事業者ハ特殊コンクリート工事業、鉄骨工事業、防水工事業、電気配線工事業、配管設備工事業、築炉工事業、舗装工事業以外ノ職別工事ヲ兼営セザルモノトス

ここでは、総合工事業者の定義がなされ、請負事業と下請関係を区分けしていると考えられる。しかし、右記の工事業のみ、何故、総合工事業者になるかは不明である。一つの理由としては、伝統的な大工業を総合工事業から外し、いわゆる請負業に属する業種を該当させたとも考えられる。

(2)　施工高実績ノ算定ニ付テハ左ニヨル

(イ)　実績算定ノ期間ハ暦年ニ依リ昭和十五年一月ヨリ昭和十七年十二月マデトス

資料[54]によれば、下請実績は、単独加入者として認めていない。

(ロ)　実績ハ請金額ニ依ルモノトシ契約（契約ヲ待ズシテ着工シタルモノニ付テハ着工）ノ時期又ハ竣工ノ時期ガ前項ノ期間以外ニ跨ル工事ノ請負金額ハ総請負金額ヲ工事期間月数（未ダ竣工セザルモノニ付テハ工事予定期間月数）ヲ以テ除シタル月割平均ニ工事期間中前項ノ期間ニ含マルル月数ヲ乗ジテ算出スルモノトス

(ハ)　材料支給工事ニ付テハ請負金額ニハ支給材料ノ金額ヲ含マシセザルモノトス
(ニ)　実績ニハ当該企業ノ外地又ハ外国ニ於ル実績モ含マシムルモノトス
(ホ)　昭和十五年以降ニ於テ新タニ事業ヲ開始セル者（企業合同又ハ組織変更ニ依ル場合ハ除ク）ノ実績ナキ年又ハ営業期間一年ニ満タザル年ノ実績ニ付テハ当該年ノ一月平均実績ヲ一二倍セルモノノ八割又ハ次年ノ実績ノ五割ノ何レカ大ナル方ニ依リ之ヲ算出スルモノトス
(ヘ)　昭和十五年以降ニ於テ企業合同又ハ組織変更ニヨリ新タニ事業ヲ開始スル者ノ、企業合同又ハ組織変更前ニ於ル実績ニ付テハ企業合同ヘノ参加企業又ハ組織変更前ノ旧企業ノ実績ヲ以テ其ノ実績ト看做スモノトス

以下では、一定資格のある技術者保有を義務づけるものであるが、[17]化局第六二二号（昭和十七年六月十二日）で規定された技術者は「主任」であって、本通牒では、この他にも以下の資格保有者が条件とされていた。

(3)　技術者ノ資格及要保有数ニ付テハ左ニヨル
(イ)　左ノ各号ノ一ニ該当スル年齢五十五歳以下ノ技術者（一年以上ノ欠勤者、応召者及応徴者ヲ除ク）百名以上ヲ保有スルコトヲ要スルモノトスル
Ⅰ　土木工事又ハ建築工事ニ必要ナル技術ニ関スル学校ヲ卒業シタル者
Ⅱ　現場工事ニツキ一年以上ノ経験ヲ有スル者
(ロ)　前項ノ技術者ノ内左ノ各号ノ一ニ該当スル技術者五十五名以上（内四十名以上ハ第一号乃至第三号ニ該当スル者ナルコトヲ要ス）ヲ保有スルコトヲ要スルモノトスル
Ⅰ　大学令ニヨル大学ノ土木工学科、建築学科又ハ之ニ該当スル学科ヲ卒業シ、現業工事ニツキ一年以上ノ経験

ヲ有スル者

Ⅱ　専門学校令ニヨル専門学校ノ土木工学科、建築学科若ハ之ニ該当スル学科ヲ卒業シ又ハ之ト同等以上ト認メラルル学力ヲ有シ現業工事ニ付キ三年以上ノ経験ヲ有スル者。

Ⅲ　実業学校令ニヨル実業学校ノ土木科、建築科若ハ之ニ該当スル学科ヲ卒業シ又ハ之ト同等以上ト認メラルル学力ヲ有シ現業工事ニ付キ七年以上ノ経験ヲ有スル者

Ⅳ　現業工事ニ付キ十二年以上ノ経験ヲ有シ且工事主任トシテノ経験ヲ有スル者。

(4)　機器ノ要保有量

(イ)　一年間ニ請負金額一千万円ニ相当スル土木工事又ハ建築工事ヲ施行スル為最小限必要ナル機器ヲ保有スルコトヲ要スルモノトス

(ロ)　前項ノ場合ニ於テハ当該企業ノ施行スル工事ノ種類ニ応シ主要機器ノ種類、機能、数量、耐用年数等ニ付キ審査判定ヲ為スモノトス

資料[55]によれば、実際には統制組合準備委員会の資格審査小委員会にて主要機器約二〇種に関して、各業者より資料を提出させ、機器の種類、機能、数量、耐用年数等を考慮して、工事能力に適した機器保存の有無を確認することなっていた。しかしながら、設備機械の保有と請負業の関係は不明である。一つの理由としては、現在のような建設機械のリースシステムが存在しない時代では、建設機械を保有しない請負企業とは、実態のない、いわゆる「団子取り」の業者であり、それを排斥するための措置であったとも考えられる。

二　地方土木建築統制組合ノ単独加入組合員資格ニ付テハ左ニヨルコト

(1)　単独加入組合員タル資格ヲ有スルベキ綜合工事業者ノ兼営スルコトヲ得ザル職別工事業ニ付テハ一ノ(1)ニ準スル[56]
(2)　施工高実績ノ算定ニ付テハ一ノ(2)ニ準ス
[(3)　技術者の資格及び保有は、四名以上以外は、中央組織と同様の規定になっている。]
(4)　機器ノ要保有量ニ付テハ左ニヨル
(イ)　土木工事又ハ建築工事ヲ施行スル為必要ナル機器（軌条及ビ鋼矢板ヲ含ム）一万円以上ヲ保有スルコトヲ要スルモノトス

地方にあっての機器の保有は、軌条及び鋼矢板、あるいは一万円以上とかなり具体的な条件が付されている。

(ロ)　前項ノ機器ハ既試用期間八年ヲ超ヘザル機械及既使用期間五年ヲ超ヘザル工具類ニ限ルモノトス
(ハ)　機器ノ詳細ニ付テハ帳簿価格（帳簿価格ナキモノニ付テハ取得価格）ニヨルモノトスル
(5)　地方土木建築統制組合ノ単独加入組合員ノ資格基準ニ達スルヨウナ企業統合ヲ為ス場合ノ中核トナルベキ者ノ施工高実績ノ算定ニ就テハ一ノ(2)ニ準ス。

都庁府県土木建築統制組合の組合員資格の綜合工事業者が兼営できない職別工事業は、中央組織と同じ規定になっている。

四　地方土木建築統制組合ノ単独加入組合員ノ資格基準ニ達セシムル為ノ企業統合其ノ他都庁府県土木建築統制組合ノ組合員タル資格ヲ有スル者ニ関スル措置ハ本年十二月末迄ニ之ヲ完了セシムルモノトス
五　地方土木建築統制組合ノ組織及運用ニ付テハ左ニヨルコト

(1)　地方土木建築統制組合ノ組合員トシテ都庁府県土木建築統制組合ニ代ヘ既存ノ都庁府県地方建築統制組合ニ加入セシムル場合ニ於テハ地方土木建築統制組合ノ単独加入組合員タル資格ヲ有スル者ヲ必ズシモ右工業組合ヨリ脱退セシメズ暫定的ニハ二重加入ノ形ヲトラシムルコトトスルコトヲ得ルモノトス但シ此ノ場合ニ於テモ経費ノ賦課等ニ付テハ右工業組合ノ経費ノ賦課ハ減免スル等二重負担ヲ避クルモノトス

(2)　地方土木建築統制組合ノ組合員タル都庁府県土木建築統制組合又ハ工業組合ノ理事長ハ能ウ限リ地方土木建築統制組合ノ役員タラシメ事業執行ノ円満ヲ期スルモノトス

資料(57)によれば、商工組合法にあっては、上級組合の理事長は、下級組合員に対しても権限を持つとしている。さらに、伊藤資料には、三重県の理事長選出に関係して、地元の議員が地方組合の理事長選出に関して強い意欲をもち、どのように対応したらよいか指示をされたいとの、三重県の担当事務官からの書簡が残されている。建設業をめぐる一種の利権のために、純粋に業界内では処理されていなかったことも分かる。

(3)　地方土木建築統制組合ハ地区内各都道府県ニ支部ヲ設ケ支部長ハ能ウ限リ関係ノ理事ヲ以テ之ニアツルモノトシ主トシテ組合員タル都庁府県土木建築統制組合若ハ工業組合又ハ職別工事業ニ関スル統制組合ニシテ当該都庁府県ヲ地区トスル者ノ指導ニ当ラシムト共ニ支部ノ事務ト都庁府県土木建築統制組合又ハ工業組合ノ事務トハ職員経費等ヲ共通ニスルナド一体的ニ之ヲ執行セシムルヨウ措置スルモノトス

六　職別工事業ニ関スル組合ノ改組又ハ設立ニツイテハ次ニ依ルコト

(1)　左ノ職種ニ付テハ内地一円ヲ地区トスル統制組合ヲ組織セシム

(2)　左ノ業種ニ付テハ原則トシテ都庁府県ノ区域ヲ地区トスル統制組合ヲ組織セシムルモノトシ其具体的方針ニ付テハ各都庁府県ト別途打合セタル又ハ打合ワスベキトコロニヨル
土工事業、鳶業又ハ手伝業、大工工事業、煉瓦及タイル工事業、石工事業、板金工事業、木製建具及嵌込工事業、硝子工事業、左官工事業、経師工事業、建具装飾工事業（暗幕取付工事ヲ除ク）、造園業

(3)　前二号ニ掲グル職種以外ノ職種ニ付テハ追テ指示ス[58]

七　日本土木建築統制組合成立シ日本土木建築工業組合連合会ガ従来行ヒ居リタル主要事業ヲ行フニ至リタルトキハ日本土木建築工業組合連合会ハ解散スルモノトス

以上の内容を踏まえると、工業組合から統制組合への移行は、個人営業の組合員を法人化（株式、有限）させることにあり、技術者や保有機器の条件は、零細企業の合同化を必然とした。これが統制化の意図でもあった。[59]

(5)　一八企局第三五二七号「土木建築工事請負業ニ関スル企業許可令第三条ニヨル事業開始許可申請書進達ニ関スル件」

この通牒は、昭和十八年十月二十八日付で、商工省企業局長豊田雅孝より、府県知事に出されたもので、これまで差し控えていた小規模総合工事業者の企業統合等に対する方針を示したものである。前文では、これまでの統制の実施状況と本通牒の関係を記している。また、本通牒は確認されたところでは、商工省が建設業の統制のために出した、府県知事宛の最後の通牒である。

標記ノ件ニ関シテハ本年八月十七日付ヲ以テ一時申請ヲ差控ヘルヨウ指導方通帳相成度処、先般九月三日付一八企第六八〇五号及ヒ九月八日付一八企第六二八一号「土木建築業ノ統制機構整備ニ関スル件」通牒ヲ以テ小規模総合工事業者ノ企業統合等ニ方針ヲ指示相成候ニ就テハ、右ニ関連シ標記ノ件ニ関シテハ、爾今左記ニヨリ指導ノ上申請書受理及ヒ進達相成度、此ノ段通牒ニ及候也。

追テ標記ノ件ニ関スル従前ノ通牒ハ全テ廃止ト相成度次第ニ付キ御了知相成度ク申添ヘ候。

付記の内容は、以下のように、企業統合に係わる、会社形態、資本金、工事実績、株式の割当、技術者及び機器の保有に関する規定から構成され、最後には、地方長官の指導監督を受ける旨が記載されている。

一　企業統合ニ依ル事業開始ノ場合ハ左ニ依ラシムルコト

(1)　企業統合ハ原則トシテ株式会社又ハ有限会社タラシム

(2)　新設会社ノ資本金額ハ企業統合参加者ノ綜合工事ノ昭和十五年乃至昭和十七年年ニ於ル年平均元請施工高他計ノ四分ノ一乃至八分ノ一ヲ基準トセシム。此ノ場合ニ於テハ事情ニ依リ下請施工高ニ付イテモ之ヲ斟酌シ得ルモノトス

(3)　新設会社ノ株式ノ割当ニ付テハ企業統制参加者ノ綜合工事ノ昭和十五年乃至昭和十七年年ニ於ル年平均元請施工高（元請及下請ヲ含ム）ヲ標準トセシム

(4)　新設会社ノ工事能力ノ充実ヲ図ル為其ノ年度ノ施工予想高ニ応スル技術者及機器ヲ保有セシムルモノトス

(5)　新設会社設立シタルトキハ企業統合参加者ヲシテ速ニ綜合工事業ヲ廃業シ企業許可令第八条ニ依ル事業廃止報告書ヲ提出セシムルモノトス

(6)　企業統合ノ実施ニ当リテハ成ルベク各都庁府県土木建築工業組合ヲシテ之ガ全般的実施案ヲ作成セシメ地方土木

建築統制組合ノ承認ヲ受クルト共ニ管轄地方長官ニ提出シ其ノ指導監督ヲ受ケシムルコト

二　会社ノ組織変更ニ依ル事業開始ハ必要ニ応シ之ヲ為サシメ得ルモノトスモ此ノ場合ニ於テハ一ノ(1)乃至(5)ニ準セシムルコト

三　新規ノ事業開始、譲渡、名義変更等ニヨル事業開始又ハ事業ヲ行フ場合ノ新設又ハ移転ニ依ル事業開始ハ原則トシテ之ヲ為サシメザルコト

ここまでの規定では、新規の会社設立を認めない方針が再確認されている。

以下では、申請書の記載事項に関係している。内容的には、これまでに述べた統合会社の設置条件に基づいている。

四　事業開始申請書ニハ左ノ書類ヲ添付セシメ企業統合調書ニ付テハ関係都庁府県土木建築工業組合ノ証明書ヲ添付セシムルコト

(1)　申請ノ理由

(2)　事業収支目論見書

(イ)　今後一ケ年ノ施工予測高

土木工事ト建築工事トニ分チ夫々請負金額予想高ノ外支給材料予想金額ヲ記載スルコト

(ロ)　資金調達法

払込資本金ト借入金ニ分ツコト

(ハ)　資金使途概要

設備資金ト運転資金トニ分ツト共ニ後者ハ土木工事ト建築工事ニ振当ツルコト

(3) 当初一ケ年ノ収支予算高
工事ニ関スル収入及支出ニ付テハ土木工事ト建築工事ニ分ツコト
(4) 企業統合調書（企業統合ニ依ル場合ニ限ル）
実績ノ算定方法、技術者ノ資格、機器ノ範囲、評価等ニ付テハ「土木建築業ノ統制機構整備要領」及「同実施細目」ニ依ルコト
(イ) 企業統合参加者ノ元請施工高実績
各人ニ付キ土木工事ト建築工事ニ分チ年別及年平均ヲ記載スルト共ニ、中核体トナルヘキ者ニ付ハ右ノ外年別、土木、建築別ニ各受註工事ニ付キ発注者名、工事地、工事名称、受注高、施工高ヲ記スルコト
(ロ) 新設会社ノ保有スベキ技術者数
技術者数及所定資格ノ主任技術者数ヲ記載スルト共ニ後者ニ付テハ各人毎ニ雇用年月、氏名、年齢、学歴、職歴、土木建築ノ専門別、現業工事経験年数（現場主任ノ経験アル場合ハ其ノ経験年数ヲ内訳記入スルコト）ヲ記載スルコト
(ハ) 新設会社ノ保有スベキ機器量
原動機械、作業又ハ加工機械、工具又ハ機器ニ分チ合計価格ヲ記載スルト共ニ主要ナル機器ニ付テハ名称、型式、能力、数量、価、既使用年数、今後ノ耐用年数ヲ記載スルコト
五 鉄道省関係鉄道工事会社ニ関シテハ、此ノ際左ヨリ措置スルコト
(1) 鉄道関係鉄道工事会社ハ之ヲ完全統合体タラシム
(2) 右統合体ニ参加スル業者並ニ其ノ参加範囲ハ鉄道省ニ於テ商工省ニ打合セノ上指示ス

(3)　鉄道関係工事ノ施工実績ノミヲ以テ右統合体ニ参加スル者ニ付テハ残余ノ鉄道省関係以外ノ工事ノ施工実績ニ付一般基準ヲ適用シ之ニ依リ単独残存シ又ハ他ノ統合体ニ参加シ得ルモノトス

本来、鉄道建設は鉄道省の所管であるが、商工省としては、時局を鑑み、建設業全体の統制化を図る意味からこのような特別条項の形で纏められている。実際、鉄道省とどのような協議が行われたかは不明である。もっとも、この他には、後述するように陸軍、海軍工事の統制化があったが、商工省の通牒では触れられていない。

(6)　業界の対応

このような、商工省の建設業統制は、理念の確立とは別に、これをいかに実施するかが鍵となっていた。そこで、主務官庁の監督官による講演会、あるいは懇談会が開催され、さらに、組合内に企業整備相談所を開設して具体的問題への指導を講じた。

東京土木建築工業組合でも、明治大学の経理士中瀬勝太郎、弁護士の戸田宗孝氏を顧問に招聘して、「企業整備相談所」を開設し、企業合同・組織変更・資本増加、その他の企業整備に関する具体的な相談業務を開始した。(60)

その後、東京土木建築工業組合は統制により廃止（昭和十八年三月二十日　於丸の内「鉄道会館」にて解散決議総会）され、地方組合の関東土木建築統制組合となり、その結成が、昭和十八年十月二十七日に行われ、同時に創立総会となった。

a　地方統制組合(61)

これまで紹介してきた、「土木建築業の統制機構整備要綱」及び「同実施細目」によって、日本土木建築統制組合の一機構となるべく「近畿土木建築統制組合」が、昭和十八年十月に設立された。近畿組合の地区は、大阪、京都、兵庫、奈良、和歌山、滋賀の二府四県であった。設立にあたっては、地域内の有資格者に対して発起人八名(各二府四件の土木建築工業組合理事長、但し大阪はそのほか二名)により設立同意の書面が送られた。以下に設立同意のための文面を示す。

1　地区

2　組合員たる資格　整備要綱に同じ。但し単独資格を有する者を除く

3　事業計画概要

(一)　第一期事業として設立後直ちに着手するもの

統制指導　工事施工の調整、下請方法の制限、一部機器及び民需資材の確保及び配分、労務の確保及び配分

統制のためにする施設　一部機器及び民需資材の共同購入及び共同管理

企業の整備確立　総合請負業及び職別工事業の整備

検査　機器の検査、会計検査

その他の主要なる施設　技術の公開、従業者の練成、表彰、組合員たるべき統制組合の設立促進、所属統制組合の育成

(二)　第二期以後の事業として施行するもの

統制指導　受注承認制の採用、下請関係の調整、機器及び資材確保及び配分、工事費の制限

統制のためにする施設　機器及び資材の共同購入、一部労務の共同雇入れ

検査　工作物の検査

その他の主要なる施設　工作物築造に関する調査研究、工作物規格の簡素統一化、従業者宿舎、食堂等の開設、中堅技術者の養成機関の設置

4　初年度における商工組合法第三〇条の組合員に対して賦課金を徴収

［以下は略］

このように新体制が確立されたが、旧工業組合も暫時的に存続していた。

b　企業合同の実際[62]

企業統合による事業開始の許可条件としては、「企業総体は原則として、株式会社又は有限会社とすること」と定められた。加えて、施工高や施工予想に対応し得る技術者及び機材保有なども定められた。技術者及び機材内容・保有数は、上述の「土木建築の統制機構整備要網」（昭和十八年）の規定によるものと考えられる。

このような企業許可に関する伊藤資料としては、「某鉄道工業株式会社　會社設立認可申請書」（某は筆者による）（昭和十八年四月）と、昭和十八年九月に東京土木建築工業組合に提出されたとされる「某索道株式會社　工事能力調査書（再提出）」がある。

前者は、商工大臣岸信介と大蔵大臣賀屋興宣へ宛てた会社設立のための申請書類である。その内容は、

①　申請者の住所氏名

②　会社住所及び資本金額

③　会社の目的及び概要
④　会社設立理由
⑤　事業設備計画及び予算大要と資金の調達方法
⑥　第一回株金振込時期及びその金額

となっている。またその他の書類として、委任状、会社定款、事業計画明細書、そして事業収支目論見書が添付されていた。

これらの中で特筆すべきは、事業計画明細書である。ここでは、本社・支社・倉庫本社・同支社の事務所・用地を含めた賃借料は言うまでもなく、電話架設から、電動機、コンクリートミキサー、チェーンブロック、鉄塔、杭打機、測量用レベル、ツルハシ、机、椅子、計算機、扇風機、諸什器まで、会社設立の細部に至るまでの数量・金額・単価が記されていた。これは、昭和十八年の厳しい状況下を考えれば、戦時の配給統制が、強く影響したと推察できる。またこの内容自体が、同項の最後に挙げたメモ内容と類似している点を考えると、伊藤が企業許可令を配慮した業界統制を実施したことを示していると言える。

後者の、「某索道株式會社　工事能力調査書（再提出）」は、先に挙げた「土木建築工事請負業者に関する企業許可令第三条による事業開始許可申請書促進」によるもので、提出先の東京土木建築工業組合から判断して、同工業組合の「統制機構整備要網」発令による、「関東土木建築統制組合」への移行途中の資料であると考えられる。

前述のとおり、企業許可令はその基準として、施工高や施工予想に対応し得る技術者及び機材保有なども定められていた。本令により、中小の施工会社は、合同による会社存続を余儀なくされた。会社の存続を懸けた企業合同の資料としては、京都市の「京東建設工業株式會社の事業開始許可申請審査終了に関する報告書」がある。

これは昭和十八年七月二十八日に、日本土木建築工業組合連合会から、商工省企業局工政課に提出されたものである。京東建設工業株式会社の場合、一五の企業及び下請業者で構成されていた。報告書には、各社の施工実績合計は言うまでもなく、合同前の機械・工具・主任技術者の所有数と、企業整備（この場合は合同）後の一カ年予想施工高を、過去三カ年の施工高から予測し明記している。

企業の合同に、一五社が統合されるのは、現在の建設業界では、ほぼ考えられない。このことからも企業許可令は、中小の土木建設業者にとって、存続が危ぶまれる非常に厳しいものだったことが窺える。しかしその反面、合同は技術面の共有、さらにはそれに伴う工事能力の増強と資材配給の優先性にもつながったと考えられる。

４・７　企業統制における職別の定義と職別組合

建設産業は、周知のように専門職（職別）の関与によって工事が完成する。特に建築にあっては、多様な技術者、技能者の参画が不可欠である。そして、伝統的な工法から、西欧の近代技術を導入するにつれて、その範囲は拡大してきた。職種が多様化しても、継続的な変化であれば、社会は、あえて職別の定義を必要としなかったが、建設業の取締りと統制を前にすると、新たに定義が必要になった。これらの区分と定義は、戦後の建設業法の業種の定義につながるものといえる。建設業における職別の定義の嚆矢がいつであったかは、定かでないが、建設業の統制時には取り上げられたし、戦時体制下では、技能者確保のために、この定義がなされた経緯がある。ここでは、建設業統制時の職別の区分の実態を明らかにすることが主目的であるが、昭和十三年に制定された国家総動員法以降の職能の定義を含めて扱う。

(1) 建設業における技能職の定義

はじめに職人が対象になる、職能の定義について言及する。この定義は、右記の国家総動員法に係わる制度が多く、国民職業能力申告令、国民労務手帳法、日本労務報国会等によって行われてきた。

a 国家総動員法との関係(63)

「国民職業能力申告令」が昭和十四年一月七日に勅令第五号を以て制定された。以後は、昭和十五年十月十九日（勅令第六七三号）、昭和十六年六月十八日（勅令第七〇九号）によって改正されている。本令の内容は、以下のとおりである。

第一条　国家総動員法第二十一条ノ規定ニ基ク帝国臣民ノ職業能力ニ関スル事項ノ申告及其ノ職業能力ニ関スル検査ハ別ニ定ムルモノヲ除く外本令ノ定ムル所ニ依ル

第二条は、本令施行地内に居住する一六歳から五〇歳を対象とし、以下の条件に該当する者となっている。

一　三ケ月以上厚生大臣の指定する職業に従事
二　上記の職業を辞めても、五年を経過しない場合
三　厚生大臣が指定する大学、専門学校、実業学校、その他これに準ずる各種学校で、厚生大臣が指定する学科を修めた卒業生
四　厚生大臣が指定する技能者養成施設で所定の課程を修めた場合
五　厚生大臣の指定する検定試験に合格した場合

六　その他厚生大臣が指定する者

第三条（略）

第四条　申請書の記載事項

一　氏名

二　出生の年月日

三　本籍

四　居住の場所

五　兵役関係

六　学歴

七　職業に従事する場合、その職業名

八　就業の場所

九　職業の経歴及び技能の程度

（十から十三は略）

（第五条～第七条　略）

第八条は、地方長官または職業紹介所長は、技能及び職業能力に関する検査ができること

（第九条　略）

第一〇条は、必要な場合、厚生大臣は他の大臣に職業能力の検査を委託できること

第一一条は、兵役中は適応されないこと

（第一二条以下は、略）

この申告令の具体的内容は、「国民職業能力申告令施行規則」（昭和十四年一月八日、厚生省令第一号、昭和十四、十六年（計三回改正））で細かく規定されている。すなわち、同施行規則の別表には、技能程度申告標準の記載がある。そして、いずれも一・二・三級から構成されている。

機械検査工／レンズ検査工／採炭工（二級まで）／炭杭支柱夫（二級まで）／採鉱工（二級まで）／鉱山支柱夫（二級まで）／機械選炭夫（二級まで）／製銑工／製鋼工／非鉄金属精錬工／金属溶接工／操炉工／圧延伸延工／鋳物工／鍛工／熱処理工／原図工／撓鉄工／「溶接工」／製缶工／鉄木工／「板金工」／金属プレス工／銅工／罫書工／旋盤工／タレット工／中グリ工／研磨工／ボール盤工／平削工／形削工／フライス工／歯切工／工具仕上工／仕上工／電機組立工／電気通信機組立工／精密組立工／機械組立工／航空機組立工／自動車工／艤装工／巻線工／絶縁工／目盛工／「合板工」／木型工／「木工」／光学ガラス工／有線電信通信士／製図手（二級まで）／起重機運転工（二級まで）／メッキ工（二級まで）／塗装工（二級まで）／潜水夫（「」は引用者による）

この別表中では、溶接工、板金工、合板工、木工が建設業に関係するものであって、産業全般の職能が対象となっている。

そして、「国民能力申告令第二条第一号ノ職業指定」（昭和十四年一月十八日、厚生省告示第五号、昭和十五年、十六年に改正）では、建設業に関する職能が定義され、技術者までが含まれている。以下は建設業に関係する職業のみ抽出する。番号は、職業指定のものである。

10　木工技術者　製材、木工品ノ製造又ハ機械類ノ木部ノ製造若ハ修繕ニ関スル技術ニ従事シ又ハ其ノ指導監督ニ従事

スルヲ業トスルモノ
11　土木技術者　道路、橋梁、鉄塔、港湾、河川、砂防、鉄道、隧道、索道、上下水道又ハ土木ニ関スル技術ニ従事シ又ハ其ノ指導監督ニ従事スルヲ業トスルモノ
12　建築技術者　建築ニ関スル技術ニ従事シ又ハ其ノ指導監督ニ従事スルヲ業トスルモノ
41　鋲打工　鋲焼、当盤、鋲打等ノ鋲鋲作業ニ従事スルヲ業トスルモノ
43　溶接工　電気又ハガスニ依ル金属ノ溶接又ハ焼切ノ作業ニ従事スルヲ業トスルモノ
47　板金工　主トシテ手作業ニ依ル金属薄板ノ加工組立作業ニ従事スルヲ業トスルモノ
50　配管工　金属管ノ加工取付作業ニ従事スルヲ業トスル（鉛工ヲ含ム）
127　築炉工　溶鉱炉、平炉、溶融炉、加熱炉、窯業用其ノ他ノ工業用炉窯又ハ汽缶煉瓦積部分ノ築炉又ハ修炉ノ作業ニ従事スルヲ業トスルモノ
130　塗装工　塗料ニ依ル塗装、吹付又ハ焼付ノ作業ニ従事スルヲ業トスルモノ
135　家大工　家屋建築ニ於ケル大工作業ニ従事スルヲ業トスルモノ
136　左官　セメント塗、モルタル塗又ハ漆喰塗等左官ノ作業ニ従事スルヲ業トスルモノ
137　鳶職　足場架又ハ鉄骨組立其ノ他高所ニ於ケル取付工事等ノ鳶仕事ニ従事スルヲ業トスルモノ

そして、「国民職業能力申告令第二条第三号ノ学科指定」（昭和十四年一月十八日厚生省告示第七号）では、厚生大臣が指定する大学、専門学校、実業学校、その他これに準ずる各種学校で、厚生大臣が指定する学科を修めた卒業生を指定し、大学では、機械工学科、船舶工学科（造船学科を含む）、航空学科、電気工学科、応用科学化等と並んで、土木工学科と建築学科が指定されている。また、専門学校、工業学校の規定中にも、土木工学科と建築学科

が指定されていた。

b　国民労務手帳との関係(64)

昭和十六年三月七日付を以て、国民労務手帳法が制定され、同年十月一日を期し実施された。この法律は戦時体制下の状況を鑑み、軍需生産の円滑化と拡大を図るために労務者の適正配置を意図したもので、労務者の移動防止の完璧を図り、同時に賃金統制・労務管理を実施しようとしたものであった。適用範囲は一四歳以上六〇歳未満を対象とし、施行令規則では技術者と労務者がその適用範囲であった。土木建築関係では、以下の技術者と労務者に公布された。これから、必然的に職別の定義がなされていたことが分かる。各種職能については、以下のようであった。

- ●土木技術者　道路、橋梁、鉄塔、港湾、河川、砂防、鉄道、隧道、索道、上下水道又ハ其ノ他ノ土木ニ関スル技術ニ従事シ又ハ其ノ指導監督ニ従事スルモノ
- ●建築技術者　建築ニ関スル技術ニ従事シ又ハ其ノ指導監督ニ従事スルモノ
- ●家屋大工　家屋建築ニ於ケル大工作業ニ従事スルモノ
- ●堂宮大工　堂宮建築ニ於ケル大工作業ニ従事スルモノ
- ●左　官　セメント塗、モルタル塗又ハ漆喰塗等ノ左官作業ニ従事スルモノ
- ●石　工　石工作業ニ従事スルモノ
- ●鳶　職　足場架又ハ鉄骨組立其ノ他高所ニ於ケル取付工事等ノ鳶仕事ニ従事スルモノ

●屋　根　職　屋根職作業ニ従事スルモノ
●築　炉　工　熔鉱炉、平炉、熔融炉、加熱炉、窯業用窯其ノ他ノ工業用炉窯又ハ汽罐煉瓦積部分ノ築造又ハ修築ノ作業ニ従事スルモノ
●鉄筋、鉄細工　セメント品製造又ハコンクリート工事ニ於テ鉄筋又ハ鉄鋼ノ組立作業ニ従事スルモノ
●潜　水　夫　潜水服ヲ着用シテ行フ水中作業ニ従事スルモノ
●土木建築作業者　煉瓦積、タイル張ノ作業、セメント品製造又ハコンクリート工事ノタメ木枠ノ組立、コンクリート練リ又ハ注込ミ等ノ作業、潜水補助ノ作業、道路ノ修築工事、アスファルト舗装工事作業其ノ他土木建築作業ニ従事スルモノニシテ（183）*乃至（191）*ニ属セザルモノ

*数字は国民労務手帳の職別に付された番号

鉄筋コンクリート造にあっては、型枠、打設等は独立した職能になっていない。

東京土木建築組合誌の中に(65)昭和十六年に東京における協定賃金適正案申請に係る協定者一九組合代表者の記述があって、協定者として以下が掲げられ、職別組合の実態が分かる。また、この協定賃金は、警視庁からの勧奨を受けたもので、昭和十六年十月二十日付警視庁告示第三節第一〇号を以て告示され、同年十一月一日から実施された。第一回の懇談会（昭和十六年六月三十日）での警視庁側出席者は、工業課長藤井重雄、監督係長中山清次、警部長澤透、警部補大石小太郎であった（組合側は略）。

●東京土木建築興業組合
●大東京建築組合連合会

●東京左官組合
●東京府土木請負業組合
●東京瓦商業組合
●東京スレート業組合
●東京板家（ママ）根工組合
●東京建築板金工業組合
●東京畳製造同業組合
●東京建具業組合
●東京煉瓦タイル加工業組合
●東京看板装飾業組合
●東京石材商工組合
●東京塗装業組合
●大東京鳶職組合
●東京暖冷房業組合
●東京府衛生設備業組合
●帝都造園業組合
●東京労務供給組合

c　大日本労務報国会との関係

戦時体制に入り、産業労働力の不足が生じ、労務調査令（昭和十六年）が公布されると、民間労務者供給の組織化が進展し、各地に労務報国会が結成された。この動きに呼応して、労務報国会設立の通牒が昭和十七年に出され、翌十八年に全国組織である「大日本労務報国会」が結成された。同会は、動員計画、賃金統一、技能・技術高揚等の活動を行なった。当初は一二万余の業者と約六二万人の労務者を会員とした[66]。

正確な日付はないが、大日本労務報国会がＡ５判に相当する冊子（全四五頁）「土木建築労務者技能格付」を発刊している。非常に詳細に内容が規定されている点が注目できる。先に指摘したように、同労務報国会が昭和十八年にその事業を開始しているので、本冊子の発刊は、この時点以降のものと思われる。同冊子の巻頭にも何故建設技能者の格付けが必要であったか、また誰が、このような具体的技能基準を決定したかは、残念ながら記載されていない。

「土木建築労務者技能格付要綱」の中で、主要なものを以下に掲げる。

第一〇条　技能証の公布で、その記載内容は以下のとおり。

1　本籍の都道府県名、氏名、生年月日
2　職種及び番号
3　階級
4　各付決定年月日
5　都道府県労務報国会名
6　注意事項（技能証の携帯、技能証は賃金支払いの基礎故、紛失せぬこと、再公布について、技能証のない

場合は級等外者と見做すこと）

技能者の格付けについては、「労務者機能格付委員会規程」が基準を設けている。以下は主要なもののみ掲載する。

●中央と都道府県に土木建築労務者技能格付委員会を設置すること

●委員は関係官吏、関係業者及び学識経験者から日本労務報国会会長が委嘱する

最後に、労務報国会組織（大日本労務報国会、都道府県労務報国会）と格付委員会（中央、都道府県）との関係を示す図がある。

技能者の格付け基準は、「土木建築労務者技能格付審査基準」の中で、次のように、かなり細かく規定されている。

第一　土建労務者ノ技能階級ヲ決定スルニ当リテハ単ニ本人ノ有スル技倆ノミニ依ラズ体力、経験年数、学歴、年齢ヲ加味シタル外特ニ人物ノ考査ニ重点ヲ置キ左ノ如ク階級ヲ定メタリ

イ、一級工　充分ニ経験ヲ積ミ腕前ガ優レテヰル者テ且ツ少数ノ部下ヲ使用シテ責任アル仕事ガ出来ル者（熟練者）

ロ、二級工　担当スル小範囲ノ作業デハ充分ニ一人前ニヤッテ行ケル程度ノ者（普通工）

ハ、三級工　簡単ナ特殊作業ヲ除キ他ノ指導無クシテ作業ヲコナセヌ者

ニ、級外者　三級ニ達セザル者

第二　職種ヲ分チテ、甲類、乙類、丙類ノ三種トシ其ノ区分ハ別紙「土木建築労務者職種別表」ニ示セリ

第三　審査ハ別紙ロ労務者格付審査基準表ニ掲グル点数配分ニ依リ採点スルコト

以下では、人物、年齢、技倆、経験年数、体力（体格、筋力、疾病・不具の有無）、学歴等の具体的点数基準が作成されている。全般的には一、二、三の三等級区分が採用されている。

付表は「土木建築労務者職種類別表」で、以下が掲げられていた。

○甲種（一〇年）　堂宮大工、数奇屋大工、石膏工、鉄骨工、石工、鑿井工、大工、左官、貼石工、鍛冶工、機械工、斧指、建具工、板金工、煉瓦工、タイル工、塗装工、畳工、表具工

○乙類（七年）　鋲打工、杭打工、杣工、コンクリート毀工、木挽、曳方工、井戸工、鳶工、瓦葺工、土居葺工、雑葺工、製材工、セメント工、アスファルト工、スレート工、煙突工、解体工、運転工、進鑿工、磨工、建具取付工、金物取付工、床仕上工、左官材料工、坑夫、木舞工、目地工、緑地工、装飾工

○丙類（四年）　外線工、鉄筋工、型枠工、溶接工、舗装工、内線工、配管工、硝子工、鉄網工、建物洗浄工、潜函工、蛇籠工、先手、土工、斫工、砂利砂採集工、手元

（格付審査票記入要領（分会委員会ニ於テ作成スルコト））

審査に関しての具体的規準が記載されている。例えば、「技倆」にあっては、以下のとおり。

技倆ノ如何ハ格付ノ結果ニ最モ大キク影響スルカラ入念ニ調査記入スルコト

(1)　其ノ方法トシテ一般的ニハ各職種毎ニ技倆程度標準ヲ示シテアルカラ之ニ照シテ先ズ一等デアルカ二等デアルカ三等デアルカヲ定メル

次ニ一等デモ折紙付キノ者ハ一等上トスル、又一等ニハ入レテ見タガヤヤ懸念ノアル程度ノ者ハ一等下トスル、其ノ他ノ普通ノ者ハ一等中トスル

即チ技倆ノ評語ハ次ノ九種類デアル

一等上、一等中、一等下、二等上、二等中、二等下、三等上、三等中、三等下

尚各人ノ技倆ニハ作業ノ速サ程度、作業ノ巧サ程度及ビ作業一般ニ就テノ経験ノ豊富サ、頭ノ働キ等カラ来ル作業ノ明サ程度ニ夫々特徴ガアル筈デアルカラ技倆ハ此等三ツノ項目ヲ別々ニ検討観察シテ記入スルコト

(2) 本人ノ技倆ガ充分ニ分ツテキナイ時ハ技倆程度標準ヲ参考ニシテ実地ノ作業問題ヲ与ヘテ試験ノ上前記要領デ記入スルコト

〈付表　土木建築労務者職種名〉

この中で、具体的に各職種を定義づけている。職種は付表「土木建築労務者職種類別表」の甲、乙、丙の六六職種が対象となっている。

一　堂宮大工　堂宮、建築等ノ高級大工作業ニ従事スルヲ業トスル者

三　石膏工　石膏型抜等ノ高級左官作業ニ従事スルヲ業トスル者

七　大工　木工事ニ於ケル加工及取付作業ニ従事スルヲ業トスル者

八　左官　土、モルタル、漆喰、人造石塗及之ニ類似ノ鏝塗作業ニ従事スルヲ業トスル者

五十　鉄筋工　鉄筋ノ下栫、組立作業ニ従事スルヲ業トスル者

五十一　型枠工　コンクリート型枠ノ下栫、組立、除去作業ニ従事スルヲ業トスル者

〈土木建築労務者技倆程度標準〉

この標準では一級、二級、三級により習得の程度が異なる。また、堂宮大工、数奇屋大工、石膏工などの高級技能

に関する標準は扱われていない。従って「四、鉄骨工」から技倆程度標準は説明されている。下記で、どのような具体的技量が求められていたかを明らかにするために、いくつかの「標準」を紹介する。

「四、鉄骨工」
一、簡単ナ図面ガ読メ且所要材料及工数ノ見積ガ出来ルコト
○二、鉄骨材ノ種類及寸法ヲ知ツテキルコト
◎三、正確ニ罫書ガ出来ルコト
○四、鉄骨材ノ穴明及切断等ノ工作機械ノ使用ガ出来且附属工具ノ研磨手入ガ出来ルコト
○五、鉄材ノマチ取曲者及諸道具ノ火造作業ガ出来ルコト
○六、図面ニヨリ鉄骨組立及本締ガ出来ルコト
○七、原寸図及型板ノ作成ガ出来ルコト
一等工ハ◎印ノ外ノ何レカ一ツニ熟達シ且第一号ニ通ジタルモノ
二等工ハ◎印ノ外ノ何レカ一ツヲ習熟セルモノ
三等工ハ◎印ノ外ノ何レカ一ツヲ習得セルモノ

右記の条件は、他の職種でも同様である。但し原資料には「四、鉄骨」の「○」の説明がない。他の職種に付けられた「○」から考えると「◎」の誤植と判断できる。

「七、大工」
一、図面ガ読メ且木拾ヒ及工数ノ見積ガ出来ルコト

◎二、木材ノ種類及性質ガ判リ且其ノ用途ヲ知ツテヰルコト
◎三、各種大工道具ノ使用及研磨ガ出来ルコト
◎四、木工事ノ下栫ガ出来ルコト
◎五、内法及造作材ノ取付ガ出来ルコト
六、矩計、原寸及型板ノ作成ガ出来ルコト
七、木取リ及墨付ガ出来ルコト

「八　左官」

一、簡単ナ図面ガ読メ且工数ノ見積ガ出来ルコト
二、仕上墨出及繰型作リガ出来ルコト
◎三、天井壁及床ヲ不陸ナク仕上ガ出来ルコト
◎四、梁型及柱型ノ仕上ガ出来ルコト
◎五、人造洗出及研出ノ仕上ガ出来ルコト
六、繰型挽ノ仕上ガ出来ルコト
七、材料ノ調合竝施工方法ヲ知ツイテヰルコト

「二七、鳶工」

一、簡単ナ図面ガ読メ且工数ノ見積ガ出来ルコト
二、作業用機械器具類ノ据付及操作ガ出来ルコト
三、足代ノ縦地位置及布高筋等ノ割出シガ出来ルコト
◎四、高所ニ於テ足代掛及取付作業ガ出来ルコト

◎五、木造工作物ノ建方ガ出来ルコト
◎六、縄、鉄線及「ワイヤロープ」ノ結束ガ出来ルコト
七、簡単ナル鉄骨工作物ノ建方ガ出来ルコト
八、重量物ノ運搬及据付ガ出来ルコト
「五〇、鉄筋工」
一、図面ガ読メ且所要材料及工数ノ見積ガ出来ルコト
二、図面ニヨリ下栫寸法ノ決定ガ出来ルコト
◎三、鉄筋及結束線ノ種類ヲ知ツテキルコト
◎四、切断曲ゲ等鉄筋ノ下栫ガ出来ルコト
◎五、組立及結束ガ出来ルコト
六、階段及其ノ他ノ特殊配筋ガ出来ルコト
七、図面ニヨリ墨付及配筋割付ガ出来ルコト
「五一、型枠大工」
一、図面ガ読メ且所要材料及工数ノ見積ガ出来ルコト
◎二、型枠ノ下栫ガ出来ルコト
◎三、型枠ノ取付及締付ガ出来ルコト
◎四、取外シ易キ組立ガ出来ルコト
五、型枠ノ強サノ判定ガ出来ルコト
六、階段及其ノ他ノ特殊型枠作業ガ出来ルコト

「六一、土工」
一、簡単ナ図面ガ読メ且工数ノ見積ガ出来ルコト
◎二、掘鑿、畚担ギ、「トロ」押、割栗張、「タコ」突キ等ガ出来ルコト
◎三、「コンクリート」ノ手練。「ネコ」押ガ出来ルコト
四、土質ノ判定ガ出来ルコト
五、簡単ナ山留ガ出来ルコト
六、「トロ」線及「コンクリート」打ノ作業段取リガ出来ルコト
七、簡単ナ作業用機械ノ運転ガ出来ルコト

(2) 企業統制における職別の定義

以下では、建設業統制の中で扱われた職別の定義を扱う。これは、統制組合を、中央統制組合、地方統制組合、職別統制組合に分けた、昭和十八年九月三日の商工省企業局長よりの通牒「土木建築業ノ統制機構整備ニ関スル件」と関係するが、他には単独加入業者となる総合工事業者を定義づけるためのものとも推測がつく。そして、業態としての職別に関する定義は、この時期にかなり具体的に検討され成案になった。昭和十八年の時代背景からは、特にこの分類により、業界の再編・効率化が大きな実績を挙げたとは考えにくいが、戦後の建設業法の制定の際の工事別の区分に活用されたとの推測がつく。

a　一八企局第四一八号「土木建築業関係職別工事業ノ統制整備ニ関スル件」

資料[67]によれば、大工や土工その他の土木建築の下請工事業者、関連工事業者についても、一定の組織に総括する必要から、はじめに職別工業組合に工業組合法を適用し、各地方長官に対して大工工事業以下二九業種の工業組合の設立方を通牒し、土木建築業界の統制化（機構整備要綱）に際して、その傘下に加入させる準備となったものである。この措置により、公式に職別組合が取り上げられたといってよい。

この通牒は、昭和十八年二月八日に商工省企業局長豊田雅孝より府県知事宛に出されたものである。

前書きの部分では、統制のために職別工事業も対象になることを述べ、別紙の内容により具体的に整備を実施するが、連合組織については後日指示する旨が記されている。前文の内容は、以下のとおりである。

〈土木建築業関係職別工事業ノ統制整備ニ関スル件〉

土木建築業関係職別工事業ノ統制機構ヲ整備シ土木建築ノ統制運営ニ資スルコトハ喫緊ノ要務ナルヲ以テ今般ノ別紙要綱ニ依リ之ガ整備ヲ図ルコトヲ相成ニ付テハ左記ノ事項御了悉ノ上至急之ガ実施御取計相成度此段通牒候也

追而整備実施案ニ付テハ一応当省ニ打合相成度尚省ノ承認ヲ経タル実施案ノ実施ニ伴フ工業組合法及同施行規則ニ関スル訓令第三条又ハ第五条ニ依ル打合ハ之ヲ省略相成差支無之ニ付可然措置相成度

この通牒の内容は、以下のとおりであって、ここでは、特に統制に対する職別組合のあり方が、規定されている。そして、各職別についても商工省化学局の統制に関する通牒が以前から出されていたことが分かる。

①　別紙要綱によって整備する組合連合組織は追って指示する。

② 総合請負業であっても土工事、鳶業若、手伝業、大工工事業等を兼業する場合は、道府県土木建築工業組合を脱会して、新たに整備される組合に加入させること。
③ 別紙要綱第五条第二項の会社の設立は予め商工省と打ち合わせること。
④ 瓦工事業は、昭和十七年六月二十九日附化局第二八一八号商工省化学局長及物価局長官通帳「粘土瓦ニ統制ニ関スル件」に基づき工業組合を設置する。スレート工事業も同様。
⑤ 錺工事業は、既に道府県別で亜鉛鉄板加工の工業組合が存在する場合は、必要応じて改組改称させること。
⑥ 木製建具嵌込工事業及び家具装飾工事は、昭和十七年六月五日附商工省化学局及同振興部長通達「木製品ニ関スル工業組合ノ整備ニ関スル件」により整備された工業組合は存続させること。
⑦ 塗装業、畳業、電気配線工事業、配管設備工事業は、既存の道府県別の工業組合があれば、そのまま存続させること。なお、塗装工事業は組合内に建築塗装部会を設けること。
⑧ 保温保冷工事は、既存のブロック別工業組合を統合させ、全国一円の工業組合とすること。
⑨ 築炉工事は、既存の内地一円の工業組合は存続させること。
「土木建築関係職別工事業統制機構整備要綱」との表題が付けられた「別紙」は、組合の事業について述べている。内容は、次のようであった。
① 土木建築関係工事業者は原則として種別の工業組合を結成すること。
② 地方の事情によって、二以上の職種または、別記の職種とこれ以外の職種を兼業する場合は、二以上の業を包括して一つの工事業組合を結成させること。
③ 当該工事業、地方の事情により当該工事業で使用する資材の製造業や販売業を兼業する場合は、製造業と販

売業を当該工事業に包括させ一つの工業組合または商業組合を結成させること。

④　組合の地区は、原則として道府県内一円とする

⑤　組合員資格は、地区内に営業所があり、昭和十六年十二月三十一日以前より引続き営業し、資格をもつ当該業種の工事業者の全てを組合に加入させるよう努力すること。

⑥　組合の事業は概ね以下のとおりとする。

(イ)　工事ノ共同引受
(ロ)　組合員ニ対スル工事ノ配分其ノ他工事ニ引受ニ関スル統制
(ハ)　工事ニ要スル資材ノ共同購入又ハ調達ノ斡旋
(ニ)　工事業用機械器具又ハ従業員者用品類ノ共同購入
(ホ)　組合員所属労務者ノ調達、配分、相互融通又ハ養成
(ヘ)　請負料又ハ賃金ノ協定
(ト)　当該工事業ノ整備
(チ)　技術ノ向上、能率ノ増進、経営ノ改善其ノ他其ノ組合員ノ工事業ノ発展ニ関スル施設
(リ)　其ノ他組合ノ目的ヲ達スルニ必要ナル事業

もう一つの「別記」では、本項の中心テーマである、職別の定義が以下のようになされている。

1　土工事業　土木建築人夫供給業ヲ含ム

2　鳶業又ハ手伝業
3　特殊コンクリート工事業　特殊コンクリート造基礎、コンクリート造煙突ノ類ノ築炉工事業ヲ謂フ
4　大工工事業
5　鉄筋工事業　鉄鋼板工事業ヲ含ム
6　鉄骨工事業　織物《(ママ)》取付工事及溶接工事業ヲ含ム
7　煉瓦及タイル工事業　テラカッタ工事業及人造セメントブロック製品ノ貼付工事業ヲ含ム
8　石工事業　人造ブロック製品ノ組積工事業ヲ含ム
9　銘石及擬石工事業　大理石、抗火石ノ類ノ薄板又ハ人造ブロック製品ノ貼付工事業ヲ含ム
10　柿板葺工事業
11　瓦工事業　セメント瓦工事業及厚板スレート工事業ヲ謂フ
12　スレート工事業　天然スレート工事業及石綿スレート工事業ヲ謂フ
13　防水工事業
14　鋳工事業　ベンチレータ工事業及スカイライト工事業ヲ含ム
15　金属製建具取付工事業
16　木製建具嵌込工事業
17　硝子工事業　硝子クリーニング業ヲ含ム
18　左官工事業　テラゾー塗仕上工事業及小舞工事業ヲ含ム
19　塗装工事業　漆塗工事業ヲ除ク
20　漆塗工事業

21　経師工事業
22　畳業
23　家具装飾工事業　造付家具工事業ノ外フロアリング工事業、カーテン、暗幕又ハブラインド取付工事業ヲ含ム
24　電気配線工事業
25　配管設備工事業
26　保温保冷工事業
27　築炉工事業
28　造園業　植木業ヲ含ム

b　一八企局第二五二二号「土木建築ニ関スル綜合工事業者ト職別工事業者トノ営業分野ニ関スル件」

昭和十八年七月三十日に商工省企業局長豊田雅孝が地方長官に綜合工事業者と職別工事業者区分に関して通牒したもので、別紙要領では綜合工事業者と職別工事業者の範囲を規定している。従来は、綜合工事業者と大工工事業者や土木工事業者の区分が不明確であったが、この通牒により区分が明確になった(68)。また、別の資料でも(69)、綜合工事業者と職別工事者の担当工事の区分を明確にするためのものとの説明が行われている。大工・土工業者に対しては、過渡的に、ある程度の綜合工事の請負を認めている。これは、大工や土工は政策上職別組合の工業組合に参加すべきものであるが、すでに工業組合（例えば綜合工事あたる土木建築工業組合）に加入している者も多い。これらの業者を新制度の工業組合に早く参画させるために、ある程度の綜合工事の請負を認めたとしている。

「土木建築ニ関スル綜合工事業者ト職別工事業者ノ営業分野ニ関スル件」
標記ノ件ニ関シ、今般別網ニヨリ調整ヲ図ルコトト相候付イテハ左記事項御了悉ノ上之ガ実施方御取計相成度此段通帳及候成。
追テ本件ハ土木建築業全般ニ通ズル統制機構ノ整備方針ト関連セシメテ方針決定相ナリタルモノニシテ、方々商工組合法ノ施行ニ伴ヒ、既存工業組合改組ノ方針ヲ決定スル要在ル次第モ此レ在リ、右統制機構整備ニ付テハ近ク別途通牒相成ベキ見込ニ付右御含ミ置キ相成度候。

以上の前書きに続いて、これまでに別に定めるとしていた内容を具体的に示している。

記

1　別紙要綱(1)ノ「別ニ定ムル場合」トハ、概ネ次ノ通リトス
イ　特殊コンクリート工事、鉄骨工事、防水工事、配管設備工事、築炉工事又ハ舗装工事ノ引受ヲ行フ場合
ロ　自己ノ施行ニ係ル工作物ニ付修繕、変更等ノ工事ノ引受ヲ行フ場合
2　別紙要綱(2)ノ範囲又ハ限度ハ地方ノ事情ニヨリ必要アル時ハ適当ニ之ヲ引下グルコト
3　本件ハ九月一日以降工事引受ノ契約ヲ為スモノヨリ之レヲ実施スルモノトス

そして、以下の「別記」から総合工事業と、大工工事業を区分しているが、本質的には、大工工事業は職別の組合に含める姿勢が看取できる。

〈別紙　「土木建築ニ関スル綜合工事業者ト職別工事業者ノ営業分野調整ニ関スル件」[70]〉
1　方針

土木建築業の統制機構整備に対応するために、総合工事業と職別工事業者が相互に有機的関連を保ち、本来の使命を果たすように、各業種の工事力の集中強化を図る。

2　要領

(1)　総合工事業者は特別な場合を除き、元請や下請は関係なく職別工事を引き受けないものとする。

(2)　大工工事業者及び土木工事業者は、総合工事業者を兼営する場合にあっても、総合工事にあっては、次に掲げる範囲、限度を超える工事を引き受けないものとする。そして、職別工事の引受に関しては限度を設けない。

(イ)　大工工事業者

●一軒の普通住宅の建築工事

●一軒の業務併用住宅の建築工事

●その他では、総面積二〇〇平方米以下の建物及びその付帯設備を含む一軒の建築工事または、請負金額が二万円以下の建築工事

(ロ)　土木工事業者

●請負金額一万円以下の土木工事

3　措置

総合工事業と職別工事業の統制機構整備は、統制組合の統制規程等の法的統制によるものであるが、差当りは、行政指導と既存工業組合の指導により実施する。

c　一八企局第三三九七号「土木建築業関係職別工事業ノ統制組合設立ニ関スル件」

この通牒は、昭和十八年十月二十一日付けであって、商工省企業局長豊田雅孝が地方長官（府県知事）に対して出したものである。

内容は、昭和十八年九月八日付けで一八企局第六二八一号として通牒された「土木建築業ノ統制機構整備実施ニ関スル件」では、一部の職種の組合改組と設立方針の指示をしてきたが、この通牒を以て、残りの職別組合の改組、設立方針を別紙のとおり決定したのでこの件を了解されたいとの趣旨から構成されている。従って、昭和十八年二月八日付けの一八企局第四一八号通牒「土木建築業関係職別工事業ノ統制機構整備ニ関スル件」の内容と異なる場合は、本通牒の趣旨を踏まえて対応されたいとの内容である。具体的には、「記」で示されているように、特殊な業種に対して、どのような組合を設置させるかに関係している。

記

① 地方の状況により土工事と鳶業、手伝業を兼業するのが一般的である場合は、これらを一つの組合に包括する統制組合を牽制させる。

② 土工事業、大工工事業の統制組合は、部制を採用し、綜合工事業を兼業する者と、それぞれ専業とする者とを分ける。

③ 特殊コンクリート工事業、鉄筋工事業、鉄骨工事業、スレート工事業は、地方事情により、当該工事業者が少数で地方を区域とする組合結成が不適当な場合は、特殊コンクリート工事業者、鉄筋工事業者及び鉄骨工事業者は土工事業の統制組合に、スレート工事業者は瓦工事業の統制組合に加入させる。

④ 銘石及び擬石工事業は、石材の薄板の製作業、加工業、工事業を包括する統制組合を結成させる。

⑤　柿板葺工事業は、地方事情により、当該工事業者が少数で地方を区域とする組合結成が不適当な場合は、瓦工事業の統制組合に加入させる。
⑥　板金工事業は、昭和十八年二月八日附通牒中の錺工事業を改称したもの。
⑦　金属製建具取付工事業は、統制組合を設立させない。
⑧　左官工事業者で防水工事を兼業する者は、左官工事業の統制組合だけに加入させること。
⑨　暗幕取付工事業者（カーテン、ブラインド等の取付工事業を兼業する者を除く）は、家具装飾工事業の統制組合に加入させる。
⑩　小規模な築炉工事業者で築炉工業組合に加入する資格がない者は、煉瓦及びタイル工事業の統制組合に加入させる。
⑪　舗装工業は、統制組合の設立をしない。当該工事業者の中で綜合工事業を兼業し、日本土木建築統制組合、または地方土木建築統制組合に加入する者以外は、土工事業の統制組合に加入させる。
⑫　各種職別工事業の職別工事業統制組合への加入は、主な営業所の所在地のみで行なうこと。
⑬　各種職別工業組合について、統制指導上必要ある時は、事業規模等により、統制組合の単独加入組合員資格を限定することや、資格限度に達しない工事業者をなるべく組織化させ、統制組合に加入させること。

そして、「別紙」では、職別統制組合の地域を、各業種別に規定している。
1　次の職種は、全国を地区とする統制組合を組織すること。
銘石及擬石工事業、瀝青工事業（舗装工事業を除く）、塗装工事業（建築物の外建具の漆塗工事業を含む）
2　次の職種は、行政協議会組織区域を地区とする統制組合をすること。

特殊コンクリート工事業、鉄筋工事業、鉄骨工事業、スレート工事業（天然スレート工事業、石綿スレート工事業の外厚型スレート工事業を含む）

3　左ノ職種ニ付テハ都道府県ノ区域ヲ地区トスル統制組合ヲ組織セシムルコト

柿板葺工事業（桧皮葺、草葺又ハ之ニ類する屋根葺工事業ヲ含ム）、瓦工事業（粘土瓦、釉薬粘土瓦、陶磁器瓦又ハセメント瓦ヲ以テスル屋根工事業ヲ謂フ）、セメント防水工事業、塗装工事業、畳業

4　次ノ職種ニ付テハ一定規模ニ達セザル業者ヲ以て都道府県ノ区域ヲ地区トスル統制組合ヲ組織セシメタル上右組合ト一定規模以上ノ業者ヲ以テ全国を地区トスル統制組合ヲ組織セシムルコト

電気配線工事業、配管設備工事業

4・8　日本土木建築業統制組合――企業統制に対する業界の反応――

工業組合法の建設業への適用（昭和十五年）、その再改組とも言える商工組合法の施行（同十八年）により、建設業の統制・再編成の動きが一気に加速した。この前には業界団体から様々な地方業者・職別業者に関する提案がなされている。その例としては、「地方工業組合ノ希望」や日本土木工業組合連合会（理事長　原孝次）から各府県土木建築工業組合理事長に宛てられた「土木建築工業組合ノ組織ニ關スル件」が挙げられる。

「地方工業組合ノ希望」に関しては以下の内容が挙げられていた。（以下抜粋）

一、工業組合会員ニ非ザレバ請負營業ヲ爲シ得ザル請負業ヲ免許制トセラレタシ
二、目下ノ組合加入ニ對シ資材其他ニ付恩恵ヘラレヌ爲組合ノ維持ニ困難アリ
三、地方特ニ警察部ガアウトサイダー（主トシテ大工）ニ對シ体ノ結成ヲ積極的ニ援助スル傾向ニアルハ好マシカラズ
四、組合ノ出資金ノ使途ニ付指導セラレタシ
五、資材ハ聯合會ヲ通ジ地方組合ニ於テ一元的取扱ヲ爲シ得ル様取計ハレタシ
六、組合員ノ資格トシテ直接國税拾圓ヲ納ムル者トナス場合アルモ此ノ程ノモノスラ包括請負業者ト見ルコトハ出來ナイ、組合員ノ資格ノ限度ヲ引上ゲラレ度シ
七、請負業取締ニ關スル地方命令ニ依ル強制組合ト工業組合法ニヨル工業組合トヲ一元化セラレタシ

この希望は、地方の工業組合員が、地方における配給の一元化や、工業組合法と営業などの他の取締りを一元化する内容となっている。実際、この案は、企業許可令や商工組合法適用によって職別業者も営業許可や、強制加入の組合からの資材配給が行われることとなった。

ただ、この希望には、大工棟梁の部制（組合化）については、明確な内容が記されていなかった。そこで土木建築工業組合連合会は、昭和十七年七月付けで各府県土木建築工業組合理事長宛てに、「土木建築工業組合ノ組織ニ關スル件」を通じて組合組織の処理要綱として以下の内容を通達している。

「大工棟梁ノ部制ニ付テハ左ニ依ルコト」
イ、大工棟梁ノ部制ヲ設ケントスル趣旨ノ一ツハ此等ガ概ネ資力少ナキモ多キモ鑑ミ組合加入ノ出資額、組合經費ノ負擔等ヲ輕減セシメントスルニ在ルヲ以テ組合ノ定款又ハ規程ニ依リ既ニ其ノ途ノ開カレイルモノハ特ニ部制ヲ設クル

必要ナカルヘシ
ロ、大工棟梁ノ新加入者比較的少數ニシテ特ニ部ヲ分ツノ要ナキ場合ハ部制ノ必要ナカルヘシ
ハ、大工棟梁ノ新加入者比較的多數ニシテ組合ノ運營上必要ト認メラル場合ハ部制ヲ設クル要アルヘシ
ニ、部制ヲ設クル場合ハ其ノ定款規定事項ニ關係ナキ場合ハ規程ヲ以テ之ヲ定ムルモ差支ナキモノトス

この処理要綱では、大工棟梁にとっては、組合化されない場合、資材配給が滞り業務に差し支えが生じてしまう。また新加入者が少ない場合も同様の問題が発生してしまう。結果として国家総動員法に基づく企業整備令、加えて商工省の企業許可令と商工組合法の適用により、大工等の職別工事業者は各道府県単位で統制を受けることになった。

また、こうした地域での統制に関して、伊藤の自筆と思われる資料「各県土建請負業取締規則[71]」がある。ここでは各県の請負業規則を挙げた上で、統制のために必要な事項として、工事請負金額・職別範囲の限定といった提案が明記されていた。これは統制に必要となる基準、つまり県ごとに工事内容、工事量、そして配給物資量などの事情が異なることが要因となっていると推察できる。また業界の複雑さに加え、こうした理由から、職別工事業者の考えが生まれたと考えられる。

各県ごとの資料としては岡山・岩手・滋賀の業界取締規則がある。例えば滋賀の場合は、「左官工業組合に属する防水工事業は全国またはブロック別の組合設立予定があり、当工業組合より除外する。また造園工業組合に属する盆栽業、栽培業は工事業者と認め難く除外する」といった内容である。

工業組合法の適用から、その不完全性により制定された企業許可令までの流れは、伊藤の、自書と思われる全て

手書きの「土建統制に関する考へ方」、建設業許可の内容（基準）検討用と推察できるメモ、そして「土木建築請負業者ノ資格」の中で、建設業統制の強化手法として、模索していた。

「土建統制に関する考へ方」では、土建業に対する再検討項目として、組織・運営方式・請負形式・下請制度・労務者の保有・価格構成を挙げている。また「新体制」という欄には、「大キイモノニ統制会社」「斬新的　一式請負認メヌ」などが記されていた。(72)

4・9　その他の国家機関による建設業統制

(1)　その他の国家機関による建設業統制の意図

本章では、建設業に対する戦時統制の実態を商工省の施策を中心に、その展開過程を明らかにしてきたわけであるが、その他にも、商工省とは所管を別にする国家機関が建設業界を統制してきた。商工省の立場は、国家全般に係る統制であるが、以下に示す機関は、勿論その事業遂行との関係性の中で建設業界を統制した。主なものとしては、鉄道と軍工事（陸軍、海軍）が関係する。(73)

鉄道工事に関する建設業への対応は、第2章で示したような業者の資格問題、第3章で展開した業界の連携（組合）事業に見られるとおりであった。そして、昭和十七年四月一日には、戦時の兵員軍需物資の輸送等のために鉄道工事が発注され、その受注調整のために社団法人鉄道工事統制組合が設立された。(74)昭和十八年頃の状況をみると、建設業界の統制が、一八企局第三五二七号「土木建築工事請負業ニ関スル企業許可令第三条ニヨル事業開始許可申請書進達ニ関スル件」の中で「五　鉄道省関係鉄道工事会社ニ関シテハ、此ノ際左ヨリ措置スルコト」との対応が示され、「(1)鉄道関係鉄道工事会社ハ之ヲ完全統合体タラシム」と記されていたように、鉄道省を中心に展開されたシステムが、商工省の統制施策に含まれるようになったことが分かる。また、商工省の通牒中でも、「名鉄工業株式会社、広鉄工業株式会社ノ類」との説明があって、いわば一般請負でなく、鉄道を専門とする鉄道省の下部機関の存在も確認できる。すなわち、昭和十九年二月一日に鉄道建設興行株式会社が設置された。

この他の、国家的機関による建設業界の統制としては、日本発送電株式会社（国策会社であり、それまでの地方毎に分散していた電力会社にかわり、電力における発電と送電を一括した事業として行っていた）の土木工事の受注に係る調整組織として、昭和十八年二月十六日に「日本発送電土木協力会」も設立された。

以上のような、鉄道を中心とした建設業界の統制の他に、建設工事の主たる発注者には、戦時体制下の陸軍と海軍による斯業の編成、統制があった。次に、陸・海軍工事を中心とした統制の実態を明らかにするが、その前に商工省と軍の間に建設業統制の指導権争い（ヘゲモニー）に関する確執があった。

この確執は軍部の協力会ができた昭和十六年から終戦まで続くことになる。まず、昭和十七年、それまでの工業組合法から、新たに商工組合法が適用され、「土木建築業ノ統制機構整備要網案」が出され、結果として、昭和十九年の日本土木建築統制組合設立につながった。

しかし、軍は、伊藤資料中の「日本土木建築統制組合ニ對スル意見」「軍關係工事施工能力整備強化對策ニ関スル件」などにもあるように、企業の新組合への加入を見合わせる旨の示達や、「日本土木建築統制組合（昭和十九年二月設立）」との関係を示した提案を商工省に行っている。この資料のうち前者に関する内容としては、以下（抜粋）のものがある。

「日本土木建築統制組合ニ對スル意見」
一、土木建築業ノ統制機構整備ハ國内工事量ノ大宗ヲ占ムル陸海軍ノ國防施設ニ至大ナル影響アルニ不拘商工省カ單ニ法的所管省タルノ故ヲ以テ陸海軍ト充分ナル事前打合セヲ爲スコトナク獨善的ニ而モ抜打的ニ發表シ徒ニ業界ニ動揺ヲ與ヘ重要且喫緊ナル軍施設ノ完遂ニ支障ヲ招來スルカ如キ處置ヲ採リシコトハ寔ニ遺憾ニ不堪處ニシテ將來再ヒ斯ルコトナキ様嚴ニ反省ヲ望ム
二、商工省提示ノ土木建築業ノ統制機構整備要綱案ハ土木建築統制組合ヲ設立シテ土木建築業ノ統制運營ヲ行ハシメ時局ノ要請タル工事力ノ集中増強並ニ資材、資金、勞務等ノ有効利用ヲ圖ラントスルニアリテ其趣旨トスル處ハ應諒トスルモ該案ノ内容ハ極メテ一般的ナル机上案ニシテ現實ノ土建界ノ情勢就中軍關係工事ノ實情ニ即セス寧ロ軍關係ノ膨大且喫緊ナル工事完遂ヲ阻害スル處ナシトセス軍トシテハ此際根本的ニ再検討ヲ望ム處ナルモ已ニ商工省トシテハ各方面ニ發表セル關係モアリ根本的ノ修正ハ之ヲ許サザル事情アル可キヲ以テ陸海軍トシテハ本機構ノ整備運營上左記事項ヲ容認セラルルニ於テハ過去ノ經緯ヲ一掃シ強力ニ之カ整備ニ協力スルノ用意ヲ有ス

1　新統制機構ハ陸海軍ノ強力會ヲ主体トシテ整備スルコト
之レガ爲新統制機構ノ役員ハ協力會役員ヲ以テ充ツルト共ニ陸海軍ヨリ参與ヲ入ルルコト尚將來役員ノ交代ハ陸海軍ト協議ノ上決定スルコト
2　新統制機構整備ハ勿論、將來之レカ運營指導監督ニ就テハ常ニ事前ニ充分陸海軍ト協議諒解ノ上實施スルコト　本統制組合ノ事業中軍關係工事ノ施工及引受ニ關スル統制指導ハ陸海軍之ニ任スルコト
3　要スルニ本組合運營ニ關シテハ陸海省三省共管ノ實ヲ擧クルコト

示達の趣旨は、軍関係工事独占を第一に考えた結果であり、軍工事の発注と工事・物資配給などに関しては、軍建協力会と海軍施設協力会があり、有力大手業者はほとんど両協力会に属していた。これが商工省の統制会方式になり一元化された場合、両協力会も同省の所管として包括され、軍の発言力は弱くなる。従って陸海軍はこの案に対し、反対の態度を取らざるを得なかった。こうした政府部内の対立関係が、商工省を牽制したという事情が窺える。

このような対立がありながら、昭和十九年一月の「本土木建築統制組合ノ設立同意ヲ求ムル書面（理事長　鹿島精一）」にあるように「日本土木建築統制組合」の設立をみることになる。しかし、商工省の「統制組合」案にしても、業界諸団体から要請された「統制会」案を認めるものでなかった。結果として、政府・軍当局の折り合いがつかないまま、閣議決定の「戦時建設機構確立に関する件」に基づき、昭和二十年三月の戦時建設団令の公布と戦時建設団組織の設立に至った。

(2)　陸軍に関する建設業の統制

昭和十五年八月に近衛師団の出入業者が陸軍省から招集され、九段軍人会館で会合がもたれた。業界からは、清水組、松村組、中野組等三〇社の代表者、陸軍側からは吉田大佐（陸軍省建築課長）が参加した。この会合では、特に要請はなく、陸軍の戦時体制下の建設業者の動員関係が論議された。

これを受けて、業界の十日会（建設業協会関東支部）は例会で、陸軍協力のあり方を協議した。この結果を陸軍省に申し出て軍との数回の協議の結果生まれたのが「軍建協力会」である。この協力会の概要は、以下のようであった。[75]

組織は、本部の他に、東部軍、中部軍、西部軍、北部軍の各軍管区と航空本部に支部を置き、各師団の出入業者約五〇〇社が会員であった。昭和十六年一月中旬になると、中部支部の設立を皮切りに、昭和十七年には全支部設立され、本部が成立した。そして、陸軍が協力会の範としたのは、ドイツのトート建設隊とも言われている。

しかしながら問題もあり、陸軍省の建築課の機能は、本省の企画担当に該当し、実施権を持たなかった。従って、各師団の経理部が実際の工事を発注し、本省の組織とは直結していなかった。また、最も工事量の多い造兵廠や火工廠は兵器本部の所管で、陸軍省建築課の管轄外であった。このような理由で軍建協力会は期待したほどの仕事はなかった。さらに協力会のメンバーが大企業に偏っていたために、中小企業からの誤解も生じていた。この状況が、昭和十七年三月の日本土木建築工業組合連合会臨時総会で紛糾を起こし、結果的に大手業者から中小業者に連合会の指導権が移り、逢澤寛（中国土木）が新理事長になった背景の一つであった。

協力会の活動は、昭和十七年にはじまる南方占領地での建設では、大きな役割を果たした。その後は、昭和十九年七月に軍建協力会は社団法人に組織変更され、この後で扱うように、戦局の最終局面で、昭和二十年三月二十七日に勅令第一五二号により戦時建設団令が交付され、同年七月十五日の戦時建設団の設立により軍建協力会は解散する。

軍建協力会活動内容の実際を知るために、以下に同協会の会則を掲げる。[76]

「軍建協力会会則」

第一条　本会ハ軍建協力会ト称ス

第二条　本会ハ皇道翼賛職域奉公ノ精神ニ則リ斯業ノ向上改善ト統制融和を旨トシ常ニ皇軍トノ緊密ナル連絡ヲ保持ス

ルト共ニ会員各個ノ保有スル能力ヲ綜合強化シ其ノ主力ヲ挙ケテ陸軍工事ノ完遂ニ協力スルヲ以テ其ノ目的トス

第三条　本会ハ前条ノ目的ヲ達スル為左ノ事業ヲ行ナフ

一、工事能力ノ現況及配分ニ関スル調査

二、陸軍ノ諮問ニ対スル研究応答並工事ノ状況成績等ノ調査報告

三、工事消化能力確保ノ為労力、器材ノ確保ニ必要ナル処理並相互流用ニ関スル統制

四、会員所属従業員ニ対スル精神的及技術的教育ノ普及

五、其ノ他必要ナル事項

第四条　本会ハ必要ニ応而軍ト連絡ノ為協議会ヲ開催ス

本協会ニ於テハ概ネ左記事項ヲ研究協議ス

一、工費低減並合理化ニ関スル件

二、設計上ノ創意工夫及設計技術ノ公開ニ関スル件

三、工事施工並監督ニ関スル件

四、工事量ノ配当及内示ニ関スル件

五、資材官配給ニ関スル件

六、其ノ他必要ナル事項

第五条　本会ハ陸軍ノ指定土木建築請負業者ヲ以テ組織ス

第六条　本会ハ本部ヲ東京ニ、支部ヲ航空本部及各軍所在地ニ班ヲ各師団及飛行集団所在地ニ置ク

第七条　本会ニ会長一名、副会長二名、幹事若干を置キ其ノ任期ハ会長、副会長ニアリテハ二ケ年幹事ニアリテハ一ケ年トス

本部ハ前項役員ヲ以テ組織ス
第八条　会長、副会長ハ総会ニ於テ候補者ヲ推挙シ陸軍ノ認可アルモノ之ニ任ス幹事ハ会長之ヲ推挙ス
第九条　会長ハ会務ヲ統理シ本会関係会議ノ議長トナル
副会長ハ会長ヲ補佐シ会長事故アルトキハ之ヲ代理ス
第十条　幹事ハ会長ヲ補佐シ本会諸般ノ事務ヲ掌ル
第十一条　会員ハ会長ノ統制指導ノ下ニ一致団結相互協力シ軍工事ノ完遂ニ努メ且軍ノ機密保持ノ責ヲ有ス
第十二条　定時会員総会ハ毎年一月之レヲ開催シ左記事項ヲ処理ス
一、前年度ノ事業及会計ノ報告
二、新年度予定事業ノ概要説明
三、優良班及会員並従業員ノ表彰
四、其他議案ノ上程
五、会長、副会長ノ推挙
臨時会員総会ハ必要ニ応而会長之レヲ召集スルモノトス
第一三条　会長ハ会務執行上ノ必要ニ応シ支部、班長及幹事ヲ招集シ幹部総会ヲ開キ所要ノ事項ニ就キ諮問又ハ協議ス
第一四条　本会ノ経費ハ必要ニ応而会員ヨリ之レヲ徴収ス
第一五条　本会ノ会計年度ハ毎年一月一日ヨリ十二月三十一日迄トス
第一六条　本会則ノ改廃変更ハ第一三条ノ幹部総会ニ於テ協議決定ス

この会則からは、第三条により目的を掲げ、建設業者の工事能力と仕事量を調査し、工事配分を行い、そのために

は業者間の連携を確保させることが示されている。そして、第四条での協議会の役割は、工事の配分と資材配給を主とし、これに付随するものとして工事費の低減化と合理化、設計の改善を行うと解釈できる。次に述べる海軍施設協力会も同様な機能をもっていた。

(3) 海軍に関する建設業界の統制

陸軍の「軍建協力会」の設立から少し遅れ、海軍でも建設業者の協力業者を編成し、「海軍施設協力会」を設置した。

以下の資料からその内容を捉えると、

「昭和十六年一月八日　会員名簿（順不同）附　結成要綱並ニ会則　海軍施設協力会」

組織は、一三名の請負業者からなる海軍施設協力会結成準備委員と支部構成員からなり、後者の請負業者数（ただし、支部は海軍工廠所在地関係であって、業者の所在地ではない）の実態は、東京支部（一二社）、横須賀支部（五〇社）、舞鶴支部（三三社）、呉支部（三三社）、佐世保支部（二七社）、大湊支部（二一社）であった。

資料[77]によれば、海軍施設協力会は本部が六つの支部を統括し、さらに、本部には海軍施設本部と海軍省経理部との協議会をもち、各支部は当該海軍建築部との協議会をもつことになっていた。ただし、大湊は海軍経理部及び建築部との協議になっていた。

また、同資料[78]では、備考として「大湊以外ニ在リテハ建築部長カ契約担任官ナル関係上支部協議会海軍側機関ハ建築部ノミ表示シアルモ各関係経理部モ必ス参加スルモノトス」とされ、実際の発注者である経理部（多くの場合、建築・土木技師等はこの経理部に所属していた。陸軍も同様）との関係性が示されている。海軍施設協力会の具体的目的と事業内容は、同協力会結成要綱から窺える。

「海軍施設協力会結成要綱」

要綱

第一　海軍施設協力会ノ結成ノ趣旨

高度国防国家建設ノ一翼ヲ占ムル海軍施設関係工事ノ実施ニ対シ皇道翼賛ノ趣旨ニ則リ内地ニ於ケル有力ナル土木建築業者ヲ糾合シ海軍施設協力会ヲ結成ス

〈説明〉

時局を鑑みると、海軍施設関係の工事を完成させるために業者が統合して積極的に協力する必要がある。本会の結成は陸軍の業者、所謂軍建協力会結成と同じ趣旨であるが、陸海軍では支部や管轄区域等が異なるので新団体を結成した。本協会が必要な理由は次による。

一、昭和十六年度の海軍施設関係工事は前年度に比し飛躍的に増大し、次年度以降も更なる拡大強化が不可欠となった。

二、建設業界にあっては、労働力の確保が喫緊の課題となっている。

三、資材不足が深刻化し工事用機材の取得補充が益々困難となっている。

第二　海軍施設協力会ノ性質

一、本会ハ海軍ノ京局機関トシテ海軍ト業者トノ緊密ナル連絡ヲ保持スルト共ニ海軍施設工事完遂ノ為会員各個ノ保

有スル能力ヲ総合強化シ其ノ主力ヲ挙ケテ工事ノ実施ニ当タルモノトス
二、本会ト海軍側トノ連絡ニ当リ両者意志ノ疎通ヲ図リ以テ機能発揮上遺憾ナカラシムル為海軍ノ推薦ニ依ル顧問ヲ本会ニ置ク

〈説明〉
●本会は海軍施設工事に主力をおく海軍協力機関の建前を明示する
●顧問は二名程度として本部に置く

第三　海軍施設協力会ノ構成
一、本会ハ本部及支部ヨリ成ル、本部ハ之ヲ東京ニ置キ会ノ中枢機関トシテ下位文中後部局ト連繋シ本会ノ趣旨達成ノ為必要ナル企画及会員ノ統制指導ヲ司ル
支部ハ之ヲ東京及内地ニ於ケル海軍建築部所在地ニ置キ海軍中央部局又ハ関係海軍建築部（大湊ニ在リテハ海軍経理部及建築部）ト連繋シ直接本会事業ノ実行ヲ担当ス

〈説明〉略

以下では、会員の資格等を規定している。
以上の内容は、あくまでも要綱であり、補足の意味を含め、より具体的な内容が紹介されている別の資料(79)を参照すると、以下のようであった。

「海軍施設協力会設立（昭和十七年二月八日）」

海軍側ノ設立要綱

本会結成ノ趣旨ハ、陸軍ト業者ノ所謂軍建協力会結成ノ趣旨ト同一ナルモ、海陸軍ノ施設関係構造ノ相違スルニ伴ヒ、支部ノ数、管轄区域等別個ニ考慮ヲ要スルモノアルニ就キ特ニ新団体ヲ結成セシメ、海軍ノ要望ニ合致スル如ク運営セシメントス。

記

一　十六年度海軍施設関係工事ハ、前年度ニ比シ飛躍的増大シタルニ、十七年度ニ於テハ更ニ一層激増ヲ予想セラレ、請負施行ノ拡大強化ヲ要スベキコト。

二　元来土木建築関係労力ハ安定ヲ欠キ、時期的ニ、且業者引受工事量ノ状況ニ応ジ、常ニ浮動ノ性質ヲ帯ブル関係上、他部門産業トノ間ニ又同業者間ニ相互争奪ノ弊少ナカラザルニ、最近国内労力ノ不足、移動ノ激化等益々此レガ確立ニ困難ヲ予想セラルルコト。

三　資材不足ノ度深刻化ハ、工事用機材ノ取得補充ヲ益々困難トナリキタレルコト。

このような施設協力会は、

① 海軍施設協力会は、この要綱に基づき、各鎮守府と要港の出入業者約三〇〇社で組織された。

② 本部以外に東京、横須賀、呉、佐世保、舞鶴、大湊に支部が置かれる。

③ 海軍は実施機関として海軍施設本部があり、陸軍よりは動きやすかった。

④ 海軍の一線は南方へ進出していたため、国内での建設は、設計、積算、工事監督、支払の査定まで協力会が代行していた。

以上の事業内容であるために、工事の範囲（発注者）以外は特に陸軍との大きな相違はない。また、昭和十八年五月に海軍施設協力会は社団法人となったこと、そして右記④の協力会が国内建設分の代行を行っていたことは、終戦後の「戦時補償打切り問題」の際に、海軍施設協力会（社団法人）が廃止機関となったため、会員各社が大きな損失（戦時補償に該当する）を受けない利点ともなった。

戦争末期には、陸軍の軍建協力会と同様に、海軍施設本部も、昭和二十年七月三十一日、戦時建設団の設立により解散した。いずれにせよ、陸・海軍工事を担当する組織の趣旨は、商工省の行った建設業統制の内容と等しいし、相違といえば、この統制により便宜を受ける機関にあるとも言い換えられる。

4・10　戦時建設団

戦局が激化するなか、昭和十八年に企画院と商工省を統合し軍需省が設置された。軍需省の統制は、軍需品生産の責任体制を明確化した軍需会社法（昭和十八年十一月）に見て取れる。

建設業にあっては、伊藤資料の中で、生産拡充のための建設業に対する行政機関の設置の必要性を説いた、当時の状況を示したものがある。(80)

(1)　生産力拡充計画並に建設工業を対象とする行政機関設置の必要性

一、生産力拡充計画一元化の必要

現在に於ける建設工事能率の低下は現象的には資材、労務の入手が困難を窮め各工事場間に於ける之等生産要素の争奪と云ふ形で現はれて居る。之は全生産能力と全需要とが一致して居ないと云ふ事材料労務等の生産要素が時間的空間的に偏在して円滑なる工事の進捗に必要なる生産要素の適時適量なる補給が行はれて居ない事を示して居る。

戦争の進展と共に資材、労務が漸次逼迫を来たすのは当然であるが之等の逼迫を来たれば来す程合理的な形で配置する事も強く要請せられる。此の要求を満たすためには緻密な配置計画と計画の円滑な遂行が必要である。抑々建設工事は戦争経済の中心課題を為す生産力拡充の重要なる部分を占めるのであるから各産業の生産力拡充計画を横断的に貫いて纏め上げたものに従つて割当てられなければならない。然るに現実は此の如き纏め上げの責任者を欠き需要は統一なく生起し生産力との間に睨合せを行つていない。此処に基本的なる欠陥があると云はなければならない。故に工事の重要度とその進捗が失して戦況に即応する生産増強を阻害したり資材、労務の獲得に闇取引が横行して徒らなる建築費の昂騰を来したり一般産業の労務動員に悪影響を及したりして居るのである。

かかる情勢に対して土木建築統制組合は先ず生産管理の強化により生産力を増強すべき諸対策即ち労務の直雇、生産の機械化、資材の自主的合理的な配分等を計画しつつあるのであるが此の如き抜本的対策は短時日に効果を挙ぐるべきでは無い故現下の状況に於ては生産力に適合する需要の抑制即ち建設計画なるものが確立しなければ如何なる対策も徒労に帰するものと云はなければならない。此の生産力に適応する建設計画を確立せんには目下生産拡充計画の一部として各産業部門別に分離樹立せられて居る生産力拡充計画を統一して一元化するは勿論如何なる生産力拡充計画も戦争遂行に無関係ならざる現段階に在つては之が直接軍需とも密接不可分の関連に置かれる事が希求される。

(2) 建設業界の対応

昭和十九年七月の日本土木建築統制組合の結成に伴い土木工業組合は同年七月、建築業組合は同年十月に解散した。以後は、昭和二十年一月に軍需省は対策協議のため、官民打合せ会を開催した。軍需省からは、総動員局第三部建設課長近藤止文以下担当官五名、業界側からは、松村組、大林組、熊谷組、鴻池組の代表者が出席した。これが国家総動員法に基づく特殊法人、戦時建設団設立の発端となった。

そして、建設業の更なる統制化（戦時建設団）に取り組まれた。すなわち、昭和二十年三月二十三日の閣議において「戦時建設機構確立に関する件」が決められた。基本構想は以下のとおりであった。

① 特別法人とし、軍・官の直営工事を除く国内建設工事を一元的に担当させる。
② 機構は、強力簡素な指導機関としての中央機構、工事を担当する地方機構とする。
③ 建設業者やその団体を構成員とした特別法人とし、役員の任命権並びに全体に対して政府が強力に監督する。
④ 建設団は、その構成員に対して技術者や労務者の提供を命じ、機械の譲渡、貸与を命じられる。
⑤ 建設団は自ら工事の施工ができ、技術者や労務者を徴用できる。
⑥ 以上の方針により、特別法人の業務に抵触する各種土木建築統制機構は解散させる。

日本土木建築業統制組合の時よりも統制強化し、建設工事の一元化を図った戦時建設団であったが、その根拠法は、国家総動員法（昭和十三年制定）第一八条に準拠していた。ここで、国家総動員法第一八条の内容を示せば以下のとおりである。

第一八条　政府ハ戦時ニ際シ国家総動員上必要アルトキハ勅令ノ定ムル所ニ依リ同種若ハ異種ノ事業ノ事業主又ハ其ノ団体ニ対シ当該事業ノ統制又ハ統制ノ為ニスル経営ヲ目的トスル団体又ハ会社ノ設立ヲ命スルコトヲ得

この命令により設立された団体は法人であること、政府がその団体の定款に関与すること、勅令により団体構成員の資格を決めること、団体の変更、廃止については政府の許可が必要なこと等が定められている。参考のために、国家総動員法による総動員物資（第二条）の中には、「六　国家総動員上必要ナル土木建築用物資及照明用物資」が掲げられているが、総動員業務（第三条）の中に建設業は含まれていない。ただし「九　前各号ニ掲グルモノヲ除ク外勅令ヲ以テ指定スル国家総動員上必要ナル事業」の規定があるので、必要とあればその業務に位置づけられることになっていた。このような、国家総動員体制の中で、業界の統制を強力に実行させるために、第一八条が適用されたといえる。

以上の経過を経て、昭和二十年三月二十七日に勅令第一五二号により戦時建設団令が交付される。戦時建設団の構成員資格は、軍需大臣名で告示された。

そして、昭和二十年四月、戦時建設団は軍需大臣より設立が許可され、組織は本部の他に北海道、東北、関東甲信越、東海、近畿、中国、四国、九州の八分団が設置された。ここに至り、建設業統制の多元化が整理され、陸海軍の協力会も解散し、受注一元化が戦時建設団でなされるようになった。

戦時建設団の組織上の特徴を挙げれば、国有民営化の大合同組織は、従前の統制組合中で存在していた単独加入組合員（企業）を認めず、例えば、会社名を捨て大林班、竹中班などと称呼された。しかし、戦時の末期の建設団の設立であり、実際に機能することなく、終戦を迎えた。

戦時建設団法（勅令第一五二号、昭和二十年三月二十八日）は、多くの施行規則、省令、告示等から構成されていた。ここでは、初めに戦時建設団規則類の全貌を、はじめに示す[81]。

① 戦時建設団施行規則（昭和二十年三月二十八日、軍需省令第一〇号）

② 戦時建設団ニ基ク戦時建設団ノ登記及清算ニ関スル件（昭和二十年三月二十八日、軍需、司法省令第一号）

③　戦時建設団ノ構成員タル資格ヲ有スル者ノ指定（昭和二十年三月二十八日、軍需省告示第一四八号）
④　戦時建設団設立命令（昭和二十年三月二十八日、軍需省告示第一四九号）
⑤　戦時建設団設立委員ノ氏名又ハ名称及住所（昭和二十年三月二十八日、軍需省告示第一五〇号）

以下では、この戦時建設団令の具体的内容をみていく。[82]

「戦時建設団令」

第一条　国家総動員法第一八条ノ規定ニ基ク土木建築（付帯工事ヲ含ム、以下同ジ）ノ事業ノ統制及統制ノ為ニスル経営ヲ目的トスル団体ニ付テハ本令ノ定ムル所ニ依ル

第二条　本令ニ依ル団体ハ戦時建設団トス

第三条　戦時建設団ハ戦時ニ於ケル土木建築ノ総力ヲ最モ有効ニ発揮セシムル為土木建築事業ノ総合的統制運営ヲ図リ之ニ必要ナル経営ヲ行ヒ且土木建築ニ関スル国策ノ遂行ニ協力スルコトヲ目的トス

第四条　戦時建設団ハ其ノ目的ヲ達スル為構成員ノ土木建築事業ニ関スル統制指導ヲ行ヒ且土木建築事業ヲ行フ

戦時建設団ハ軍需大臣ノ命令ニ依リ又ハ其ノ認可ヲ受ケ前項ノ事業ノ外其ノ目的ヲ達成上必要ナル付帯工事ヲ行フコトヲ得

第五条　戦時建設団ノ構成員タル資格ヲ有スル者ハ土木建築事業ヲ営ム者又ハ其団体ニシテ軍需大臣ノ指定スルモノトス

第六条　軍需大臣ハ命令ノ定ムル所ニ依リ戦時建設団ノ構成員タル資格ヲ有スル者ニ対シ戦時建設団ノ設立ヲ命スヘシ

第七条、八条［省略、定款に掲げるべき内容等が記されている］

第九条　戦時建設団成立シタルトキハ其ノ構成員タル資格ヲ有スル者ハ総テ構成員トス

第一〇～一四条［省略、役員等に関する事項］

第十五条　戦時建設団ハ命令ノ定ムル土木建築工事ノ一元的受注ヲ図ルベシ
戦時建設団ハ其ノ受注シタル土木建築工事ノ施行ニ係ル実務ヲ其ノ構成員ヲシテ行ナワシムルコトヲ得
第一六〜二〇条［省略］
第二十一条　戦時建設団ハ其ノ構成員ノ土木建築事業ニ関スル統制規程ヲ設定スヘシ
戦時建設団の構成員ハ戦時建設団ノ統制規程ニヨルヘシ
第二二〜三一条［省略］

このような、統制化に関する規定の内容は、工業組合法（大正十四年制定）、国家総動員法に基づく「重要産業統制法」（昭和十六年）の考え方を引き継ぐものであった。これらとの相違は、軍需大臣が一元的に管理する点にある。

次に、同令施工規則から、具体的な事業を明らかにする。[83]

〈戦時建設団令施行規則〉
昭和二十年三月二十八日に軍需大臣吉田茂[84]より出された。
第一条　戦時建設団の設立を命じる場合、その設立許可を申請すべき時期は告示により指定すること
第二条　戦時建設団が一元的に土木工事の受注する場合は、月割工事金額が三万円以上の総合工事であって軍需大臣が指定するものまたは職別工事とすること
第三条　戦時建設団において賦課金を課す場合は、次の事項を記載して申請する。賦課金を必要とする理由、賦課金の収支予算及び賦課金徴収方法
第四条　剰余金の処分は軍需大臣の許可を得ること

さらに、軍需省告示第一五〇号は、昭和二十年三月の軍需省告示第一二六号によって設立を命じられた戦時建設団の設立事務処理のために、設立委員会を設置することを決めている。[85] そして、総合建設業者は二四社と一名、本部のほかの地方団は、関東地方、近畿地方、東海地方、中国地方、九州地方、東北地方、北海道地方、四国地方(以上は掲載順のまま)とされた。

同令の中での、職別の扱いは、軍需省告示第一四八号によってなされた。

「戦時建設団第五条ノ規定ニ依リ戦時建設団ノ構成員タル資格を有スルモノ次ノ通リ指定ス」

昭和二十年三月二十八日

一　昭和十六年十二月十三日以前ヨリ引続キ土木建築綜合工事業ヲ営ムモノ又ハ企業許可令第三条第一項ノ規定ニヨリ土木建築事業開始ニ付キ行政官庁ノ許可ヲ受ケタル者但シ次ニ掲グル職種以外ノ職別工事業ヲ併セテ営ム者ヲ除ク特殊コンクリート工事業、鉄骨工事業、防水工事業、電気配線工事業、配管設備工事業、築炉工事、舗装工事

二　次ニ掲グル職別工事業ヲ営ム者ヲ以テ組織スル統制組合［二九業種］

土工事業、鳶業、特殊コンクリート工事業、大工工事業、鉄筋工事業、鉄骨工事業／煉瓦及タイル工事業、石工事業、銘石及擬石工事業、柿板葺工事業、瓦工事業、スレート工事業、防水工事業、板金工事業、金属製建具取付工事業、木製建具嵌込工事業、硝子工事業、左官工事業、塗装工事業、漆塗工事業、経師工事業、畳業、家具装飾工事業、電気配線工事業、保温保冷工事業、築炉工事業、舗装工事業、緑地工事業

三　建築設計管理業ヲ営ム者ヲ以テ組織スル統制組合

以上の中で、職別に関する業種「二」「三」は日本土木建築統制組合の下部組織をそのまま使用している。また、

この業種区分を、昭和十八年七月三十日の商工省企業局長豊田雅孝が各地方長官に通牒した「土木建築ニ関スル綜合工事業者ト職別工事業者ノ営業分野ニ関スル件」と比べると、業種が若干増加し、用語表現に変化がみられる。ただ、昭和二十年八月の設立からも明らかなように、戦時建設団組織としての施工実績は三件のみで、同年十月一日に解散となった。

以上が、国のレベルの究極の企業統制化であったが、この期間に民間ではどのような動きがあったのか、大阪を例に捉えてみる。[86] また、ここでの中心課題は、建設労働者の積極的活用により戦時体制に対応する（いわゆる、労務報国）ことにあった。

昭和十七年六月に大阪の大手建設業者は、時局に鑑み労務関係の常設研究会（「土建労務研究会」）を、大手企業の幹部クラスの参画を得て結成した。この土建労務研究会は、性質上、工業組合として処理された。そして研究会は、昭和十九年十月に建設業者の別組織「五日会（建設業協会関西支部）」が解散するに及んでも存続し、次の研究がなされていた。

〈土建労務研究会の研究対象〉

①　労務報国会の組織と運営方法
②　労務調整令、学校卒業者使用制限令、労務手帳法、職業紹介法、労務供給事業取締規則、賃金統制令、国民徴用令等の戦時労働法令についての対策
③　土木建築業の協定賃金
④　土木建築業の賃金規則（準則）
⑤　丙種事業所得に対する分類所得税

⑥　加給米その他労務者用物資の割当と配給
⑦　土木建築労務者の格付
⑧　土木建築労務者担当者のための「労務必携」編集
⑨　建築工の養成方法及び要請書計画
⑩　労務者確保の方法
⑪　土木建築労務体制のあり方

右記の特徴としては、協定賃金の締結に関しては、賃金統制令に基づき、工業組合の後継団体である近畿土木建築統制組合大阪支部と大阪府下職別統制組合との間で協議され、内務省の許可を受けたものであって、全国で初めて定額賃金、当該職に関する標準作業量の設定、これに標準賃金を乗じて請負賃金額を決定した。また、定額賃金による能率低下を避けるため、各職別の付加基準の決定を加えている。

さらに、労務研究会は、昭和十九年に「土木建築労務体制の刷新方策」と題する四万字に及ぶ意見書を作成した。内容は以下のようであった。

〈土建労務体制の刷新方策〉

①　国防土建工事の発注一元化
②　国防土建業者に軍需会社法を適用
③　軍需省は、軍需会社法の適用を受けた業者を、国家目的に従い指揮統括し、その業務を監督する。
④　軍建協力会（陸軍）、海軍施設協会を併せて「大日本国防土木建築建設団（仮称）」を結成する。
⑤　土木建築業者は、責任をもって命ぜられた工事を完遂する。

⑥　請負方式は、従来の一式請負の他に、実費報酬加算式請負を行う。
⑦　土木建築業者は労務者を直雇し、そのうち常時要員基幹労務者を常雇して、これを軍隊式組織に編成する。
⑧　政府は臨時要員の配置機関を拡大強化し、適正配置の徹底を期す。
以上の「土木建築労務体制の刷新方策」の効果は、戦時建設団の創設時に、この刷新方策に沿った形で全ての業者団体が統合された点にあった。

4・11　章　結

本章は、研究の中で、大部を占めるものとなった。期間的にみれば、昭和十五年頃を発端とするので、終戦までの約六年間の建設業をめぐる動きである。特に、より具体的な趣旨（企業統合）を以て統制が行われたのは、昭和十八年以降であった。従って、実際の建設活動が如何なる状態であったかを問うよりも、国策としての建設業統制が、いかなる背景の中、どのような内容を持っていたかが中心テーマとなる。故に、どのような結果に至ったかは意味をなさないと判断できる。

特に、本章が大部になった理由は、これまでの文献では、具体的な統制の内容があまり扱われず、統制の真意を推し量れば、可能な限り資料の内容を参酌して論を展開すべきとの判断が筆者にあり、多くの資料を引用したことにある。

そして、本章の分析にあっては、一般的な文献資料から表出しない、行政担当者の考えた方や、書籍にまとめられない原資料から統制の本質を解明したことが根底にある。今回発見された伊藤憲太郎の所有資料は、このような研究の前提に対して回答を与えてくれた貴重なものであった。すなわち、公式政策（発表）のみならず、どのような意図が統制担当者の中で醸成されていたかを知る基盤となった。

以下では本章の知見をまとめる。

戦後統制の一連の流れを扱う前に、本章の冒頭で、昭和期の商工行政に係る官僚指導型の統制経済の本質を明らかにした。その理由は、建設が社会活動の一部である以上、国の政策と連担していることは自明であり、商工省の政策が理解できないと、何故、建設業界に工業組合法が適用され、かつ、戦時体制の中で、どのように位置づけようとしたかは解明できないことによる。

昭和十三年には、業界待望の単独法の「土木建築業組合法」が国会に上程された。しかしながら、貴族院での審議未了により廃案になった。この法律が何を基本にしていたか明確に示した文献はみられないが、「組合法」であることから、従前の工業組合法（大正十四年制定）の内容を援用したといえる。業界にとって初めての単独の業界法の制定は意義があり、単独法である理由は、建設業が工業、商業いずれにも属さないためといわれているが、これ以外にも全国規模の大企業と地方を営業範囲とする中小企業が混在し、中小企業を対象とした工業組合法はその趣旨がそぐわなかったともいえる。産業行政の中で、大企業と中小企業を一括して扱うシステムは存在せず、ここに建設業の特異性が表出している。

この時期の業界の取締り（統制）は、土木、建築の単独でなく、これらが一つに含まれている。さらに、企業を単位とした業界法でなく、全てが組合、あるいは、統合組織を対象としていた。昭和十五年になると建設業界への工業組合法の適用がなされ、昭和十六年に全国各府県の土木建設業工業組合化が果たされた。まさに、太平洋戦争に入る時期で、戦時に対応した総力戦の中での統制化であったといえる。そして、工業組合は昭和十八年からの統制組合時代に入るから、約二年間の活動で、組合の事業は、工業組合法に示される中小業界の組織化（カルテル化）によってなされた。この工業組合化の前になされた施策がある。昭和十四年の満州国を地区とする「工事請負業法提案」がそれで、建設業界に工業組合法を適用する一年前のことであった。既成の社会システムの呪縛に関係ない理想が示されているともいえる。法案の中では、請負業の旧套問題（例えば片務性）を別としても、機械・機材の統制、労務募集・使役の統制、資材・工具の配給、技術員・技能者の統制、さらには工事資金の統制等が盛り込まれていた。

以降は、戦時体制の逼迫に伴い、統制の観点から業界が再編されるわけであるが、その間には、業界団体からの再編案が提案されている（日本土木建築工業組合連合会、建築業協会・土木工業会、四会連合協議会、東京土木建築組合、横河民輔（私案））。基本的には、建設業界を一つの統制組織で括るアイデアであったが、母体とする建築、土木、大企業、中小企業の性格が提案中に表出していた。そして、横河の個人的な改革案＝営団方式にしても、統轄組織の法人格の違いであって、他案と同じように、国が一括管理するシステムに相違はない。

昭和十七年からは、国家総動員法を基幹法とした企業整備令や企業許可令が出され、国の産業統制の中で建設業が扱われるようになった。そして、建設業界の統制を担当する商工省は、昭和十七〜十八年に七つの通牒を地方長官（知事）に出し、企業統合を基盤とした統制組合化を図る。その本意は、建設業固有の中小企業を組合設立により統合化することにあり、元請のみならず、下請企業を組合の中でまとめるべく、職別の定義が厳格になされた。すなわち、建設業界の特異性から、単独組合員（総合建設業＝大手）を認めつつも、例外的な扱いで、その基本は、中小企業の職別の統合化であり、工業組合法の本質が見られる。この中で、請負をしつつ職別の専門性を具有していた大工・棟梁の取扱いに混迷がみられた。

業としての区分は、特に商工省の施策からであったが、技能までを含めると、昭和十三年の国家総動員法が深く関係していた。国家総動員法は、戦時統制の基幹法律で、産業界全てを戦時体制に組み込むことのできる仕組みをもち、派生規則等が非常に多い。商工省で統制事業を担当としていた官僚達にしても、全くの自由意志で、建設業界を統制したわけでなく、根拠法に依拠する必要があった。

この時期、商工省のほかでも、建設業の企業統制が存在していた。鉄道工事と戦時特性としての陸・海軍によるものである。鉄道関係は、土木工業会の沿革にみるように、明治以来の鉄道敷設と関係していたが、後者は、戦時体制固有の軍工事を完遂するための組織化であって、これらの組織化は、基本的には限られた資源（資材と建設業者）をいかに自己の工事に配分させるかにあり、軍と商工省との間に確執も存在していた。しかしながら戦局の最終局面にあっては、全てが戦時建設団に統合されることになる。

戦争末期の昭和二十年三月には、戦時建設団が設立される。基本的には統制組合事業を国家レベルでさらに統一して、一企業体として建設にあたらせようとした、超国家体制であった。事業の内容や運営方式は、特に統制組合と相違が見られない。実績としても二～三の工事が該当するだけで、名目的な組織で終った。

本書は、建設業行政として経営上の資格、財務上の資格（保有設備を含む）、技術者の資格がどのように規定されていたかを明らかにするものであるが、この点は、通牒「一七化第五六二二号」の中で明確に示されている。すなわち、企業の許可方針として、工事実績（営業経験）、資本金の条件、技術者の学歴と経験年数等が具体的に決められている。それぞれは、全国組織か地方のそれかにより具体的条件は異なっているものの、初めて公の政策の中で規定されていたものといえる。

第６章で扱うように、戦前の建設業統制のシステムが戦後どのように生かされたか明解に示した資料は存在しないが、これらに示された具体的な経営、財務、技術的基準が戦後の建設業法の基盤になったとも考えられる。

第４章　注

（１）商工行政史　下巻、商工行政史刊行会、昭和三十年を主たる資料とし、「産業政策史研究資料」、戦時戦後の商工行政の一端㈶通商産業省調査会虎ノ門分室　産業政策研究所、「通産官僚と産業政策の展開」、書評：チャールズ・ジョンソン著、「通産省と日本の奇跡」、岩武照彦、一頁により補足した。

（２）戦後は特に商工省が建設業を扱わなくなったので。

（３）商工行政史下巻によると、「製鐵事業法」は大正六年に制定された「製鐵事業奨励法」に代わるべきものとして日華事変前から立案されていた。この法律は、この時期に共通にみられる特徴として、厳密な意味での戦時立法とはいえないものの、戦時統制そのものの発展が意図されていた。同書、一三〇頁。

（４）同上書、一三二頁による。

（５）製鋼される前の、鋳鉄に相当するもの。

（６）このことを勘案すると、雑業と呼ばれていた建設業の統制が昭和十七年から始まり、十八年に本格化するので、大きな差があったわけではない。

（７）鋼材不足のため、鉄筋の替わりに竹により補強したもの。（英）bamboo reinforced concrete

（８）日本セメント工業組合は、生産部門へ適用され、買収と配給については、セメント共販株式会社が統制機関として設置された。

（９）大阪建設業、一五八～一六〇頁

（10）日本土木建築業史、二八頁

（11）資料を大阪建設業協会六十年史としたため、本来のカタカナ書きから、平仮名書きとした。

（12）日本土木建設業史、三五一頁

（13）東京土木建築工業組合組合報（解散記念号、昭和十九年十二月三十一日）、二〇頁による。

（14）大阪建設業協会六十年史、一六三～一六二頁

（15）同上書、一六一～一六二頁

(16) 参考：http://www.pala.or.jp/bae/maeda-part 2.htm
(17) 建設業界の産業・労務報国会については、日本土木建築業史、二八六～二八七頁を参照した。
(18) 土木建設業の統制機構整備について、伊藤憲太郎、建築雑誌昭和十八年十一・十二月号、七七三頁
(19) 同上書、七七三頁
(20) 以下は、日本土木建築業史、二九〇～二九一頁と前掲の伊藤、七七三頁による。
(21) 以下は日本土木建築業史、二九〇～二九一頁
(22) 以下は、日本土木建築業史、二九〇～二九一頁
(23) ここで初めて用語「建設工業」が使用されている点に注意が必要である。
(24) 今回の調査で得られた伊藤憲太郎所蔵の資料で、以下では、「伊藤資料」とする。この資料は、建築学会用箋を使用。
(25) 以下は、「伊藤資料」、タイプ打ち
(26) 東京土木建築工業組合沿革史、一二六頁
(27) 同上書、一二八～一三〇頁
(28) 「伊藤資料」、商工省用箋、B5判、タイプ打ち、旧字カタカナ書き
(29) 満州でこの法案が成立した否かは不明
(30) 「伊藤資料」、B5判、タイプ打ち、謄写版印刷
(31) 康徳：満州国康徳帝の元号、在位は一九三四～一九四五
(32) 「伊藤資料」手書き分
(33) この内容からは、有限責任であることがわかる。
(34) 「伊藤資料」、商工省用箋、B5判、タイプ打ち、美濃紙
(35) 以降では、次のような案により建設委員会を設置するものであると結んでいるが、この案のページは発見できていない。
(36) 「伊藤資料」、B5判、商工省用箋、タイプ打ちに手書き修正(かなり多い)、旧字カタカナ書き
(37) 「伊藤資料」、B5判、商工省用箋、タイプ打ちに手書き修正、旧字カタカナ書き
(38) 「伊藤資料」、B5判、商工省用箋、タイプ打ち、手書き訂正あり、旧字カタカナ書き)
(39) 伊藤前掲書、七七五頁、
(40) 伊藤前掲書、七七三頁、日本土木建築業史、二八八頁
(41) 伊藤前掲書、七七三～七八七頁

(42)「伊藤資料」中の極秘扱いのもので、内部資料
(43) 伊藤前掲書、七七四頁
(44) 以下は、伊藤前掲書、七八〇～七八一頁
(45)「伊藤資料」、大日本帝国政府用箋使用、タイプ打ち
(46) この通牒は「伊藤資料」に残されていたもの。
(47) 大阪建設業協会六十年史、一八五～一九〇頁
(48) 伊藤前掲書七七六頁
(49) 伊藤前掲書七七七頁
(50) 伊藤前掲書七七九頁
(51) 伊藤前掲書七七七頁
(52) 伊藤前掲書七七九頁
(53) 以下では資料を東京土建誌、一五九～一七〇頁
(54) 伊藤前掲書、七七六頁
(55) 伊藤前掲書、七七六頁
(56) 東京土木建築工業組合沿革誌、一六七頁では、「(1)単独加入組合員タルコト（改行して）工事業者ノ兼営スルコトヲ得ザル職別工事業ニ付テハ一ノ(1)ニ準ス」、となっていた。
(57) 伊藤、建築雑誌昭和十八年十一・二月号、七七九頁
(58) 東京土木建築工業組合沿革誌では「家具」となっている。
(59) 大阪建設業協会六十年史の場合は、一九一頁による。
(60) 東京土木建築工業組合沿革誌、一七九頁
(61) 大阪建設業協会六十年史、一九三～一九七頁
(62) 以下の統制制度による企業合同については、「伊藤資料」による。
(63) 以下では資料を非常時経済法令集、山本登美雄編、日本窒素肥料談話会、昭和十七年六月二十五日に求めた。
(64) 以下では、資料を東京土木建築工業組合沿革、三三三～三三五頁に求めた。
(65) 東京土木建築工業組合沿革誌、六六～六八頁
(66) 建設業における、労務報国会の活動については、本章の「４・３　建設業の工業組合化への対応、(2)産業（労務）報国活動」

の中で紹介した。
(67) 伊藤前掲書、七七四頁
(68) 大阪建設業協会六十年史一七一頁
(69) 伊藤前掲書、七七四頁
(70) この部分は「伊藤資料」にもある。ただし、日付が遅い。別紙だけ後で出された可能性もある。
(71) 手書のもの。取締りのアイデアを検討したものと思われる。
(72) ただし、「資材関係」と書かれたB5判の洋罫紙には何も書かれていなかった。
(73) 日本土木建築業史、二二頁によれば、その他に大正期には「東京経理部工友会」があり、宮内庁には「尚工会」があったとされている。
(74) 日本土木建設業史、三八二頁による。運輸通信省の発注する主要工事はこの統制会によっていた。
(75) 以上の経過と、以下の件に関しては、日本土木建築業史、二七頁、日中戦争の頃、電力「日本発送電土木協力会」昭和十八年二月による。
(76) 「伊藤資料」、B5判、美濃紙タイプ打ち、旧字カタカナ書き。海軍のものも名称以外は全く同じ内容。検討用のものか。
(77) 海軍施設協力会会員名簿昭和十六年一月八日会員名簿、一七頁
(78) 同上書、一七頁
(79) 大阪建設業協会六十年史、一七九～一八一頁
(80) 「伊藤資料」より「19、5、23 松村君」との手書きが冒頭に付されている。
(81) 大阪建設業協会六十年史、三六五頁
(82) 戦時建設団については、大阪建設業協会六十年史、二〇三～二〇五頁、日本土木建設業史、三六三～三六九頁を参照した。
(83) 以下は日本土木建設業史、三六九頁
(84) 軍需大臣 吉田 茂（戦後の外交官出身の吉田茂とは同名別人）。内務省出身。後に政治家となる。昭和十五年の米内内閣では厚生大臣。この告示のときは小磯内閣で藤原銀次郎の後任。
(85) 日本土木建設業史、三六九頁
(86) 大阪建設業協会六十年史、一七三頁

第５章　建設業所管官庁の変遷

第２、３章で指摘したように、建設業の担当行政機関は、戦前の内務行政の特質として、取締行政を担当する地域の警察であった。正式な建設業担当部局の登場は、まさに戦時体制と深いつながりがあり、商工省を出発点としていた。そして、第６章にて戦後の関係を纏めて分析するので、終戦までの建設業に係わる所管官庁については本章で扱うこととする。

企業統制に関しては、法令等により内容がトレースされたものの、省庁における建設業の担当部局を知る手立ては、各省庁の沿革史（特に商工省関係）の局部課の分掌内容の確認しかない。そして、建設業関係は、これまでに再三指摘してきたように、重要産業と捉えられていなかったので、この分掌事項も非常に限られたものしか入手できていない。昭和十三年頃から終戦に至る期間の、建設業所管庁の実態は、内部検討用に作成された伊藤資料によるところが多い(1)。

5・1　内務省関係

内務省における建設業の取締りは、第2章で詳述したように、同省の下部組織である各府県の警察行政が担当し、実務は末端の下部組織である警察署単位で行われた。府県の警察組織は、土木建築請負業取締規則に従って、個別業者の取締りを行い、さらに組合の設立を半ば義務化させ、業界の自主規制に委ねた部分も多かった。大正八年の市街地建築物法による建設業の取締りや、東京府のような請負代願人規則も建設活動を現場レベルで規制する制度であった。また、このような取締りは、各警察署で臨検を介して建設現場単位で実施されていた。

しかしながら、警察行政の根本は取締りにあり、該業の育成、あるいは、国家活動（産業）の一部として位置づける施策は対象外であった。以下で警察行政の一部として、警視庁で扱われた際の建設関係の分掌関係を検証する。資料は、昭和十三年四月二十八日に警視庁保安部建築課長技師の伊藤憲太郎に宛てられたもので、各課の事務刷新事項の検討内容に該当する。表題は「事務刷新改善ニ関スル各課意見報告書」であって、建築課にあっては、

- 申請及届書ノ様式ヲ改ムルコト
- 建築許可起案様式ヲ改ムルコト
- 建築線台帳ノ整備スルコト

の改正が出され、これによりおおむね担当課の所業事項が分かる。

これとは別に、保安課では、「特殊建築関係技術員保安課配置ノコト」が掲げられている。従って、特に産業とし

て取り扱われていなかったことが分かるが、これは、内務省の所掌事項の特性でもあった。

5・2　商工省関係

右記のように、建設業行政の主務官庁は商工省が担当していたが、戦時下の統制の一部、いわゆる商工行政と関係したものであり、これ以前は特に主務部局は存在していなかった。建設業を請負取締り以外で扱ったものとして、早期には「工場法」がある。そして、この法に関連する「工場労働者最低年齢法」（大正十二年）では、次のように建設業関係が規定されている。

第一条　本法ニ於テ工業ト称スルハ左ニ掲クル事業ヲ謂フ
一　鉱業、砂鉱業、石切業其ノ他土地ヨリ鉱物ヲ採取スル事業
二　物品ノ製造、改造、浄洗、修理、装飾、仕上、販売ノ為ニスル仕立、破壊若ハ解体ヲ為シ又ハ材料ノ変造ヲ為ス事業（造船業及電気又ハ各種動力ノ発生、変更及伝導ヲ為ス事業ヲ含ム）
三　土木、建築其ノ他工作物ノ建設、改造、保存、修理、変更、解体又ハ其ノ準備若ハ基礎工事
四　道路、鉄道、軌道又ハ平水航路ニ於ケル旅客又ハ貨物ノ運送但シ主トシテ人力ニ依ル運送ヲ除ク
五　船渠、岸壁、波止場又ハ倉庫ニ於ケル貨物ノ取扱

建設業界がその対象である旨が、第一条に規定され、各産業の区分の中での位置付けが分かる。ただし、工場法にあっても、戦前の現場における取締行政は地方庁の警察（内務省関係）が担当していた。

(1) 伊藤憲太郎技師と建設業所管部局

昭和十年代前半までは地方庁の警察が建設業の取締りを行っていたに過ぎなかった。中央官庁の窓口は、商工省臨時物資調整局第一課が米や松の外材輸入担当であり、木材を使用するということから建設業の窓口となった。しかし実際には、同課の商工技師伊藤憲太郎の個人的担当であった。伊藤が同省化学局無機課に転ずると、建設業に関連するガラスやセメントを使用する業種という理由で同課に移され、さらに企業局に転任すると、それに伴い企業局の所管とされた。伊藤憲太郎技師による建設資材の取扱いの関係から、個人レベルで対応され、伊藤の部署変更にともない部局が移る、「伊藤技師の連れ子」とも称されていた。

次に、伊藤の職歴を示す(2)。

昭和十一年　警視庁建築技師
昭和十三年　臨時物資調整局第一課技師
昭和十四年　商工省化学局無機課技師
昭和十八年　商工省企業局工政課技師
　　　　　　軍需省　技師
昭和二十年　軍需省総動員局管理部勤務課土木建築係技師
昭和二十年　軍需省総動員局第三部建設課　技師
昭和二十三年　商工省建材課　技師
戦後の中央省庁組織改編後、通産省建材課

この略歴を参考にすると、建設業の所管部局の推移が大略分かる。

以上の伊藤憲太郎技師の所属部局との関連でみると、建設業の主管局（現在の国土交通省所省の建設業のような包括的な対応でなく、戦時の統制を機軸とする意味で）は、以下のような変遷を経たことが分かる。組織の改編の正確な年月は不明なため、以下では、「商工行政史」を資料とする。

昭和十三年　　臨時物資調整局第一課
昭和十四年　　商工省化学局無機課[3]
昭和十八年　　商工省企業局工政課
昭和二十年　　軍需省総動員局管理部勤務課土木建築係
昭和二十年　　軍需省総動員局第三部建設課
昭和二十年十月現在　商工省工務局工政課

そして、最後の商工省企業局工政課の後は、戦災復興院に事務が移管される。移管後の主管部局については第６章で扱う。

なお、資料[4]によれば、昭和十三年当時の、工政局化学工業課の分課規定は、

一、瓦斯業法事業法ノ施工ニ関スル事項
二、重要化学工業ノ助成ニ関スル事項
三、代用品工業ノ振興ニ関スル事項
四、工芸振興ニ関スル事項
五、工業試験所、陶磁器試験所及工芸指導所ニ関スル事項

六、其ノ他化学工業及雑業ニ関スル事項

であり、昭和十四年の官制では、化学局に昇格し、「無機課」「有機課」「合成課」「工業試験所」「陶磁器試験所」「工芸指導所」に分掌されているから、無機化学課内で建設業を扱った根拠は、まさに「雑業ニ関スル事項」に相当すると想像がつく。

(2) 企画院における所管部局

商工省以外の省庁では、第4章の商工行政の特質に関して指摘した部分での「企画院」の中にも所掌の事項が見られる。資料[5]によれば、企画院の組織に関するもので、「企画院事務分掌規定」との表題が付き、昭和十四年四月一日制度、同四月二十八日改正、同十五年九月十二日改正、同十六年三月六日改正、同五月一日改正となっている。この分掌規定は、以下のとおりである。

第一条 (企画院) 総裁官房ニ総務室、庶務課、文書課及調査課ヲ置キ六部ヲ左ノ通リ定ム

第一部、第二部、第三部、第四部、第五部、第七部

臨時増設セラレタル部ヲ左ノ通定ム

第九条 第一部ニ第一課、第二課ヲ置ク

第二課ニ於テハ左ノ事務ヲ掌ル

一、国土計画ノ運用其ノ他他課ノ主管ニ属スルモノヲ除ク外国土計画ニ関スル事項

二、総動員警備計画ニ関スル事項

三、前各号ニ掲グルモノノ外警察及土地［手書きにて「建築事務官」が挿入されている］ニ関スル事項

第一九条の第六部では、交通施設整備が挙げられ、これは「土木」との手書きのメモがなされている。

ここでも、手書きのメモを根拠にすれば、「第九条　三」のその他の分掌事項に含まれていたと推測できる。

5・3　建設業所管部局の変遷

(1)　戦時体制による行政組織の改編

昭和十六年に入ると、戦時体制を前に、建設行政の改編が提唱された。昭和十六年九月六日付けの日刊土木新聞記事「内務省計画局・土木局臨戦態勢　防空局・國土局へ改編成」によると、「一、土木事業に綜合性と計画性とを賦與し、重點主義に依る土木行政の運用を期すると共に国土の防衛保全開發の合理化と徹底とを圖る為、現在の土木局の事務の全部と計画局の事務の一部（都市計画及地方計画の事務）とを統合して国土局を置くこと。尚其組織の單純化と能率化とを期し且事務と技術とを一元化するため、分課を整理統合して總務、計畫、河川、道路、港路の五課と為すこと」とある。しかし、この記事は、内務省が所管する土木行政の再編成のみで、建設業（建築・建設工事）に関するものではなく、また、建設業そのものを所掌したものでもない。

この頃の建設業の地位を表しているものに「建設業の昔を語る」がある。昭和十七年に開催された座談会「日本の土木建築を語る」の中で、鹿島精一は以下のように述べている。(6)（以下抜粋）

我々の業務も、ぜひ統制していかなければならんと思いますが、しかし他の業と違って、誠に多種多様に渡り、また業者の数も多く程度も違うので、この統制は非常に難しい。……各省が土木建築の工事をやるのに、てんでバラバラになっているので、これを是非統一しなければならんというのは、従來の政府の狙い所であるにもかかわらず、今日まで未だに建設省或は工作省というものができないので、……これを統一し、企画院あたりで建設省のようなものをこしらえてからでないと、本当に我々の業の統制もできなくなるだろうと考えている。

右記では、「建設省」なる新たな組織名が表出していることに注目したい。趣旨は、戦時の悪化による統制強化と、他産業との発展格差をなくすためには、業界を統制する主務官庁の必要性を示すことにあった。

この頃から、右記の鹿島精一の指摘するような建設業統制を具現化する提案が増えてきた。さらに、伊藤資料の「建築關係行政中央機構新体制案」（昭和十六年八月）によれば、企画院・内務省・商工省・厚生省のそれぞれの省に対して、「建築企画と施工部門の受注建設能力を考えた発注統制」、「造形技術としての建築の統制」、「建築用物資の綜合一元的配給と建築施工部門の指導統制」、「勞務の指導統制」を受け持たせることが提案されていた。いわば、各省庁それぞれの所掌内容を尊重しつつ、（組織改編を行わず）新たな体制づくりを提案していたといえる。

右記の「建築關係行政中央機構新体制案」は三ヶ月後に伊藤資料中の「中央ニ設置ヲ要スル建築中枢機関ニ付テ」（手書・昭和十六年十一月）に発展する。その中の内容を抜粋すると、

一、中枢機関ノ機構ノ型式ニ付テ

建築中枢機関ヲ現在ノ各省ノ上位ニ置クコトヲ前提トス

イ、現在ノ企画院ニ設置スル案

（i）現在ノ課ノ内ニ建築主任官ヲ配置スル案
（ii）現在ノ部ノ内ニ建築主管ノ一課ヲ設置スル案
（iii）現在ノ部ノ外ニ一部ヲ設置スル案
ロ、別ニ建築院（假稱）ヲ設置スル案
而シテ　イ、（i）ノ場合ハ最モ實現容易ナリ
イ（iii）及、ロ、ノ場合ハ土木ト併行シテ同時ニ考慮ヲ要ス

このことから、企画院を中心とした新体制が考慮されていたことが分かる。先に示した「企画院事務分掌規定」の発展系とも言い換えられる。

(2)　四会連合会による建築企画中枢機構設置意見

このメモと同等の内容に、第4章で紹介した四会連合会（建築学会・日本建築協会・日本建築士会・建設業協会）から当時の内閣総理大臣東条英機と企画院総裁鈴木貞一宛の「建築企畫中枢機構設置ニ關スル建議」があり、昭和十六年十一月二十五日に提出された。この中では、商工省と農林省は材料関係を取り締り、従来のように商工省が建築業の取締りを担当せず、建築計画と取締りは内務省に一元化されることになっているが、実現には至っていないと記されている。以下にこの建議の内容を示す。四会の構成からみても建設業一般というよりも、建築に傾倒しているともいえる。[7]

（写）昭和十六年十一月二十五日

建築学会会長　工学博士　内藤多仲
日本建築協会会長　工学博士　片岡　安
日本建築士会会長　石原信之
建築業協会会長　工学博士　横河民輔

内閣総理大臣　東條英機　閣下　（各通）
企画院総裁　鈴木貞一　閣下

建築企画中枢機構設置ニ関スル建議

下名四会ニ於テハ今春以来建築連合会ヲ設ケ時局下建築界ノ体制問題研究中ノ処今般別紙意見書ノ通リ建築企画中枢機構設置ノ急務ヲ痛感致候ニ就テハ事情御明察ノ上邦家ノ為速ニ之ガ実施ニ付適切ナル方途ヲ講セラレムコトヲ
右謹テ建議仕候也

建築企画中枢機構設置ニ関スル意見書

要旨　国家全般ノ建築事情ニ関シ、人的並物的資源ニ基キ計画ノ綜合的統制及実施ノ能率的調整ヲ計ル為メ、企画院ノ機構ヲ整備拡充スルコト

説明　建築関係部門ノ全能力ニ附常ニ大綱ヲ掌握シ、以テ国防計画、生産拡充計画、人口計画、国土計画及物資、労務並資金ノ動員計画等ノ重要国家計画ニ之ヲ反映セシメ、其ノ適正化ニ資スルト共ニ、之ニ基ヅク建築事業ノ実施ヲ調整シ、建築施設ノ利用ヲ有効適切ナルハ時局下焦眉ノ急務ナリ
仍テ企画院ノ機構ヲ整備拡充シ、建築企画ノ中枢機関ヲ設置シ、官民関係者依リ成ル委員会ヲ併置シ、以テ左記事項ヲ急遽実施スルヲ緊要トス

記

一、建築事業ノ綜合計画ニ関スル事項
（年度事業計画、四期別事業計画、地方別事業計画、官民別事業計画等）
二、建築事業ノ実施ノ調整ニ関スル事項
（物資ノ配分、工事発注受注ノ調整、技術者、労務者ノ需給調整等）
三、建築ノ基本的規格並価格ニ関スル事項
（材料、構造、用途等ニ依ル規格、規格別価格等）
四、建築ニ関スル基礎的調査及研究ニ関スル事項
（基礎的調査、研究ノ統制等）
備考　技術院（仮称）設置ノ場合ハ前記三号及四号ノ大部分ハ同院ニ移管セラレテ然ルヘキモノトス

また、この案には「地方廳ニ於ケル建築行政機構ノ一元化」と題して、以下のような、地方庁における建設業の取締りまでが言及され、当時の建設業界と地方行政の関係が分かる。

地方廳ニ於ケル建築行政事務ハ数多クノ部課ニ分掌セラルル為メ、建築手続頗ル煩瑣ナルノミナルズ時ニ指導方針ニ一貫性ヲ缺キ民家ヲシテ帰趨ニ迷ハシムル事例尠カラズ、依リテ建築手続キヲ簡易ナラシメ、指導方法ヲ綜合一貫セシメ、事務ノ能率ヲ増進シ、必需建築物ノ実現ヲ容易成ラシムル為メ、地方廳ニ於ケル建築行政事務ヲ整理統合シ一元的機構トシテ建築部課ヲ設ケ左記事項ヲ、一括処理スルモノトス。

記

一、築敷地ニ関スル事項
二、建築物及建築工事ニ関スル事項
三、建築資材ノ配給統制ニ関スル事項
四、住宅ノ供給並ニ管理ニ関スル事項
五、建築ノ價格統制ニ関スル事項
六、建築設計者並ニ施工者等ニ関スル事項

右記の一から三が警察署、四が内政部、五が経済部、そして六が警察署の担当となっていた。これまでの文献資料では、主務官庁の設立要望はあったが、地方の統制に関する部局提案には、その例がなかった。

さらに、同四会が昭和十七年六月（年月は不確定）に商工大臣宛に出した、「建築新体制要綱[8]」では、

要領

建築ハ国防国家ノ建設ニ於テ、軍事、防空、生産拡充、民力培養等国家枢要ノ諸計画ニ随伴スル必須施設タルニ拘ラズ未ダ之ニ関スル時局的措置ノ実施ヲ見ズ之ガ為建築事業ハ其ノ企業、技術、労務、資材等ノ相互ノ調整ヲ欠キ甚ダシク遅滞シ、之ガ国家諸重要事業ノ遂行ヲ阻害シツツアル事実ハ憂慮ニ堪ヘザルモノアリ

と建設にかかわる新体制設置が急務であるとの前書きから始まり、企画院を頂点とした、組織改編の提案を行っている。内務省に建築局（仮称）を設ける提案もなされていた。この提案でも建設業に関係する地方庁での行政機構一元化案が記され、さらに、特筆すべき点として、主務官庁を設けた上で、「建築士法[9]」により請負業者の組織化

を図ろうとしたことが挙げられる。

提案の内容はともあれ、この要領には昭和十七年代の建設行政の所管が、「建政局ニ整理統合スベキ建築行政事務」の中で示されている。具体的には次のとおりである。

現在各省ニ於テ分掌セル建築ニ関スル行政事務ニシテ建政局ニ整理統合スベキモノ概ネ左ノ如シ

1　市街地建築物法ニ関スル事務（内務省防空局）
2　防空改修ニ関スル事務（同、同）
3　住宅供給ニ関スル事務（厚生省生活局）
4　地代家賃ニ関スル事務（同、同）
5　不良住宅地区ノ改善ニ関スル事務（同、同）
6　工事場ノ安全衛生ニ関スル事務（同、勤労局）
7　木造建物建築統制規則ニ関スル事務（商工省企業局）
8　土木建築請負業ノ組合ニ関スル事務（同、同）
9　鉄鋼工作物築造許可規則ニ関スル事務（同、同）
10　宅地建物ノ価格統ニ関スル事務（同、物価局）
11　学校建築ノ指導監督ニ関スル事務（文部省国民教育局）

また、参考として、地方庁における現行行政事務が、次のように記されている。

1　市街地建築物法ニ関スル事務（警察部）
2　建築工事現場ノ取締ニ関スル事務（同）
3　建築施工業者、労務者等ニ関スル事務（同）
4　警察令ニ基ク各種特殊建築物ノ取締ニ関スル事務（同）
5　住宅ニ関スル事務（内政部）
6　地代家賃ニ関スル事務（同）
7　学校建築ノ指導監督ニ関スル事務（同）
8　建築資材ノ配給統制ニ関スル事務（経済部）
9　倉庫ノ取締ニ関スル事務ニ関スル事務（同）
10　都市計画法ニ基ク建築取締ニ関スル事務（土木部）
11　其他中央法令、地方庁令中建築ニ関スル事務

(3) 行政側の視点からの建設業関連の統合策

これらの建議や提案は、全て実現に至らなかった。戦局を踏まえた提案は、その現実性なども関係した。最大の要因は、昭和十三年に、土木建築業組合法が貴族院で廃案となったように、業界に対する認識が薄く、加えて戦局の悪化による鉄鋼・石炭等の軍需産業に重点が置かれたことにあり、産業的にみて、建設業が雑業として扱われたことが関係する。

資料や企業史、業界史によれば、主務官庁設立に関する要望は、昭和十六年から十七年に盛んに行われていた。

しかし、実際はこうした要望は終戦間近まで行われており、伊藤資料「一、土木建築の重要性」の中に現れている。

この文書には、赤鉛筆で「昭和十九年五月十九日　田中立案」というメモ書きがされていた。文書立案の経緯は不明である。また同提案書は、昭和十八年に商工省が軍需省に改組され、終戦に伴う同省の解体まで続く戦局の推移の中で部分的な改革が行われた期間に作成されたものであると言える。

昭和十八年十一月には、商工省も軍需省に改組され、また同年二月には全国的な統制組織の「日本土木建築統制組合」も結成されていた[10]。この資料は、こうした出来事に関係し、かつ戦局の悪化という時代背景の中で行われた提案の一つを窺える重要なものであった。この資料の「二、土木建設業の現状」では以下のことが記されていた。

……即チ極言スレバ重大ナル國家ノ建設部門ヲ擔當スル産業ナルニモ不拘、今日ニ至ルモ独立産業トシテノ性格ヲ有セズ、舊態維然トシテ他産業ニ隷屬シアル情況ナリ。

内容は、本書の第1章でも挙げた「建設業の特殊性」と同様のものである。建設業が他産業に依存するのは、今日でも同じである。しかし、戦時下、特に終戦間近になると、物資面の緊迫もピークを迎え、建設業の産業形態的に、他産業とは異なる戦時統制と、そのための主務官庁が必要であることを主張している。以下は同資料の「四、土木建築業統制主管局課新設ノ必要性」で記されている内容である。

故ニ此ノ隘路打開ノタメニハ我が國ニ於ケル建設工事ヲ統制スル一箇強力ナル局課ヲ軍需省ニ新設シ各省ニ於ケル當該部門ヲ擔當スル部課ヲ合シ其ノ行政機関及事務ヲ吸収シタル上、國家建設計畫ニ基ク工事ノ重要度ヲ決定シ工事ノ一元的發注ヲ為シ之ニ對スル工事能力ノ確保配分ヲ強力ニ實施スル必要有リ、同時ニ主務局課ノ新設ニヨリ國家トシテ本産業ノ重要性ヲ再確認シタル上土木建築業ノ地位ノ引上ト技術的水準ノ昂揚ヲ企圖スル必要有リ。

前項でも紹介したように、この頃は既に軍需省総動員局に「監理部勤労課土木建築係」が設けられていた。しかし、この提案ではそれより強力な物資・労務の配給を取り仕切る部局の新設を要望している。この立案・要望が直接反映されたかは不明だが、この年の十二月には建設推進本部と軍需省整備局建設課が設置されることになった[11]。とはいえ、あくまで課単位で、部局クラスの官庁ではなかった。

第6章で扱うように、戦後に軍需省は商工省、そして通商産業省へ、また整備局建設課は、戦災復興院、建設院を経てそして昭和二十三年の建設省発足へと繋がるものとなった。

昭和二十年十月の「商工省企業局工政課事務分担[12]」によれば、土木班技師四名に伊藤を含むとあり、後の通商産業省まで伊藤は商工省に在籍していたと考えられる。戦後、伊藤は通産省に残ることとなり、建設省への異動は数年後になるが、その理由は明らかにはならなかった。

建設業所管部局の実態は、これまでに指摘してきたように、公式文書からは探しにくいが、概観することのできる資料がある。伊藤資料に該当し、終戦間近の昭和十九年五月十九日付のメモであって、「一、建設業の重要性」との表題が付けられ[13]、

一、土木建築業の重要性
二、土木建築業の現状
三、土木建築業の統制

四、土木建築業統制主管局課新設の必要性

からなり、この中の「三、土木建築業統制」の現況説明が、以下のように記されている。

叙上ノ如キ重要性ヲ有スル土木建築業ニ対スル国家的統制ハ現在ノ処皆無ニ等シク、各省ニ於テハ「別表一」ニ掲グル如ク夫々部課ヲ設置シアルモ之単ニ其管轄下ニアル建設工事ヲ指揮監督セラルルノミニシテ徒ラニ建設ニ対スル統制ノ多元性ヲ結果シ国家的見地ヨリ見ルニ資材労務ノ争奪ニ終ルコトハ前述ノ如クナリ。

この部分では、業界所管庁としてより、官側の発注機関が区々であるとの見解を示し、以下でこれまでの業界を主管した部局に言及している。この文書は、建設業所管官庁の流れを示した唯一のものと判断できる。戦後の経済安定本部が行った、建設業官憲調査の報告書の中でも、これだけの内容は記述されていない。以下に具体的内容を示す。

只僅カニ軍需省總動員局監理部勤勞課土木建築係ニ於テ土木建築業ノ綜合的統制ヲ企圖セラレアルモ勤勞課ニ於テ本事務ヲ主管セラレタル經緯ヲ見ルニ軍需省創設ニ際シ從來商工省化學局無機課、次デ企業局工政課或ハ同局監理課ニ於テ主管セラレタル事務ノ所屬不明ナルタメ附随的ニ取扱ハルヽニ至リタル如キ感無ナキニシモアラズ、シカモ勤勞課ニ於ケル統制事務ハ、工作物築造統制規則ニ依ル資材ノ面ヨリスル一般民間工事ノ統制、一部架設材ノ割當等以外、他ハスベテ企業体ニ對スル形式統制ヲ為スニ留リ、國家經濟的見地ヨリスル工事ノ發注ニ關スル統制ニハ全然觸ル所ナキ有様ナリ。

尚各省ニ於テモ「別表二」ノ如ク種々ノ法令ヲ以テ土木建築工事ニ対スル統制ヲ為スト雖モ之単ニ保安上、危険防止技術的規制ヲ為スノミニシテ国家計画ニ基ク建設工事ノ統制ニ関与セザルコト軍需省総動員局監理部勤労課以上ナリ。

以上から、昭和十年代から終戦に至る間での建設業所管部局を特定できる。また、この中で、「軍需省總動員局監理部勤勞課土木建築係」は、公式の官庁沿革史である「商工行政史　下巻」や他の文献にも登場してこない。また、伊藤資料にあっては、企業局工政課に関するものや、同課時代に作成されたと考えられるメモ等は少なく、本資料は担当部局の変遷を知る上で、重要である。

次に、同資料では、それまでの区々であった主幹部局を統合する必要性を指摘している。ただし、建設業界に対する総合的な規制や育成でなく、時代的背景からあくまでも、統制に主眼が置かれている。

四、土木建築業統制主管局課新設ノ必要性

叙上ノ如ク我国ニ於ケル建築工事ノ隘路ヲ形成スルモノハ建設統制ノ主管局課ノ存在セザルコトニヨル発注ノ多元性ト国家経済的見地ヨリスル本産業ノ後進性ニアルコト明瞭ナリ。

故ニ此ノ隘路打開ノタメニハ我国ニ於ケル建設工事ヲ統制スル一箇強力ナル局課ヲ軍需省ニ新設誌各省ニ於ケル当該部門ヲ担当スル部課ヲ合シ其ノ行政機構事務ヲ吸収シタル上、国家建設計画ニ基ク工事ノ重要度ヲ決定シ工事ノ一元的発注為シ之ニ対スル工事能力ノ確保配分ヲ強力ニ実施スル必要アリ、同時ニ主管局課ノ新設ニヨリ国家トシテ本産業ノ重要性ヲ再確認シタル上土木建築業ノ産業トシテノ地位ノ引上ト技術的水準ノ昂揚ヲ企図スル必要アリ。

斯ノ如クニシテ始メテ工事能力ニ於テ合理的配分、工事遂行ニ関スル一元的査察ノ強化ヲ為シ得ルト共ニ資材労務ノ時間的、空間的偏在ヲ避ケ技術ノ向上ニ伴ヒ工事消化力ノ増大ヲ将来シ以テ決戦下国家至高ノ要請タル軍建設、生産力拡充工事ノ迅速的確ナル遂行ヲ期スルコトヲ得ヘシ。

「三、土木建築業統制」で示された別表一「各省において建設工事を所管する部局」は、昭和十九年頃の建設業関連機関の実態を明らかにしたもので、いわば発注者が多い。

1　陸軍省経理局建築課
2　陸軍航空本部経理部施設課
3　陸軍兵器行政本部設備課
4　陸軍需品本廠建材課
5　海軍施設本部
6　海軍艦船本部
7　海軍航空本部
8　軍需省総動員局監理部勤労課
9　軍需省航空兵器総局第四局施設課
10　軍需省機械局
11　軍需省鉄鋼局
12　軍需省軽金属局
13　軍需省非鉄金属局
14　軍需省化学局
15　軍需省燃料局
17　内務省国土局
18　防空総本部施設局

19　運輸通信省鉄道総局施設局
20　運輸通信省海運総局港湾局
21　運輸通信省通信院工務局
22　農商省農政局耕地課
23　厚生省勤労局施設課
24　文部省建築課
25　大蔵省営繕課

さらに、「右の外各省地方事務所、地方庁等にも大小の差あれど夫々建設担当の課あり」との記述があった。

次の「別表二」は、建設業者に対する統制機関といえるもので、この資料からは、根拠となる法令が関連付けられている。特に軍需省にあっては、建設業統制がいかなる法令によってなされていたかが、明らかにできる。

一、軍需省
1　臨時資金調整法
2　企業許可令
3　軍需省全工作物築造統制規則
4　鉱業法
5　電気事業法
6　電気工作物法

二、内務省
1　道路課
2　河川課

3　砂防課
4　防空課
5　市街地建築物法

戦後になると、軍需省は解体され、建設業の所掌も復活した商工省に戻される。以後は、戦災復興院の設置とともに、この事務も引き継がれるが、商工省工務局工政課が残務整理の形で事務を行っていた。次節では、事務の内容を示す。

5・4　終戦直後の所管部局[14]

戦時中は建設業の新規開業は、昭和十七年六月十二日附商工省化学局発第五六二二号を以て厳重な営業許可を必要としたが、終戦と共に、土木建築許可制度の廃止を予想して全国的な新規開業者増加が予想され、その措置が講じられた。即ち、昭和二十年十二月六日附工務局長発第一五号により、全国各都道府県知事並びに日本建設工業統制組合に対し、以下のような土木建築業許可に関する通牒を発した。

国家総動員法ノ廃止ニ伴ヒ土木建築事業ニ対スル企業許可ノ廃止ヲ予想セラルル処、終戦後新規当該企業ヲ開始スル者多数アル現状ニ鑑ミ、当該企業許可ニ関スル既往ノ方針ニ拘ラス左記ノ者ニ対シ資本額、保有技術者数、保有機械ノ数量及工事受注見込等勘案ノ上当該企業許可相成様致度。

この中で、

左記ノ中ニ付テハ昭和十八年以降商工省又ハ軍需省ニ於テ自昭和十九年六月一日至二十年末日期間中貴庁ニ於テ許可シタル新規企業開始ニ付テハ別紙様式ニ依リ昭和二十一年一月二十日迄ニ当局（工務局工政課土建班）宛報告相成度尚昭和二十一年一月一日以降ニ於テ許可シタルモノニ付テハ同年三月末日現在ニ付報告相成度。

との記述があり、戦争直後は、商工省工務局工政課土建班が戦前の企業許可事務を担当していたことが分かる。この工政課の分掌事項の内容は、伊藤資料(15)から窺うことができる。

「商工省工務局工政課事務分担」（昭和二十年十月）

●班別　総務班

分担事項　庶務、人事及予算に関する事項／工業政策の基本並に総括に関する事項／工務局所管事務の査察推進に関する事項／企業補償に関する事項／労務に関する事項／技術室との連絡に関する事項／他班に属せざる事務に関する事項

担当者　［省略］

●班別　第一班

分担事項　工業の再転換の基本及総括に関する事項／生産拡大の基本及総括に関する事項／物資需給の基本及総括に関する事項

担当者　［省略］

●班別　第二班

分担事項　終戦連絡事務に関する事項／法令の制定改廃に関する事項／団体機構の再編成に関する事項／産業統制

の基本並に総括に関する事項／価格の基本並に総括に関する事項／修理に関する事項
担当者　［省略］
●班別　調査班
分担事項　工業調査一般
担当者　［省略］
●班別　土建班
分担事項　土木建築に関する事項
担当者　班長＝鈴木、事務官＝金沢、技師＝伊藤、東、小原、長澤、属・技手＝山田、中島、齋藤、山口、田中、長谷部、河西、山中、千田、雇＝田中、高橋

工務局といっても、建設には関係なく、工業政策を担当していた。また、分掌事項の中からは、土建班のみが、建設に関する事務を取り扱い、他班は産業全般を扱っていたことが分かる。そして、担当者中、技師は伊藤憲太郎との推測が付く。

5・5　章　結

第2章で取り上げたように、建設業界の所管官庁としては、戦前にあっては、営業取締りの一角に位置するものとして請負業取締規則があり、これの実務は、「取締」故、府県の警察行政が担当していた。産業育成は、内務省

でなく商工省の管轄であった。今日の国土交通省所管のような建設業を直接取り締まる組織の変遷は、具体的な資料が発見できなかった。この理由としては、業界単独法が存在しないことが挙げられる。業界を所管する官庁は、対象となる産業の育成・規制・許認可に関して法律をもととして業務を行うのが一般的である。

取締りから離れて、産業の面で所管していたのは、商工省であった。しかしながら、担当は建築学科出身の伊藤憲太郎技師の個人に委ねられていた。この点は「建設業は伊藤技師の連れ子」と称されていたように、伊藤の配属先の変更に伴い部局が移った。従って公式資料の中で建設業所管が分掌事項として規定されたのは、軍需省総動員局監理部勤労課土木建築係（昭和十八年十一月）からであった。行政の事務は、部局の分掌事項に規定され、この分掌事項は法律の施行のために決められていることを留意する必要がある。

第4章で指摘してきたように、業界単独法の嚆矢が昭和十三年の「土木建築業組合法」であったが、工業組合法の援用の形の組合で、この期間は正式な所管部局は存在していない。また、工業組合法の適応があって、行政処理として建設業に対する施策が検討できたともいえる。

建設業の所管部局が分掌規定の中で明確でなかった理由は、一つに、建設業界を「組合」単位で扱ったこと、次に産業の育成・規制・許認可・取締が戦前の行政機構では複数省庁の関与が必要であったと推測できる。ちなみに、戦後は商工省の建設業事務を内務省が前身であった戦災復興院が受け継ぎ、同院が建設院を経て、建設省となった背景を考えると、他省庁にわたる建設業行政の本質が、戦前にあって単独所管部局の設置を遅らせたともいえよう。

第5章　注

（1）参考文献に掲げた、対談を中心とした業界外史の中では、「雑業」扱いで、警察の取締りでは「芸妓」業と同列に扱われたとの記述が多く見られるが、制度面から詳しく分析された文献は、管見のところ存在していない。

（2）木葉会（東京大学建築学科同窓会）及び日本建築学会の両名簿記録がない年度の職歴に関しては、第六回全国都市問題総会の時に掲載されていた内容から判断できた。

（3）昭和十四年六月商工省機構図より確認）、「商工行政史」

（4）一、商工省竝ニ外局官制、同分課規定及同処務規定、商工大臣官房文書課、昭和十三年六月

（5）B5縦使い縦書き、手書き、謄写版刷り

（6）建設業の昔を語る、飯吉精一、昭和四十三年七月五日、六八頁。

（7）以下の文書は、「伊藤資料」より、タイプ印刷

（8）「伊藤資料」、手書き

（9）この建築士法は、現在の資格とは異なり、建築家（Architect）を目指したもの。

（10）本章の冒頭で検証した、戦時下の商工行政の特質が建設業に適用されたもの。

（11）昭和十九年の時点では、軍需省「建政課」と記された文献も存在している。

（12）タイプ打ちわら半紙印刷、カタカナ書

（13）「伊藤資料」、ワラ半紙タイプ打ち

（14）福岡県建設業協会沿革史、一二四頁

（15）「伊藤資料」、B４横使い縦書き、タイプ打ち、謄写版刷り

第６章　戦後期の統制と建設業法の制定

第5章までに指摘した戦前の建設業への行政の対応は、警察による取締り、さらには戦局の悪化に伴う商工省の統制が主であった。しかしながら、このような斯業を圧力的に統制するシステムの中にあっても、土木建築取締りの、あるいは戦時統制の中で検討された建設業の財務、経営、技術的条件は、間接的ではあっても、戦後の「建設業法」制定に影響を与えていた。建設業法の内容も、無から生じたわけでなく、それまでの検討事項を受け継ぎながら展開されてきた。以上のような観点を踏まえ、本章では、戦時から離れ、戦後復興において、業界の民主化が視点に置かれながら、どのような展開を経ていたか、建設業法制定（昭和二十四年五月二十四日法律第一〇〇号）までを期間とし、行政による業界の対応、業界自身の活動等を明らかにする。

この時期の特徴を要約すれば、四年あまりの短期間であるが、連合軍の占領による工事、戦後復興に係わる工事などがあり、凝縮された時期だったといえる。以降では、主務官庁、建設業団体という二軸に分類し、官民両面からその政策や取組みについて述べ、更に両者の建設業法制定に関する取組みを中核として、時代背景や連合軍の政策を交えながら各々が辿ってきた歩みについて論を展開する。

本章の確認事項としては、対象期間の時代背景と建設業の特異性がある。昭和二十年八月十五日に第二次世界大戦が終結すると米軍を中心とした占領下に置かれた。日本政府は、連合軍総司令部の指令のもと、種々の政策を行うことが決定された。この中でも、建設業界は、連合軍と日本政府の両者による政策のもと国土復興と連合軍設営工事に関する業務の遂行を命じられた。連合軍及び政府の政策は、ある種一方的であり、日本の建設業の特異性が把握されない環境にもあった。ここでいう建設業の特異性とは、建設業が設計・施工という流れの中で多種多様な業種で構成されている、すなわち、多様な企業から構成される、複雑な生産システムにある。すなわち、大工工事業、鉄骨工事業、鉄筋工事業、左官工事業などによって構成された職別工事業体系が元請、下請、孫請といった建設業特有の請負形態をつくり出している。

以上のように、対象期間における建設業に関する法令・規則及び政策については、当時の時代背景と建設業という産業形態という二つの特殊性を踏まえてみていくことが必要であると考えられる。このことを踏まえ本章では以下の観点から論を進める。

建設業の主務官庁及び担当部局について戦前からの流れを交えながら、組織の構成及び業務や、政策、連合軍及び建設業団体との関係などを言及する。また、ここでは、はじめに建設業担当部局を明らかにし、建設業法制定に関する活動を含む取組みを把握する。

次に建設業団体について、その設立過程、建設省設置及び建設業法制定活動を中心とした業務内容と活動、行政及び連合軍との関係及び種々の法令に対する取組みなどについて言及する。また戦前を含む個々の建設業団体の繋がりを明らかにし、団体の変遷過程を把握していく。

最後に、建設業法制定に関する行政及び建設業団体の取組みを再確認する。その上で、各団体が作成した建設業法に関する提案や意見書と建設省による建設業法要綱案の内容について説明を行い、その違いを明らかにする。更に、公聴会や国会審議会における出席者及び議員による各々の主張を把握し、制定された建設業法の内容と比較しながら、改正された経緯を明らかにする。

6・1　建設業主務官庁

戦前の建設行政は、戦災復興院に受け継がれたが、その他でも、経済安定本部、特別調達庁も建設業の資格を規定していた。以下ではこれらの組織と建設業の関係を捉える。

(1)　経済安定本部

a　経済安定本部設立の経過

戦後経済危機を打開すべく、昭和二十一年八月に「経済安定本部令」が公布され、それに基づき緊急臨時の組織として「経済安定本部」が設置された。経済安定本部設置法の附則によると設立当初は期間限定（一年間）の旨が定められ、経済回復に至るまでの暫定的機構であったことが窺える。その後は、組織の改編を経て「経済企画庁」となる。

設立と同時に、連合軍総司令部（以下、ＧＨＱと記す）の指示「公共事業計画原則」に基づき、昭和二十一年九月に「公共事業処理要綱」が公布されている。この公共事業計画原則によると「事業計画は日本政府の主管たるべく、当該計画の完全なる遂行は各省の責任に於て行わる」[1]とされており、事業計画は日本政府に委ねられた。そこで、日本政府は「公共事業処理要綱」により、「経済安定本部は国費に依り行わるる一切の公共事業の計画及び一般的監督の責に任ずる」[2]とし、公共事業計画の中核を経済安定本部に委ねることを決定した。これに加えて公共事業実施やその実施額の認証といった業務も経済安定本部によって行われることとしている。

以上から暫定的組織である一方、公共事業を含む戦災復興に関して中核的な存在として位置づけられていたことが分かる。経済安定本部における公共事業の担当部局は第四部であり、主な業務として「公共事業費の予算の編成」[3]があった。

設立当初の機構のなかでは、公共事業の取扱部局はあったが、建設業担当部局はなく、戦災復興及び連合軍設営工事のためにも機構の拡大改組が必要不可欠であった。

b　組織の拡大改組

経済安定本部の設立後も経済は一向に回復に向かう気配はなく、「危機突破のためには、ある程度の経済統制強化と経済問題に関する総司令部の政策が日本政府によって十分に実施に移されているか、ということが議論された」[4]という記述から、日本経済再建の危機克服にはGHQとの密接な協同態勢と、統制的要素を有する組織が必要とされていた。

その後にGHQから日本政府に対し、機構の拡大強化の要請が行われ、マッカーサー元帥は当時の首相であった吉田茂に書簡を寄せている。[5]（以下抜粋）

必要なことは、全経済戦線を通ずる総合処理である。従って日本政府としては、この目的のため設置された経済安定本部によって、現情勢の要求する総合的一連の経済金融統制を展開実施するため、急速かつ強力な措置をとることが絶対必要である。経済目標はその規模において国家的であり、一部局の利害を超越し、従って超政党的なるべきである。

この声明にマッカーサー元帥が、「経済安定本部による総合的施策の立案とそれにもとづく日本政府の有効な経済の統制を必要とする点を指示した」という記述があり、書簡の「超政党的なるべき」という言葉からもマッカーサー元帥を筆頭としてGHQ側から経済安定本部の拡大強化を強く希望していたことが窺える。

さらに、改組に際し、連合軍総司令部経済科学局（以下、ＥＳＳと記す）[6]は非公式覚書を提出している。

①　経済安定のため必要な経済行政に関する基本的な企画の事務は、これを経済安定本部に集中する。但し、経済安定本部の臨時官庁たる性格には変更を生じせしめない。

②　経済安定本部は今後一切の経済行政において自らその基本的な企画を行い、各官庁は、経済安定本部の定めた政策及び計画に従って、専らその実施の確保に当ることとするが、企画事務と実施事務との具体的な限界及び両者の調和連絡の詳細な方法については、別に協議して定めるものとする。

マッカーサー元帥とＥＳＳによる覚書の方針に基づき、昭和二十二年五月に、設立後約半年という短期間で経済安定本部は全面改組された。これによって従来は公共事業のみであったが、政府の建設業を含む基本計画は経済安定本部において定められることに決定され、復興事業全般において中核的役割を担うこととなった。このことは、建設業の基本方針が経済安定本部という経済回復を目標とした組織によって取り扱われることを意味し、戦後の建設業政策の特異性が表出している。

またこの改組に伴う機構の編成に関し、ＥＳＳのマッカート少将は経済安定本部宛覚書「経済安定本部改組案に関する件」[7]を提出している。（以下抜粋）

一九四七年三月十七日附経済安定本部改組案は左の如く変更することの勧告を附して承認する。

建設部の下には産業施設並に産業建築の双方に対し責任ある一課が設けてある。経済安定本部の建築（construction）業務はその施設（facilities and equipment）設置に関する業務とは本質的に異なるものである。建設部の下には一には産業建築、他は産業施設を担当すべき二つの課を設置すべきことを勧告する。

さらに、ＥＳＳは独自の経済安定本部改組案を政府に提案した。[8]ＥＳＳ案による機構は、建設業担当の建設局を設置し、建設局に計画課、公共事業課、住宅課、産業施設課を設けることであった。しかし、実際の機構では住宅課ではなく、建築課となった。

c　建設局の設置

この改組に伴い、新たに建設業に関する職務が追加され、建設業担当部局となる建設局が設けられた。建設局の目的及び業務は次のとおりである。[9]

建設局

建設及び建設力の運営に関する政策、及び計画の基本に関する事項。

広義の建設工事すなわち土木、交通、電力、農業その他あらゆる産業関係の建設工事のほか、住宅建設も含め、国の経済の安定と再建の立場から計画し推進する。

建設局は計画課、公共事業課、建築課、産業施設課の四課に分課されていた。前述のようにＥＳＳの改組案は住宅課であるのに対して、実際の機構では建築課とされ、住宅を扱うだけではなく、建築課として住宅及びその他の建築を所掌業務に入れていた。建設局各課の所掌業務は以下の通りである。[10]

計画課

一、河川、砂防施設、港湾、道路、農耕地、林地、都市計画、建築、鉄道、通信、厚生施設その他に関する建設の総合計画の策定及び総合調整に関する事項
二、建設力の運営に関する一般政策に関する事項、業の認証に関する事項
三、建設に要する資金資材労務等の需要計画、配当計画及び確保対策に関する事項
四、特別調達に関する政策及び計画に関する事項
五、国土計画に関する事項
六、国土計画審議会に関する事項
七、他課の主掌に属しない事項

公共事業課

一、公共事業に関する企画及び総合調整に関する事項
二、公共事業に要する資金資材、労務等の需要計画、配当計画及び確保対策に関する事項
三、公共事業の認証に関する事項
四、公共事業の推進及び監督に関する事項

建築課

一、住宅その他の建築に関する総合計画の策定及び総合調整に関する事項

二、住宅建築及び建築事業の統制に関する一般政策に関する事項

三、国債及び国債の補助による建築の事業の認証に関する事項

四、建築に要する資金資材労務等の需要計画、配当計画及び確保対策に関する事項

産業施設課

一、産業施設の修復、復旧、拡充等の建設に関する総合計画の策定及び総合調整に関する事項

二、電力開発の実施に要する企画及び調整に関する事項

三、産業施設に関する建設に要する資金資材労務等の需要計画配当計画及び確保対策に関する事項

以上のような所掌業務の内容から、経済安定本部は連合軍設営工事や公共事業のみならず、建築事業の統制により建設業全般を取り扱う母体組織に改組された。

改組の四ヶ月後には建設局に監督課が追加設置された。さらに、昭和二十四年六月、建設省及び建設業法設置と同時期に第二回の改組が行われ、建設局は建設交通局となり、建設業担当部局は縮小されている。このことは、同時期に、経済の安定化及び正常化の進展、さらに、建設省設置と建設業法制定により建設業の中核組織が建設省に移管されたことも関係していたと思われる。

その後数回の改組により、昭和二十七年に七月に廃止され、経済安定本部の業務は後の経済企画庁に受け継がれる。

d　建設工事施工制度調査協議会

経済安定本部は、昭和二十二年に東大法学部教授の川島武宜に建設業の実態を調査研究することを要請し、建設局内に「建設工事施工制度調査協議会」を設け、二年間にわたって建設業の実態調査を行った。その背景には、GHQの日本の建設業に対する無理解も関係していたといわれている。この調査は以下の四部門に分かれ、実施された。

①　公共工事を主とした発注者と建設業者との請負契約
②　建設業者の本社と現場の機構
③　建設労働者の実態
④　建設業者団体の組織

各担当者は、調査実施後に報告書を作成し、発表を行っている。なお、この報告書は後にGHQに提出されている。

経済安定本部建設工事施工制度調査協議会の発表文献の一覧は次のとおりであった。[11]

〈経済安定本部建設工事施工制度調査協議会一覧〉
①　建設関係法規の変遷　鳥居秀夫（昭和二十三年九月）
②　建設産業と労働問題　宮沢吉弘（昭和二十三年十月）
③　土建請負契約論(1)　川島武宜・渡辺洋三（昭和二十三年十一月）
④　土建請負契約論(2)　川島武宜・渡辺洋三（昭和二十三年十一月）
⑤　現場事務所論　宮武謹一・増田康明（昭和二十四年一月）
⑥　建設業者団体の沿革　鳥居秀夫（昭和二十四年二月）

⑦　土建労働の民主化　川島武宜・内山尚三（昭和二十四年三月）
⑧　土建本社論　宮武謹一・田代正夫・増田康明（昭和二十四年三月）
⑨　建設力調査　建設技術研究所（昭和二十四年三月）

昭和二十三年九月に、資料第一号として建設局の鳥居秀夫が「建築関係法規の変遷」を発表し、内容としては、入札制度、労務法規を扱っていた。これらの資料の一部は後に書籍として出版され、その内の一つに、川島武宜と渡辺洋三の共著による『土建請負契約論』がある。

川島は、「官庁と土建業者との間の契約関係の法学者的な分析」として『土建請負契約論』を発表したと述べている。川島によると「経済安定本部の企画したこの土建事業調査は、これを契約関係、労働関係、資本関係の三つの部門に分け、それぞれ分担者をきめて行ったものであった」[12]と記しており、調査は各分野の専門員に委託して行われていたことが分かる。川島は建設工事について総合的な調査の担当を任された。多数の経済学者と法学者によって問題別に研究班を組織し、工事現場や建設業者の事務所や官庁などについて調査を行い、その調査結果は順次経済安定本部に提出されたと記している。また「建設業に関する実態調査としては、はじめての大規模なものだったと思います」とも述べている[13]。

なお建設省でも設立後一年間で、建設業総合業実態調査を行ったが、経済安定本部の実施調査の方がもちろん時期的に早い。

川島はこの調査研究が機縁となって法学者として建設業法制定や運営に関係することになり、公聴会及び国会審議会の出席や、建設請負契約の標準約款の作成にも関与した。この際に「片務性の是正が一貫して問題になった」[14]と述べている。更に『土建請負契約論』では、「当時経済安定本部におられた深谷克海、宮澤吉弘の両技官、および鳥居秀夫嘱託には格別の御世話になった」と記され、調査は担当者だけでなく経済安定本部の協力のもと行われていたことが分かる。

鳥居は、「建設関係法規の変遷」及び「建設業者団体の沿革」を発表している。身分は、経済安定本部建設局請負制度調査協議会嘱託であった。なお、鳥居は日本建設工業統制組合における建設工業調査委員会にも嘱託員として参加し、調査研究を行っていた。その内容については後述する。

経済安定本部は、これらの調査分析をもとに、独自の建設業法案である「経済安定本部試案」を作成した。経済安定本部の機構と業務内容から推測すると昭和二十二年の改組によって設けられた建設業担当部局の建設局、すなわち建設局計画課が経済安定本部試案の作成に携わっていたのではないかと思われる。残念ながら、それらを記した資料は今のところ見つかっていない。

(2)　特別調達庁

a　特別調達庁設立の目的

特別調達庁は、昭和二十二年四月に「特別調達庁法」に基づき設立され、同法によると連合軍側が要請する工事における調達業務遂行を目的とした。（以下同法の抜粋）

第一章　総則

第一条　特別調達廳は、内閣總理大臣の監督の下に、經濟安定本部總務長官の定める基本的方策に基き主務大臣の定める計畫及指示に從い、連合國又は政府の需要する建造物及び設備の營繕並びに物資及び役務の調達に關する業務であって主務大臣の指定するものを行うことを目的とする。

設立当初の特別調達庁は公団と官庁との中間的存在と位置付けられていた[15]。しかし連合軍の調達業務は戦災復興院特別建設局と外務省終戦連絡事務局並びに各都道府県が担当所管であったため、その業務の遂行に種々の困難が生じることとなり、昭和二十三年一月に内閣府の一組織となる。これを機に業務は、同庁へ移管され一元化が図られた。この業務の一元化は、当時急務とされていた膨大な量の連合軍設営工事[16]を円滑に進めていくための処置であった。

b　連合軍設営工事と業者の選定

特別調達庁は、設営工事の担当業者選定も業務の一環として行った。請負契約担当は、契約局工事部（工事調査課、工事入札課、工事契約課）が行い、担当課は契約局工事部工事調査課であった。所掌業務は、以下の通りである。（以下要約）

〈特別調達庁職制〉

第一条で、秘書室、庶務部及び調整局、経理局、契約局（工事部、役務部、不動産部）、技術局、促進局、業務局を置くとしている。

第六条では、契約局工事部の事務分掌を示している。

一、設営工事請負業者の調査、選定に関する事項

二、設営工事の入札に関する事項

三、設営工事の契約締結に関する事項
四、契約局の他の部の所管に属しない事項

連合軍の設営工事は、日本人従業員宿舎等の例外を除く全てがＰＤ（調達要求書 Procurement Demand の略、昭和二十一年四月以降の日本全土におけるＰＤは連合軍第八軍司令部の指令に準拠して行われることとなった）の発給後に取り掛かられた。この際の請負人の選定には二種類の方法があった。家族住宅工事については、責任は全て日本政府にあるとされ、業者の選定も日本側で行った。その他の兵舎工事、一般工事等に関しては、当初連合軍側においてＰＤ発給の際にサジェステッド・ソース（Suggested Source）に希望する請負業者名を記入することになっていたが、種々の障害が発生したため、日本政府は連合軍第八軍司令部との折衝の結果、昭和二十二年四月以降、一般には原則として発注は競争入札となった。そして、連合軍設営工事においても会計法が適用された。また、会計法の「豫算決算及び會計令臨時特例」によると設営工事については随意契約及び指名競争入札のどちらにも付することが可能であった。

第五条　各省各庁の長は当分の間、他の法令に定めるものの他、左に掲げる場合においては、随意契約によることができる。

一、土木建築その他の工事を請け負わさせるとき
二、法令により配給の統制をしている物品の買収又は売買を行うとき
三、法令による価格の額の指定のある場合における当該物品の買入もしくは、売払、法令による賃貸料の額の指定のある場合における当該物品の貸付もしくは借入または法令による加工賃の額の指定のある場合における当該物品の加工について契約を行うとき

六、前各号に掲げる場合を除く他、連合軍最高司令官の指示に基づいて契約を行うとき

しかし、設営工事は急務であり、工期が短くまたその延長は認められなかった。以上のことから政府としては、PDの受領後直ちに工事着手ができるように各種建設業者（資料では土建業者と記されている）を調査して、指名競争入札によってこれに対処し、業者の調査と選定にあたった。その際に設けられた課が前述した契約局工事部工事調査課であった。また、業者の選定には、日本建設工業統制組合及び日本建設工業会も関わっている。

当時の契約局工事部工事調査課長であった櫻井良雄[17]は、「請負制度の民主化」を建築雑誌[18]に記載している。その記述によると「……官庁の工事、特に連合軍設營工事等の場合においては請負業者の決定が極めて公明正大且つ適正に行われなければならないことはいう迄もない」と述べ、更に指名入札の必要性を述べている。

c　請負業者の選定方法

業者の調査方法は、「特別調達工事施工請負業者資格調査實施要領」による調査表を用い、これにより「特別調達工事施工有資格請負業者名簿」を作成し、かつ、需要品調達の際にも同様の方法で名簿がつくられていた。名簿作成にあたって、全国の当該業者に照会し調査票を提出させている。また、この名簿に記載がない請負業者は設営工事に参加できず、工事について不都合がある場合にはこの名簿から削除され、名簿自体は固定的なものではなかった。なお、請負業者の選考要件となる資格審査は次の点に基づき行われた[19]。

①　施工能力

設営並びに技術陣営の整備状況（重役氏名、職員学歴別員数）

現に保有する機器、数量

砂利採取船、浚渫船、堀穿機、スクレーパー、ブルドーザー、さく岩機、砕石機、ローラー、ポンプ、杭打機、ガイデリック、三脚デリック、移動クレーン、動力ウインチ、土砂場リフト、荷揚リフト、機関車、トラクター、トラック、レール、ミキサ、イナンデータ、ウオセクリータ、ポンプクリート、空気圧縮機、セメントガン、オイルジャッキ、モーター、トランシット等）

直雇労務者数

（大工、鳶、人夫、屋根工、板金工、左官、塗装工、製材工、設備工、電工等々）

なお、工員養成所があればその状況

② 工事経歴

前年度の工事施工実績額

（建築、土木、設備、造園等の工事費、消費資材数量、手持工事件数、金額）

手持資材数量

従来連合軍設営工事を施工したものについては特にその成績（工期の履行、工法の良不良、見積金額の当否、支給資材の処分等）

③ 信用その他資格認定に必要な事項

資本金（公証、払込）

創業年月

建設資材自給工場の有無

支店、出張所、営業所数、所在、銀行融資状況等

一方、戦災復興院は、日本建設工業会に対し「連合軍設営工事の請負契約要綱」並びに「入札心得書案」を通達し、本資格審査内容と同様の入札者の選定のほか、保証金、契約の締結等について細かに規定している。請負契約要綱においても連合軍設営工事の発注は、「原則として指名競争入札による」と定めており、保証金に関しては「入札並びに契約保証金は免除することができる」とし、無条件で保証金免除が既定されていた。

二、入札者の選定

㈠ 官給材料費を含め一件の工事費（一工事を数件に分割入札する場合はその合算額。以下単に一件の工事費という）五百万円未満の場合は地方長官がこれを選定し、五百万円以下の場合は地方長官は戦災復興院総裁と協議して選定する。何れの場合においても戦災復興院総裁が入札者を指名して特に入札に加えることがある。

㈡ 入札者は連合軍関係設営工事施工業者調査票を提出した者の中から概ね次の事項を標準として予め連合軍担当官及び戦災復興院総裁と協議して選定した者について名簿を作成し、その名簿から当該工事の適格者をなるべく多数選定する者とする。

(イ) 施工能力

経営並びに技術陣容の設備状況、現に保有し、または保有し得る資金、労務、資材機器及び同時施工の総工事量などから判定する。

(ロ) 工事経歴

従来連合軍設営工事を施工した者についてはは特にその成績を考慮する。

(ハ) 資産その他の信用程度

請負契約要綱中、建設業者側に対して示された標準事項は、概要であり、「適格者を多数選定する」としているが、実際のところは設営工事を担当できたのはわずか一部の業者であったようである。当時の業界紙によれば、昭和二十二年五月から十二月までの間、競争入札九一二件について五、六〇〇社の入札参加者があるが、指名一〇回以上落札三回以上の総合業者はわずか五四社であり、そのうち指名三〇回以上二八社、落札一〇回から一七回のもの一二社、有力業者の落札率は一〇％から一六％程度という有様であった。戦後の新興建設業者[20]の急増と、昭和二十二年時点での工事量減少による工事獲得競争の激化が背景にあった。

櫻井工事調査課長は、「工事量に比較して全業者の総施工能力が非常に多い今日、その公平を期することは殆ど不可能であり」と記していることからもそれが窺える。

d　建設業者の調査

上記では、特別調達庁によるＧＨＱ関係の請負業者の資格条件を明らかにしてきたが、伊藤資料には、これとは別に終戦直後（日付は、昭和二十年十月となっている）に該当し、占領軍に対して建設業の実態を示し、占領軍工事に対応するためと思われる調査用紙がある。同日付から判断すると、経済安定本部や特別調達庁、さらには戦災復興院の設置前であるので、この種の業界調査を戦時中に担当した商工省のものと思われるが、確証はない。ここでは、どのような調査内容であったかを示す。

〈伊藤資料　Ｂ４判縦、ガリ版印刷〉

Inquiry of Contractors Capacity　No. 5

At Present of 10, 1945 within the jurisdiction of Gunma Prefecture

Contracting Control Committee

●調査対象請負業者リスト（以下では群馬県の例が挙げられている）

〈Gunma Prefecture〉

1 Abe-Gumi K.K.
2 Azuma Doken K.K.
3 Gunma Doboku K.K.
4 Gunma Hokubu Doken Kogyo K.K.
5 Gunma Seibu Doken Kenchiku K.K.
6 Kiriu Seizai K.K.
7 Kisaku Yamada
8 Maibashi Doken Kogyo K.K.
9 Mizutani Gumi (Ohta Branch Office)
10 Syouwa Gumi K.K.
11 Tano Doken Kogyou K.K.
12 Tatsuguchi Gumi K.K.
13 Usui Doken K.K.

●調査用紙1（B5判）各企業概要　原資料は表組

Inquiry of Contractors Capacity（At Present of 1st, 1945）

A　Name

（業者名）

B　Address

（住所）

C　Kind of Specialty（Building, Engineering, etc）

（建築、土木等何レヲ主トスルカ）

D　Machines and Tools, possessed: particulars is the other Copies

（保有機械器具）（詳細別紙ノ通リ）

E　Number of Labourers

（手持労務者数）

Including the number of man having special activity

（其内特殊技能保有者ノ数）

●調査用紙２（Ｂ４判）詳細別紙で保有機械器具のリスト

〈Particulars of Machines and tools possessed〉

Name of Machines　機器和名　Form Number

1　Auto-truck　貨物自動車

2	Tractor	トラクター
3	Gasoline Locomotive	ガソリン機関車
4	Wheel barrow	手押車
5	Fleight Spoon and Bucket Conveyer, etc	掻取、台板バケット、コンベア等
6	Hand Winch	手動式ウインチ
7	Power Winch	動力ウインチ
8	Crane	クレーン
9	Rail (over 12 pounds)	レール、一二ポンド以上
10	Excavating Machine	掘鑿機
11	Dredging Machine	浚渫機
12	Road Roller (Steam, Gasoline, Diesel)	ロードローラー(スチーム、ガソリン、デーゼル)
13	Pump (Central fugal turbine, etc	ポンプ(渦巻タービン等)
14	Boring Machine (over 100 feet)	ボーリング機(一〇〇呎以上)
15	Pile Hammer (stream, electric)	杭打機[蒸気、電気]
16	Steel Sheet Pile (of all kinds)	鉄矢板
17	Motor (over 5 HP)	モーター(五馬力以上)
18	Crusher (with accessory)	砕石機(付属品共)
19	Concrete Mixer (over 14 cubic feet with accessory)	コンクリートミキサー(一四切以上)

20 Concrete Distributing Plant　コンクリート配分装置
21 Guyderrick (for over 5 tons and boom over 80 feet)　ガイデリック（五トン釣以上、ブーム八〇呎以上）
22 Stiff-leg Derrick (for over 3 tons and boom over 40 feet)　スッティフレッグ・デリック（三トン釣以上、ブーム四〇呎以上）
23 Cement Gun or other Concrete Surface Finisher　セメント噴射機又セメント面仕上機
24 Air Compressor (100 sq feet per/min, with Accessory)　空気圧縮機
25 Caterpillar Truck　カタピラトラック
26 Timber Splicer　各種製材機

(3) 戦災復興院

a　戦災復興院の機構及び業務内容

「戦災復興誌[21]」によると、「戦前の都市計画行政機構は内務省国土局計画課における一般都市計画と、防空総本部における防空都市計画であったが、……戦争行為は終結をつげ、防空総本部は解体されて、これに包括されていた都市計画課の一部は国土局計画課にもどった」とあり、終戦から戦災復興院設立までの三ヶ月間は国土局計画課が戦災復興事業を担当していたことがわかる。

戦災復興院の設置にあたっては、「復興院設置案、内務大臣管理のもとに戦災復興院を設置する案、内務省建設総監のもとに計画局を新設する案」の三案が提出された[22]。

そして、昭和二十年十一月内務省国土局から分離して戦災復興院が設立された。戦後の混乱時にあり、戦前の組

織の解体及び復活が行われたことで、建設業担当部局は散在していた。

「戦災復興院官制」及び「戦災復興院分課規程」によると機構とその業務は以下の通りである。（以下抜粋）

戦災復興院官制

第四条　戦災復興院ニ総裁官房及左ノ三局ヲ置ク

計画局、業務局、土地局

総裁官房及計画局ノ事務ノ分掌ハ総裁之ヲ定ム

戦災復興院分課規程

第三条　計画局ニ左ノ四課ヲ置ク

計画課、土木課、建築課、施設課

第四条　計画課ニ於テハ左ノ事務ヲ掌ル

1　戦災復興都市計画及同事業ニ関スル事項
2　地域地区ニ関スル事項
3　戦災者ノ生活安定促進ニ関スル事項
4　他課ノ主管ニ属セザル事項

第六条　建築課ニ於テハ左ノ事務ヲ掌ル

1　建築ノ監督ニ関スル事項
2　建築ノ指導助成ニ関スル事項
3　建築ニ関スル調査研究ニ関スル事項

第八条　業務局ニ左ノ二課一部ヲ置ク

住宅企画課、住宅建設課、営繕部

設立当初の機構には明確な建設業担当部局はなく、分課規程から推測すると、建設業に関する業務を取り扱っていたのは建築課であったと考えられる。

b　第一回改正

建設業担当部局は、業務局が建築局に改められたことで初めて発足したといえる。昭和二十一年三月三十日付の「戦災復興院官制中改正」にその旨が記されている。（以下抜粋）

戦災復興院官制中左ノ通改正ス

第二条第一項中「営繕技監」ヲ「技監」ニ改ム

第四条第一項中「業務局」ヲ「建築局」ニ改ム

理由

建築行政ノ重要性ニ鑑ミ之ガ一元化ヲ図ル為業務局ヲ建築局ト改ムルトトモニ営繕技監ヲ技監ニ改メ営繕ニ関スル技術ノミニ止ラズ広ク都市計画及土木建築ニ関スル技術ヲ掌理セシムル要アルニ依ル

また同年三月二十三日付の「戦災復興院官制中改正(23)」ではその改正の説明書を記載している。

戦災復興院ハ設置以来五月ヲ経過シ其ノ事業ハ漸ク軌道ニ乗リ所管業務ノ量モ亦増加シタルニ鑑ミ同院総裁ハ従来国

務大臣ヲ以テ充テ居リタル所此ノ際親任官ト為スノ要ヲ生ジタルモノナリ

以上から業務局が建築局に改められたのは、「建設行政の重要性」が理由であった。国土復興と大量に発注された連合軍設営工事の遂行が課せられた当時の情勢を考えると、建設事業の一元化が必要とされていたと言える。そして、本改正に伴い、計画局建築課は建築局監督課となった。建設業担当部局は、建築局監督課と推測される。なお改正後、計画局計画課に主任技術者として伊藤憲太郎が就任している。[24] さらに、この官制の改正に伴い、付属組織として特別建設部が設置された。「戦災復興院特別建設部臨時設置制」によるとその役割は「連合軍最高司令部ノ為ス要求ニ係ル宿舎其ノ建造物及設備ノ営繕並ニ備品ノ調達ニ関スル事務ヲ掌ラシムル為」とされている。前述した特別調達庁が設立される前のことである。設營工事の営繕、調達は当時戦災復興院で取り扱っていたため、「その業務の重要性に鑑み[25]」機構の拡大強化がなされ、特別建設局（昭和二十一年十一月改正）の設置となった。

特別建設局には、業務部（総務課、建築資材課、設備資材課）及び建設部（監査課、建築工事課、土木工事課、設備工事課）が設けられた。「戦災復興院特別建設局分課規程」には、業務部総務課の事務事項「建設計画の総合立案」が記載されていた。（以下抜粋）

第二条　総務課においては、左の事務を掌る。

1　建設計画の綜合的立案に関する事項
2　資金、資材及び労務の総括に関する事項
3　連合軍との連絡に関する事項
4　経理に関する事項

5　建設用地等に関する事項
6　他の部課の主管に属さない事項

c　建設業法制定の準備

経済安定本部を含め建設業法の草案が、どの部局で、どのような考え方によって生まれたものか、これを正確に記した資料は管見の限り見当たらない。後の建設省管理局建設業課事務官である三橋信一の回顧録[26]によると、昭和二十二年に局長により「土建屋を取締まる法律」をつくることを命じられたと記しており、戦災復興院の時点で三橋信一による建設業を取り締まる法律制定の試みがなされていた。さらに、回顧録で、戦前は企業統制令があったものの戦後はブランク状態で、昭和二十二年の調査時では建設業者の数は二〇万九千[27]であり、業態は不明確で手が付けられず立法化の入口でつまずいてしまったと述べている。さらに、「しかし、臨時物資調達法や閉鎖機関令、企業再整備法の業務に携わるうち、建設業の特殊な実態を知るに至り、強引な取締制の法律をつくっても、それだけでは建設業者に纏わる問題は片付かず、業界の浄化に対しては益のないことが分かってきた」と建設業法で登録制を採用した経緯を述べている。

戦災復興院計画局は、昭和二十二年一月に、日本建設工業統制組合に対し請負制度に関する懇談会の開催を要請している。会合では日本建設工業統制組合と復興院関係官が請負制度に関する現状とその改善の方向について、意見交換を行った。業態が不明確であったという事情もあり、当時の建設業の実態を知るための試みであったといえる。

(4) 建設院

a 設立経過

昭和二十二年十二月内務省の解体に伴い、戦災復興院の官制が廃止され、戦災復興院は再び内務省国土局と統合し、「建設院設置法」及び「建設院分課規程」が公布され、翌二十三年一月に建設院が設立された。本院設立に関しては、建設省にすべきかどうかといった機構編成問題に関して国会で審議が行われた。国会議事録によると、当時は「国土局並びに日本各省にまたがっている建設力を総合結集すること」[28]を目的とし、内務省解体を機に実現するのが適当であるという意見が前々から議会で出されていた。

建設力の結合、結集には建設省設置が理想とされていたが、「……各省に建設関係がまたがっており、一時これを省にまとめるということは事務上はなはだ困難を感じている。従って今日における段階として、まず建設院で進みたいと考えている」[29]という事情と時期尚早だとの理由で実現には至らなかった。当時土木建設業が商工省や運輸省、農林省、厚生省といった各省に担当が分割されていたことがこの発言から読み取れる。建設院設立後も建設省への省昇格の必要性が方々から主張され、発足わずか一年足らずという短期間で建設省となった。

昭和二十二年七月の衆議院建設委員会において、経済安定本部建設局長高野與作は建設省設置に関して次のような意見を述べている。

……将来建設省に発展していくのではないかといったことにつきましては、ちょうど私が安定本部へ参りましたとき、建設局は第四部と申しましたが、四部としての案として、建設省設置すべしという具体案を行政調査部あたりへ出していたようであります。従って経済安定本部の第四部として相当これを研究しまして、そういう結論に達した模様であります。私どもといたしましては、将来、これについては十分研究いたしたいと思っております。

この発言から、経済安定本部の建設局においても建設省設置の研究がなされていたことが分かる。経済安定本部建設局は、昭和二十二年六月に設置されており、その発足当初から取り組み始めていたといえる。また建設院の設立に際して森田茂介は「建設院（省）の誕生に就いて」と題し、意見を述べている。(30)

就中内務省の土木技術者を中心とする「復興院その他関係官庁の建築、造園、技術者等も参加している」全国建設技術者協会は最も力を入れている。そしてその運動の効果は小さいものでは無い。それより先「全国建設業協会」はその力によって内務技官兼岩傳一氏を参議院に送り、政治的発言権を強化している。

さらに、建設技術者側から見た建設省の必要性が述べられている。全国建設技術者協会でも建設院機構案を草案し、その機構図も意見書内に掲載されていた。その機構案は、官房他八局編成であり、各部局は、計画局、工務局、水政局、道路局、都市局、建築局、住宅局、特建局とされていた。

b　建設院の機構及び業務

設立当初の建設院の機構（総務局、水政局、地政局、都市局、建築局、特別建設局）と建設業担当部局の所掌業務は以下の通りであった。（以下抜粋）

建設院設置法

第二条　建設院に官房及び左の六局を置く。

総務局、水政局、地政局、都市局、建築局、特別建設局

建設院分課規程

第八条、総務局に総務課、企画課、資材課及び特殊物件課を置く。

第九条、総務課においては、左の事務を掌る。

1 国土計画及び地方計画に関する事項

2 地理調査に関する事項

3 資材及び機械器具に関する事項

4 資金及び労務に関する事項

5 所管行政に関する統計調査一般及び綜合調整に関する事項

6 土木建築工事請負業に関する事項

7 東北興業株式会社の業務の監督に関する事項

8 都会地転入抑制法の施行に関する事項

9 その他官房及び他局の所掌に属しない事項

全国建設技術者協会案と実際の建設院機構を比較すると、前者案の方が部局も多く、機構規模が大きい。前者は、建設院というよりも、建設省設置を想定として作成していたとも考えられる。

兼岩傳一は国会において「内務省の官庁の民主化、地方自治への権力委譲という新憲法の精神からいえば、戦争時代に最も威力を揮った総務局、総務局総務課、総務庁という考え方を止めて、他の道路、河川、戦災復興等々の

局と並んで、」と発言し、総務局及び総務課設置に対して反対意見を出し、建設院の機構の修正案も提出するなど、[31]主務官庁設立に関して理想像をイメージしていたと考えられる。

建設院では、この総務局総務課が建設業担当部局であり、所掌業務に「土木建築工事請負業に関する事項」(第六号) とあり、建設業に関する業務の規程が明記されている。また、復興事業については戦災復興院時代からの所管がそのまま継承されたものであった。[32] 戦災復興院時代から始まった建設業法制定の取組みは建設院でも引き継がれたと考えられるが、それについてふれた文献及び資料は今のところ見つかっていない。

(5) 建設省の設置

a 建設省の設立過程

建設業の主務官庁となる建設省設置の要望は、国会議員及び業界各方面から強まっていた。第5章で述べたように、戦前から建設業主務官庁は切望されてきたことであり、建設業団体からも設立の要望書などが提出されていた。

昭和二十三年七月になって、運輸省運輸建設部[33]と建設院が統合し、本省が設立された。従前から建設行政一元化の要望が出ていたが、商工省電力局、農林省開拓局、運輸省港湾局、厚生省等の各省及び部局の統合は、建設省設立直前まで討論されたが、この時点では果たされなかった。国務大臣一松定吉は国会で、「他の省に分布している建設行政の一部に関しては省に昇格した後に適当の時期に仕事を十分調査検討し、徐々にこれを吸収したいと考えている[34]」と発言している。

b　建設省の機構

「建設省設置法」によると、設立時の機構は以下のとおりであった。（以下、抜粋）

第四条　本省に大臣官房及び左の六局を置く。

総務局、河川局、道路局、都市局、建築局、特別建設局

三　総務局においては、前条第一号、第三号、第四号、第十七号、第二十五号及び第二十七号に規定する事務並びに同条第二十九号に規定する事務（試験及び研究に関する事務を除く。）を掌る。

一　国土計画及び地方計画に関する調査及び立案を行うこと。

三　都会地転入抑制に関する事務を管理すること。

四　東北興業株式会社の業務の監督その他東北興業株式会社法の施行に関する事務を管理すること。

十七　土地の使用及び収用に関する事務を管理すること。

二十五　土木建築請負業の発達及び改善の助長を行うこと。

二十七　連合軍最高司令官から政府に返還された物品等の処理を行うこと。

二十九　建設省の所管行政に関する調査、統計、試験、研究並びに資料の収集、整理及び編集に関する事務を処理すること。

総務局の所掌業務の第二五号には「土木建築請負業者の発達及び改善の助長を行うこと」との規定があり、建設業の部局は総務局であったことが分かる。総務局は総務課、建設業課、企画課、資材課の四課からなり、文献によると建設業課が建設業の担当課であったと記されている。(35)

当時の土木建設業の問題点として、請負制度に付随する種々の弊害があって、国会では同省設立に際して、土木請負業者に関する指導を今後いかに行っていくかという質問がなされた[36]。質問に対し、一松国務大臣は、「……土木建築請負業者等に対して組合を組織させ、互いに監督し合うことで自粛自戒し合って、仕事を理想にもっていくようにしなければならない。それについては、業者もしくは学識経験者その他建設院の関係役人等が、協議会でもこしらえ、弊害を除去し、最小の費用をもって最大の結果を得る方向に進みたい」と発言し、組合化と協議会設置の必要性を述べていた。このような考え方は、戦前の斯業取締りと同じ立場であるといえる。

c　建設省総務局の業務

建設省設置と同時に、建設業法の制定が急速に具体化し始めた。国会では建設業法要綱案作成後の昭和二十四年に、本格的な討論が開始されている。かねてからの建設業界の要望もあり、建設省では何よりもまず建設業法案の作成が最優先事項であったといえる。

「建設省総務局建設業課新設より一年[37]」によると、建設業の改善や助成の事務は、戦災復興院及び建設院を通じ、一係の所掌事務に過ぎなかったが、建設業課は建設省設置に伴い建設業に関する諸問題を総合的に処理するために設けられたと記述されている。過去一年間（昭和二十四年を起点として）の主要な出来事として、「労務供給事業の認定基準の決定、建設業の企業再建整備、建設業総合業態調査の実施」、そして「建設業法の制定」が挙げられていた。

労務供給事業の認定基準の決定は、職業安定法の施行によって下請制度が禁止されたことが背景にある。職業安定法に対して建設業者は猛反対し、建設省をはじめ行政各方面に改正の運動を行っている。そこで建設省は各関係省及び省内各局の意向を汲んで、この認定基準を作成した。

建設業総合実態調査は、千有余の業者の業態についての多角的な総合調査であった。昭和二十四年七月の時点でも、その整理分析を継続し、近くその全貌が明らかになるとし、将来の諸施策に裨益するだろうと述べている。この実態調査の背景には、建設業に関して、科学的基礎を有した統計資料が極めて乏しく、このことが的確な行政施策を困難にする原因になっていた事情がある。

建設省では、建設業法第一試案として、昭和二十三年十二月に「建設業法要綱案」を作成した。この要綱案作成後、建設業界の各団体などを招き公聴会を開催し、出された意見をもとに大幅な修正を行い、第二試案を作成し、若干の訂正を経て、昭和二十四年五月二十四日の第五国会で通過した。建設業法要綱案の詳しい内容や各団体の公聴会での意見については、本章の6・3で取り上げる。

さらに、「建設省総務局建設業課新設より一年」では、建設省として今後策定すべき事項に、責任保険制度の確立や建設技術者制度の制定、企業経理及び施工技術の合理化などの諸問題を挙げ、その対策を資金、資材、労務の面から取り組む必要があると述べている。

d　建設省の機構改正

建設省は、建設業法制定直前に第一回の機構改正が行われた。「行政機構を整備簡素化する政府の一般的方針に基づき、建設省におきましても、その機構を整備簡素化することといたし[38]」を踏まえ、従来の六局編成を五局とした。しかしこの改正は「取り敢えず現在の機構を基礎にしてその整備を図ったものでありまして、建設省機構の根本的改正については今後の研究に俟つことにいたしました[39]」という趣旨であった。この改組問題に対して衆議院議員の田中角栄は、具体的な機構案を提案し、営繕局を設けて営繕の統一を図ることと、建築局をそのまま残して建築行政を一本にまとめることを要望したが[40]実現には至っていない。

改組によって設置された五局とは管理局、河川局、道路局、都市局、住宅局であり、営繕部は管理局に置くことに決定された。「管理局において、現在の総務局及び特別建設局営繕部の事務を、住宅局においては建築局の事務をつかさどらしめる[41]」とされ、建設業担当は管理局に移管された。分課は管理局に総務課、建設業課、企画課、資材課を置くものであった。この改組によって、建設業法に関する担当部局も総務局建設業課から管理局建設業課に移管された。建設省はその後改組を重ね、現在の国土交通省に至っている。

6・2　業界協会・団体の動き

ここでは、戦後の建設業団体の活動状況について述べる。その活動は、連合軍設営工事、建設省設置及び建設業法制定に関するもの、連合軍及び政府発行による法令の対策などが該当する。そして、活動内容を明らかにするため、各団体の設立過程や機構、業務内容などを政府及び連合軍と関係づける。

各建設業団体としては、戦後建設業団体の中核であった日本建設工業統制組合、その後の組織改革を受けた全国建設業協会を一つの流れ、同統制組合の支部を前身として分離設立した東京建設業協会及び大阪建設業協会をもう一つの流れとして扱う。

(1) 日本建設工業統制組合

a 日本土木建築統制組合から日本建設工業統制組合設立まで

日本建設工業統制組合の前身団体は、日本土木建築統制組合であった。第4章で示したように、日本土木建築統制組合は商工組合法の制定に基づき、企業の整理統合、物資配給、そして工事受注の一元化を目指すために昭和十九年に設立された。この背景には、太平洋戦争の本格化による建設工事能力の重点的集中と企業整備による工事能力の増強があった。そして、政府は国家総動員法に基づき、昭和二十年に「戦時建設団令」を公布し、統制組合及び陸海軍による協力会を含む全ての業者団体を解散させ、新たに勅令団体「戦時建設団」を設立させた[42]。日本土木建築統制組合も例外なく解散され、戦時建設団に統合された。以上が戦前における経緯である。

戦後は、国家総動員法の廃止により、戦時建設団は解散し、日本建設工業統制組合沿革史では、以下のように、新たな建設業団体が必須であったことが述べられている[43]。

> 終戦後我国の戦災復興、進駐軍工事は焦眉の急を要するものがあり此の施工には膨大な量の資材と多数の労務者を必要とし之を全く無計画にしたならば工費の昂騰と無意味な競争をもたらすのみで惹いては我国の復興事業にも重大な悪影響を与え業者としても不測の損害を生ずる危惧があったので、戦時建設団の解散後業界の団体をどの様な形のものに組織するかという事について業界各方面で真剣に考究して居たのである。

昭和二十年十一月に全国の建設業者の有志が終結して会合が開かれ、商工組合法に基づき日本建設工業統制組合が設立された。同組合は自主的統制のもと業務を行っていたが、その背景にはこのような喫緊の状況があった。

b　日本建設工業統制組合の機構

戦後、新規建設業者が急増し「にわか請負業者とよばれる中小業者一群」と称される業者の請負業への侵入などから、当時の建設業界の秩序は乱れていた。本組合では、「日本建設工業統制組合定款」によって組合員の条件や違約処分等について細かく規定している。[44]（以下抜粋）

第八条　本組合ハ左ノ掲グル者ヲ以テ組織ス
一　昭和二十年六月三十日現在ニ於テ日本土木建築統制組合又ハ地方土木建築統制組合ノ組合員タリシ土木建築綜合工事業者ニシテ現ニ營業ヲ繼續スルモノ
二　昭和二十年七月一日以降地區内ニ於テ土木建築綜合工事業者ト爲リタルモノニシテ本組合ニ於テ承認シタルモノ
第十条　新ニ組合員ト爲リタル者ハ遲滯ナク其ノ出資口數ニ應ジ他ノ組合員ノ拂込ミタル出資額ト同額ノ拂込ヲ爲スヘシ……

これらから、第八条において、旧統制組合である日本土木建築統制組合の組合員は、設立と同時に組合員として認可され、組合員に職別工事業者は含まれず、総合工事業者のみであり、この点に関しては旧統制組合の規定とは異なっていた。

定款で規定している事業内容は、業者の経営・工事契約・工事費に関する統制指導、資材・機材・労務の確保または分配、組合員の業務に関する検査などであった。事業内容は、旧統制組合とほぼ同様のものであり、出資金支払や組合の要求する必要書類の提出などの義務に関しても従来と同様であった。事務機構としては、四部一四課が設けられていた。

この中で、総務部調査課では業態調査を、工務部では工事全般を担当し、工事の受注配分の斡旋、機器工具の貸与配分などを工務課が行っていた。

また「商工組合法によると統制組合は統制規程を設定しなければならない[45]」とされ、定款とは別に日本建設工業統制組合統制規程を設けている。

この当時はまだ総合工事業は「企業許可令」（昭和十六年発令）による企業許可書の提出が義務づけられていた。前述した業務内容や組合員の義務及び旧統制組合の組合員の加入、そしてこの企業許可の必要などから、戦時期の旧体制を引き継いでいたことが窺える。

組合員の加入資格は「組合加入資格基準審査委員会」を設け、本委員会で「資格審査規程」及び「組合新規加入審査標準」を制定し、「資格審査委員会」を設置している。資格審査規定では、新規加入希望者に対して企業許可書と工事経歴書、法人の場合は登記謄本、個人の納税証明書を添付して申請することを規定していた。

更に新規加入の申込資格について審査標準により以下のように規定している。[46]

本組合ニ加入セントスル者ハ左ノ各項ニ該當スル者ニシテ本組合員二名以上ノ推薦アルコトヲ要ス

一　企業統合體ヨリ脱退シ又ハ企業統合體ノ解散ニ依リ營業ノ復活ヲ為サントスル者ニシテ新ニ企業許可令ニ依ル企業許可ヲ受ケタルモノ

二　左ノ各號ノ條件ヲ具備シタルモノ

1　企業許可令ニ依ル企業許可ヲ受ケタルコト

2　法人ニ在リテハ拂込資本金十萬圓以上、個人ニ在リテハ直接國税年額二百圓以上ヲ納メタルコト

3　經營擔當者ガ土木建築業ニ經驗ヲ有シ企業經營ニ適當ト認メラルルコト

このような加入資格審査を行った経緯は、戦時中の商工省による土木建築総合工事業の企業許可の通牒と関係する。当時は国家総動員法の廃止に伴い、それに基づく企業許可の廃止も予想されていた。

また、統制組合では昭和二十一年二月に支部協力会を設けた。従来は、支部の経費は本部から交付されていたが、支部としては単独で経費調達をする方が実情に適するという趣旨による措置であった。発足からわずか四ヶ月足らずの昭和二十一年三月時点で、組合員総数は合計一、四一六名となった[47]。規程により支部協力会の加入者は、統制組合と表裏一体の関係となり、その事業の運営に協力することを目的とした。このことは、後述する東京建設業協会及び大阪建設業協会の前身の業務内容とも関わっている。

c　連合軍設営工事業務

終戦直後は、経済、資材面等の諸問題を抱え、膨大な建設需要の一方で施工量の減少という厳しい状況下に建設業者は置かれていた。このような中、連合軍工事は、一時的には「土建ブーム」といわれた復興景気を招いた。そこで、統制組合の業務も、戦災復興工事及び連合軍工事関係の業務が大半を占め始めた。

連合軍設営工事に関しては日本建設工業統制組合沿革史に具体的な内容が記述され、業務の大略は、工事の斡旋及び遂行に関する業務や運輸事業であった。

本章三三〇頁でふれた設営工事における業者の選定は、当時はまだ特別調達庁が発足していないため、戦災復興院が担当していた。統制組合は、戦災復興院にその斡旋業務の担当を自ら申請し、家族住宅工事の選定の責任が日本政府にあるとされたことで、「現地軍と日本建設工業統制組合都道府県支部と連絡上業者を内定して連絡する様通牒せられ(48)」、支部が担当することとなった。統制組合はこれに対応して「連合軍家族宿舎建設の請負業者選定に関する件通牒」によって業者の能力に応じ、公正妥当な選考を行って業者を内定し、戦災復興院特別建設部はその具申に基づいて工事を発注した。特別調達庁が設立される以前のことである。

建設業者の間でも、事業の重要性に鑑み、戦災復興院などの関係官庁と業者間並びに業者相互の緊密な連絡協調を図るために何らかの措置が必要との要望が出され(49)、同年五月に理事長竹中藤右衛門を筆頭として「特建協力会」が設立された。「特建協力会会則第一条」によると「戦災復興院特別建設部所管に係る特別建設事業の完遂に協力するを以て目的とす(50)」として、資材調達の協力や労務、資金輸送等に必要な協力、関係業者に対する協力を業務内容に規定した。特建協力会は、連合軍からの工事発注が一段落着いたことや、特別調達庁の発足もあって、設立後一年が経過した昭和二十二年五月に解散された。

その他の連合軍関係工事関連業務としては、連合軍第八軍司令部の要請による賠償工場内の設備及び資材の調査があった。政府は本統制組合にＰＤを交付し、調達業務を実施するよう命じた。この調査を実施するために戦災復興院特別建設局業務部総務課長の瀧野好暁と竹中理事長との間で契約の締結が行われている。

また賠償施設撤去作業のために賠償対策委員を設置して賠償問題に関する対策の調査を行うなど、連合軍設営工事業務と言っても、その業務内容は多岐にわたるものであった。

d　建設工業調査委員会

統制会の中の調査委員会にあって、建設工業調査委員会は、計一一六回の会合を開き活動が頻繁であった。その研究調査は、建設業発展に貢献したといえる。

本調査委員会は、「建設工業調査委員會規定第一條」の中の、「本組合ニ建設工業ニ關スル諸制度ヲ綜合的ニ調査研究シ必要ニ應ジ之ヲ實践ニ移ス爲建設工業制度調査委員會ヲ設ク[51]」を根拠とし、昭和二十一年二月に発足し、統制組合解散直前の翌年一月まで継続した。

委員長は鹿島守之助であり、以後建設業法制定活動に深く関わることとなった林茂が第一小委員会に、また牧瀬幸が第二小委員会委員として参加している。先に指摘したように、専門委員として経済安定本部建設局から鳥居秀夫も委嘱員として参加する民官協同による調査会であった。

「建設工業制度調査委員會構成及任務」によると、その調査任務は以下のとおりであった。

建設工業制度調査委員會ニ第一小委員會、第二小委員會ヲ置キ其ノ調査任務ヲ次ノ通リトスル

第一、小委員會調査事項

一、建設工業主務官廳ニ関スル事項

二、産業團體法ニ関スル事項

三、日本建設工業統制組合改組ニ関スル事項

第二、小委員會調査事項

一、請負制度ニ関スル事項

二、請負契約改善ニ関スル事項

調査任務として特記すべきは、第一小委員会の第一、二項であって、審議過程については日本建設工業統制組合

沿革史に詳述されている。[52]

〈建設工業調査委員会の活動内容〉

右記資料には、「三月の終には林委員から『建設省設置案』の提出があり、鳥居委員からは四月初『建設工業主務官廳に關する事項』として意見の発表があった」との記述があり、発足直後から具体的な提案の動きがあったことが窺える。その後この建設省設置案に対して各委員から意見書が提出され、調整案がつくられた。最終的には、事務当局が、これまでの委員会の提案並びに意見を総合的に調整して「建設省設置意見書」が作成されている。この意見書の提案によって同年五月には建設省設置促進のための実行委員会が設けられ、案の具体化に取り組まれた。具体化された「建設省設置意見書」は、「第一、建設省設置の急務　第二、建設省の目標　第三、建設省の機構」の三部構成であった。（以下、抜粋）

建設省の目標（略）

十一　建設工業法の制定

土木建築事業に關する從來の陋習を除き、事業者の責任観念の上昇、工事施工の質的向上、事業擔當能力の伸長を期し、以て我が國再建事業の完遂に必要なる國内建設工事能力の發展充實を圖る爲め、單行の建設工業法（假稱）の制定に關し政府は急速に必要なる措置を講ずべきである。

建設省の機構

一、計畫局

二、施設局

三、管理局
四、勞務局
五、建設技術研究所
六、國土計畫委員會
七、建設工業協議會
八、各省連絡委員會

「建設省の目標　第一一号」で単行の建設工業法（仮称）制定に関して急速な措置を要望しているので、昭和二十一年五月の時点で建設業の単独法の必要性を訴えていたことが分かる。戦前の業界が熱望した業界法は、単独法を運営する機関としての建設省の設置とも関係したことも要因であったと考えられる。

この建設省の機構に関して、各部局の所掌業務は、当時の建設業者が行っていた業務内容を基に草案され、詳細に記述されている。すなわち、管理局では「……建設工事業者其他の民間團體の協力の下に工事受注の統制を圖り以て建設事業實施の確保推進を圖る」とし、政府と連携を取り合いながら、建設業を取り扱う方針であった。

その後、統制組合の後続団体は、建設業法制定に関する建設業審議会の委員に、建設業者を加えることを要求し、その方針は「民間の知識、経験及び意見を吸収活用」するにあったといえる。

また第二小委員会では、請負制度及び請負契約の改善について調査研究が行われ、「請負契約書」案が提出された。また鳥居を中心として「実費精算式工事契約書案」を提出し、更に「標準工事契約書に關する件」として理事長に答申している。「建設工業制度調査委員会成果(53)」によると「実費精算に依る工事契約書」及び「一式請負に依る工事契約書」の作成が成果として挙げられている。

以上のような建設省設置と請負契約に関する諸調査は、調査会発足以来の二大事項であり、これと並行して建設業法が調査研究された。ただ、この時点では、建設省設置意見書でも記されているように「建設工業法」であった。

昭和二十一年四月末に「建設工業単独法の内容並に組合改組」に関して林委員から詳細な提案があった。その提案は、「建設工業（土木建築業）法案要綱」（未定稿）としての初めての具体的なものであったといえる。

この問題について戦災復興院計画局の小原技官も参考人として個人的所見を述べている。この所見は、「土木建築業団体に関する事項」と「土木建築業法に関する事項」の二つからなり、それぞれの事項について問題となる要点について簡単に記されたものであったが、その具体的内容については不明である。

以上のような提案や、やりとりがあったが、この当時、商工組合法廃止に伴う組合の改組問題が浮上し、これ以上の進展は見られていない。昭和二十二年一月を最後に、新団体結成までの休会が決定され、委員会による調査研究は一旦停止した。

e　陳情及び意見書提出

本組合は前述した嘆願書及び意見書の他にも、労務関係法令に対し行政各方面に建設業者を代表して参加していた。労働関係法令に対するものとして厚生大臣宛に「労働基準法草案に對する希望意見書提出」、「労働組合法及同法施行令改正に關する意見書」を、その他の陳情として「戦時補償特別設置法（昭和二十一年十月十八日公布。目的は、形式上は戦時補償を行い、それに一〇〇％課税することで実質的に補償を打ち切る法律）施行に關する件」を提出している。

また経済安定本部によると、中間搾取の排除を目的として規定したとされる「公共事業処理要綱第八項目第三号」に対し「親方制度改革に關する意見」を提出し、改革意見を述べている。これらの意見書以外の陳情としては、「戰災復興院内に建設工業課設置に關する件」があり、建設省設置意見書だけでなく、その時点での建設業主務官庁に対しても機構改正を要求していた。

以上のように統制組合は研究調査を行う委員会及び協力会を設置して関係各方面に意見書を提出するなどして、建設業界の発展に努めていた。統制組合の建設工事調査委員会や連合軍設営工事において果たしたその役割は多大なものだったといえる。

商工協同組合法の施行に伴い商工組合法が廃止され、発足僅か一年四ヶ月であったが、昭和二十二年二月を以て日本建設工業統制組合は解散されることとなった。

(2)　日本建設工業会

a　日本建設工業会の設立過程

本工業組合は、日本建設工業統制組合の全ての権利義務を引き継ぐ組織として昭和二十二年三月に設立された。新団体設立に関しては、建設工業調査委員会により、改組案の「新團體組織大綱試案」が作成されていた。この試案の方針は、「商工協同組合法による協同組合としないこと、任意団体とすること」[54]であった。商工協同組合法によらない団体とした理由は、以下による。昭和二十一年十月に公布された「臨時物資需給調整法案」によれば、経済安定本部の定める方策に基づく物資の割当は、「民主的に組織された産業団体」に権限が賦与され、指定を受けるためには早急に改組して民主的な組織にする必要があった。資材不足の当時の状況から勘案すると、資材の割当は業界にとっての死活問題であった。以上の方針に基づき新団体の基礎構成が三案出された。採用案を含む三案は以下のとおりである。

一、連合の本支部機構を基礎とし、之に職別工事業者の全国的団体を新に構成員中に加えると共に支部の権限を拡張して其の自主性を高めんとしたもの

二、各都道府縣別に土木建築綜合工事業者の本、支店、出張所、各職別工事業者の團體を以て新團體を組織すると共に中央に之の連合會を組織せんとするもの

三、各都道府縣別に土木建築綜合工事業者の本、支店、出張所、職別工事業者の團體を以て地方の團體を結成すると共に中央には別に獨立の中央團體を結成し其の構成員は各地方の團體、一定の基準以上の綜合工事業者及び職別工事業者の全國的團體とするもの

審議の結果、第一案が採用され、職別工事業者の加入を認めて、戦前の統制組合の構成に等しくなり、建設業法の業種の概念が導入されていた。そして、具体的には、「日本建設工業会々定款第八条」で、会員資格を土木建築総合事業を営む者と規定している。職別工事業者に関しては、第九条において特別会員として本会に加入することが出来るとしており、その加入の際には理事会の承認を経なければならなかった。職別工事業者の加入許可という点では前身団体と異なっていた。

b　日本建設工業会の業務内容

業務内容は、前統制組合の事業を継承しているため、特に大幅な変化は見られない。定款第一五条第七号による

と「政府施策の樹立、關係法規の整備等に關し政府議會其の他に對する意見の具申及び其の圓滑な實施への協力」[55]が業務内容として記されていた。

昭和二十四年五月九日の衆議院建設委員会において、当時の土木工業協会組合員であり、元建設工業調査委員会委員の牧瀬幸が参考人として出席した際に、「日本工業会におきましても、制度調査委員会を設けまして、この建設省の設置を叫ぶとともに、片務契約の是正に対して非常な努力を払って参りました」と発言していることや、事業計画の概要に「建設省設置ノ急速ナ實現ヲ期スルト共ニ建設事業ニ關スル單獨法ノ制定ノ促進ヲ圖ル」[56]とされていたことなどから、統制組合の主たる論点である建設省設置や単独法の制定問題への取組みが継承されていた。

その他の業務として、定款第一五条第二号に「建設工事の一括受託並びに建設工事に關する監督指導」とあり、工事の一括受注を団体自ら行っていたことがわかる。前統制組合における業務とは異なるが、戦前の統制組合では行われていた。

〈連合軍設営工事業務〉

工業会設立当時は、統制組合時代に引き続き、連合軍関係工事がまだ盛んな時期であり、それに従い工事代金の支払促進が主要な業務となっていた。その背景として、政府による支払遅延が業界にとって大問題であったことが挙げられる。工事の支払をする官庁が明確でなく、工事の大部分は前渡金の支払を受けることもできず、建設業者は手許資金や借入金によって進めていた[57]。

さらに請負契約に関する問題も同時に生じ、連合軍設営工事の請負契約方式については、戦災復興院宛に申請を行い、指名競争入札方式の実施にあたって、政府側の配慮を要請している

連合軍工事関係業務は、一方的に課されたものも少なくなかった。賠償撤去作業もその一つであるといえ、前述

したように特別に一課が設けられていた。

〈法令対策〉

法令対策は当時の建設業団体にとって、主要活動の一つであった。前述した支払遅延問題に追い打ちをかけるように昭和二十一年十二月に法律第六〇号「政府の契約の特例に関する件[58]」が、加えて昭和二十二年十二月に法律第一七一号「政府に対する不正手段による支払請求の防止等に関する法律[59]」がＧＨＱによる覚書に基づいて公布された。

法律六〇号は「概算契約による概算金額が四割の前渡金が支払われても精算時に政府査定があって、それが適正と認められなければ残金が全く認められない場合もある[60]」とされ、連合軍工事代金を政府が一方的に決めることを可能とした法令であった。

一方、法律一七一号は、「政府関係工事に関しては請負契約の有無にかかわらず、公定価格による計算書を提出させ、不当利益による金額は没収する」というものであった。

その他の法律としては、昭和二十二年十一月に公布された「職業安定法」がある。

c　日本建設工業会の閉鎖機関指定

昭和二十二年七月、日本建設工業会は設立後約五ヶ月も経たずして、閉鎖機関に指定される可能性があるとされた。当時はＧＨＱの民主化政策として、統制的な性格をもつ団体は閉鎖機関令によって閉鎖を命じられていた。本工業会は法令によらない任意団体であり、かつ前身の統制組合と比較しても、戦時統制色は薄らいでいたにもかかわらず、閉鎖指定の可能性があった。指定理由は、以下のとおりであった[61]。

①　全国的統制業務に従事した団体であること
②　事実上統制行為を行わなかったとしても、定款に定めがある以上、全国的組織のもとに統制業務を行おうとする意志があったと認められること
③　政府が行うべきような業務を行ったことは、権威を有したと認められること
④　機械類を大量に所有し、業者に貸付けまた売却することは、未加入者にとって使用不可能となること
⑤　政府および進駐軍の一部に対し、強い発言力があったこと

戦災復興院、経済安定本部、ＧＨＱ及び連合軍第八軍司令部に対して団体としての了解運動を行い、さらに直接ＧＨＱに指定解除の懇願を行った。その後も関係各方面との折衝を重ね、その結果「閉鎖を絶対にやめたわけではないが、無期延期される。また新しい団体を作ることは一向に差支えない」という意向があったため、工業会としては新しい団体をつくる方向へ向い、「日本建設工業会改組要綱」を作成し、改組委員会が案を練った。しかしながら、同年十二月に急遽閉鎖機関に指定されるという内示を受けた。紆余曲折を経て最終的に同年三月一日に閉鎖機関として指定されることに決定された。この内示によると、新団体は以下の条件付きではあるが、いつ発足しても構わないとされた。

①　その団体は善意の産業団体の機能のみを行う。
②　その新しい団体は日本建設工業会またはその支部より財産、事務所その他の財産を引き継ぐことは許されない。
③　新しい団体は古い団体と関連しているという公表、伝達、演説ないし個人的書翰を出してはならない。かつ新しい団体の名称は誤解をさけるため英文または日本文にも十分に差異をつけておかねばならない。

④　新しい団体は純然たる任意団体でなければならない。即ち組合加入は一般に公開されかつ民主的な基盤の下に運用されねばならない。

以上の条件から、新団体は統制組合から工業会への改組時とは異なり、継続要素を全く持たない、完全なる新団体でなければならなかった。これらの条件を踏まえて設立されたのが全国建設業協会である。

ＧＨＱ及び日本政府としては連合軍工事関係業務を円滑に進めるためには、工業会のような団体が必要不可欠であったといえる。また工業会側も資材労務不足という困難な状況の中、ＧＨＱ側の一方的な要求に応え、業務遂行に取り組んでいた。

(3)　全国建設業協会

a　全国建設業協会の設立過程

工業会の閉鎖機関指定が確実となると、新団体結成の準備が進められ、戸田利兵衛、菅原通済が世話人となり懇話会が開催され、全国団体設立準備実行委員会が発足された。団体の名称を全国建設業協会とすることが決定し、そのほか協会の規定、定款などが審議決定され、昭和二十三年三月に設立した。

個人加入の是非について審議された結果、全国建設業協会では個人加入は認められないことに決定された。(62)なお、「日本建設工業会改組要綱」では社団法人とされ、個人加入が可能であり、加入脱退は自由であった。

全国建設業協会の活動の中で、特記すべきものとして建設省設置と建設業法制定に関する取組みと、職業安定法などの法令や政府支払遅延といった問題に対する対策があった。

b　建設省設置及び建設業法制定に関する取組み

建設院の省昇格のため、全国建設業協会では東京建設業協会と協同活動を行い、昭和二十三年五月、全国建設業協会会長と東京建設業協会会長との連名で国会に対し建設省設置の請願を提出した。このほか土木工業協会も運動を開始していたが、これについては後に述べる。

建設業法に関しては、法令調査会を設置し、具体案の作成を開始している。その後、土木工業協会の土建法委員会設置を機に両委員会は一体となって作業を進めるために昭和二十三年七月に共同委員会を設けた。共同委員会は、計七回開催された。第一回委員会では連合軍第八軍司令部所属弁護士を招き、米国における建設業の請負入札制度、保証会社制度といった諸事情の聴きとりを独自で行った。島田藤は共同委員会開催前の昭和二十三年六月号の建築雑誌で「アメリカの請負制度」と題して発表しており、この時点で既に米国の制度に関心を示していたといえる。

建設業法の公聴会が開かれる約二ヶ月前の同年十月中旬には成案を終え、建設省に提出した。「大阪建設業協会六十年史」[63]では、大阪土木建築業協会で立案する際に「東京側で作られた『土建立法の構想』と『建設工業法の制定に関する意見』を参照し、検討を進めた」と記されていた。「東京側」とだけしか記されていないが、共同委員会発足三ヶ月後の昭和二十三年十月に成案を得、全国建設業協会は、この案を各地方協会に諮ったうえで建設省に提出したという記述や[64]、大阪土木建築業協会の立案が、昭和二十三年下旬であったことを勘案すると、東京側とはこの共同委員会を指すとするのが妥当といえる。この成案を得るまでの基盤となったのは、日本建設工業統制組合当時の建設工業調査委員会での調査研究であったといえる。

全国建設業協会もまた公聴会に参加し、島田藤が代表して意見を述べている。建設省作成の建設業法要綱案は同協会の意向に沿わず、公聴会開催後は、全面的な改正意見をまとめるために審議会を設け、問題別に業界の意向を終結して修正案を決定し、再び建設省に提出した。

また、昭和二十四年五月九日に国会で開かれた衆議院建設委員会において、参考人として安藤清太郎が召集され（当日は代理として古茂田甲午郎が出席）、全国建設業協会としての最終的な意見を述べている。この時点では成案はかなり大幅改正され、出席者の古茂田は賛成の意を示していた。

c　法令対策

職業安定法や政府支払遅延などの問題は建設業界を苦しめ、全国建設業協会でも設立直後からこれらの問題に取り組んでいた。職安法は全国建設業協会設立直前に改正され、日本建設工業会も閉鎖期間に指定されており、設立後において、その改正対策は急務であった。GHQは担当官であるコレットによる建設現場の調査によって発見された違反に基づき、更に取締りを徹底するための指示を出していた[65]。

全国建設業協会はこれに対し、GHQ技術本部に嘆願書を提出している。この嘆願書によると、GHQの指示がそのまま実施される場合「進駐軍関係工事、わが国の一般公共事業、生産及び復興の事業等々の工事の停止を意味することと結論づけざるを得ない[66]」としており、法令施行に対する断固阻止の姿勢が見受けられる。更にGHQだけでなく建設院、経済安定本部、特別調達庁にも陳情を行い、同年五月には職安法対策委員会を設置して、「直請実施要領」及び「下請認定基準」の作成を行った。この下請認定基準は建設省、労働省でみとめられ、施行規則第四条は幾分緩和されることとなった。

さらに昭和二十四年三月には両省に対し「職安法改正に関する意見書」を提出している。その後、職業安定法施行規則の改正がなされ、労務供給がもと通り復活されたのは昭和二十七年二月になってからである。

支払遅延対策に関しては、全国建設業協会は設立直後の昭和二十三年五月に役員会で、法律の改正が必要であるとし、「法律一七一号改正協議会」を設置し、改正建議の作成に着手した。[67] 協議会を中心に意見書をまとめ大蔵省、建設省、GHQ技術本部に提出し、その後も対策を強化した。

以上のような対策により、昭和二十四年三月にはGHQから日本政府に覚書が発せられ、大蔵省は改正に着手し、同年十二月には「政府契約の支払遅延防止等に関する法律」が、昭和二十五年には「政府に関する不正手段による支払請求の防止等に関する法律（法律一七一号）を廃止する法律」がそれぞれ公布されるに至った。

(4) 東京建設業協会及び設立過程

本協会の設立は、戦前にあり、昭和十五年設立の東京土木建築工業組合が前身団体であった。東京土木建築工業組合は、戦時統制の中、日本土木建築統制組合の設立により、関東支部として関東土木建築統制組合となった。戦後の日本土木建築統制組合とともに関東土木建築統制組合も解散され、日本建設工業統制組合が設立された。日本建設工業統制組合東京支部が設置され、同じく建設工業会東京支部が設けられると、その業務は引き継がれ、支部として連合軍関係工事の一括引受や割当てなどを行っていた。

そして、建設工業会の解散によって本部、支部とも解散して全国組織ではなくなったことを機に、単独組織として昭和二十三年二月に任意団体の東京建設業協会が設立された。東京建設業協会となってからも全国建設業協会との協同活動が行われた。前述した建設省設置のほか、職業安定法に関しては全国建設業協会と共催でGHQのコレットを招いて職安法講演会を開催し、また業界出身の政務官をかこむ懇談会の共催も行っている。

(5) 大阪建設業協会及び設立過程

a　日本建設工業統制組合大阪府支部及び日本建設工業会大阪府支部

東京建設業協会と同様、日本建設工業統制組合大阪府支部及び日本建設工業会大阪府支部が前身である。従って建設工業会の解散を機に、大阪土木建築業協会が設立された。

統制組合大阪府支部では国家総動員法が廃止されると、戦前の「大阪府土木建築請負業者取締規則」によって新規業者の審査を行い、その審査基準は戦前と同じであった。この規則では、「建設業を営む者は組合の承認を受け、組合に加入しなければならない」とされていた。

連合軍設営工事の際の業者の選定において日本建設工業統制組合が工事の斡旋を行っていたことは前述したが、それにあたり「支部が選定斡旋を行うこととした」[68]と記されていた。この斡旋手数料は組合の分賦金とともに大阪府支部の主財源であった。

日本建設工業会になってからは、統制組合時代よりも統制色が薄らいだことは既に述べたが、大阪府支部においては「支部と本部の関係も徐々に変化がみられ、人事、機構や経理面にいたるまで、本部から独立して独自の歩みをはじめたのはこの当時から」[69]であったと記されている。

b　大阪土木建築業協会及び社団法人大阪建設業協会

日本建設工業会の解散を機に設立され、会則第一条によると「本会は大阪府内に本店支店等の営業所を有する総合建設業者有志を会員として組織する」とされ、「主体制に基づく地域組織を任意団体として」結成された[70]。厳密な資格審査によって規制せず、唯一の制限は会費であった点からも独自の方式を取った団体であったといえる。この時点では団体名に土木建築が使われていたが、建設業法制定によって土木建築業が正式に建設業と呼称されるようになったことで、大阪建設業協会と改称している。なお、その組織や内容に変化はない。

c　委員会とその業務

会則の事業内容項目に「技術および業務の進歩改善に関する調査研究、建設業に関係ある事項についての官公庁団体等との交渉連絡」があり、その対策のために委員会規程を制定して五委員会（経営、経理、土木及び建築、労務委員会）を常設した。労務委員会は労働関係法令問題を始め、労務に関する問題を担当し、「協会業務中もっとも問題の多い部門の担当」[71]とされた。大阪土木建築業協会は職安法改正にあたり、安定法対策委員会を設置し、さらに全国建設業協会で開催された安定法対策委員会へ出席し、さらに大阪側から全国建設業協会へ提案を行うなど、問題対策を行っていた。

d　建設業法制定に関する取組み

大阪土木建築業協会では独自の活動により、昭和二十三年七月に経営員会で建設業法の問題を取扱う専門委員会の設置を決定し、計五回に亘って検討が行われた。専門委員会での議論の要点は、「契約の問題、業法の目的、規則の形式」であった[72]。専門委員会で建設業法の立法にあたって、以下のことが前提条件とされた。

① 「大阪府土木建築請負業取締規則」と同様、制限法であると同時に保護法でもある土建業法を必要とする。

② 憲法で規定されている職業選択の自由との関係については、公共の福祉を目的とする立法ならば憲法違反ではない。

③　対象を総合工事業者に限り、職別工事業者を除外する。

なおこの時点では建設業法ではなく「土建業法」と称されていた。以上を前提として、前述した「土建立法の構想」と「建設工業法の制定に関する意見」を参照し、大阪側では公聴会開催約一ヶ月前の昭和二十三年十一月に「土建業法に関する意見書」がまとめられた。その際に「大阪府土木建築請負業取締規則」も検討資料として使用されている。(73)

(6)　土木懇話会から社団法人土木工業協会へ

a　社団法人土木工業協会の設立経過

戦前の社団法人土木工業協会は、日本土木建築統制組合の設立や戦時色の強まりとともに昭和十九年十月に解散された。戦後は、土木業者によって全国的な土木業団体復活の要望が高まり、近い将来土木工業会に改組する方針のもと、昭和二十三年二月に母体組織となる土木懇話会を暫定的に発足させた。機構は総務部と業務部からなり、その下に各種委員会が設置された。

その後、懇話会は、戦前と同様に土木工業協会と改称し、昭和二十三年五月に土木工業会規約を定めた。そして更に当初の方針通りに社団法人にするために、定款及び細則を決定し、翌年四月建設業法制定とほぼ同時期に、社団法人土木工業協会となった。

本工業会の定款第三条で「土木工業会に関する技術の進歩と経営の合理化に努め、社会公共の安寧福祉を増進することを以て目的とする」(74)としている。さらに第五条によって、加入条件は土木工事業者で全国的に事業を経営し、かつ東京都内に本店または支店を有することであった。

社団法人土木工業協会では、特殊な事項についてはそれぞれ委員会を設けて審議を行い、陳情や懇談などの内容についても担当した。具体的には、電力、公共事業、法規委員会、労務対策、金融対策、機械委員会からなる六つの委員会が設けられた。

b　建設省設置及び建設業法制定に関する取組み

土木工業協会（この時点ではまだ社団法人ではない）では昭和二十三年四月当時の建設院総裁一松定吉（後の国務大臣）を招き建設院の建設省への昇格を要請している。さらに、同年五月に省昇格の陳情のために衆議院及び参議院議員を招待して懇談会を開催した。参議院委員側の出席議員として、兼岩傳一が参加していた。この懇談会には全国建設業協会、道路業協会からも出席者があり、菅原会長が主催者側を代表して省昇格の必要性と、さらに建設業法制定の協力の要望を求めた。その後、土木協会は懇談会の趣旨の請願書を建設院総裁などに宛てて提出している。

本工業会にあって、建設業法問題担当は、法規委員会であり、委員長には林茂が就任した。なお林茂は、日本建設工業統制組合の建設工業調査委員会の元委員であり、建設業法案について初めて具体的な提案をした人物でもある。林と同様に建設工業調査委員会の委員であった、鹿島組の牧瀬幸もまた法規委員会の委員であり、公聴会に出席している。また公聴会開催後の五月九日開催の国会の建設委員会で土木工業協会を代表し発言を行っている。法規委員会では建設業法委員会を数回開き研究を行い、全国建設業協会と共同でこの問題に取り組んでいた。

c　その他法令対策

土木工業会も全国建設業協会と同様、種々の法令に対して改正活動を行っていた。政府支払遅延問題に対して、前途金支給手続改善に関する委員会を設けている。前途金支給手続の遅延の事情を調査し、支払方法の具体的改善策作成の要請をした。また、法律一七一号に関する研究を行い、陳情書を作成し、昭和二十三年六月に大蔵省、総理庁、建設院、特別調達庁、労働省、経済安定本部、GHQなどに対して、陳情書を提出した。

この陳情書は、法律一七一号公布後不合理な結果を招いたため、このままでは円滑な運用が難しいと判断し、競争入札による工事代金の支払と、これに準ずる契約に付いては本法の適用から除外するよう要請することを記したものであった。陳情書提出の翌年には法律一七一号の改正に至っている。

6・3　建設業法の制定

昭和二十四年に法律第一〇〇号として、建設業法が制定され、斯業の所掌官庁（建設省）の決定のみならず、登録制ではあるものの、建設業者の資格が公に決められた。繰り返しになるが、戦時中までは、取締りの性格から、建設業の許可は地方庁の警察が担当していた。戦後は、上記の建設業法までは、従前の取締り規制を準用する形で運用がなされてきた。しかし、戦後に地方庁が制定した建設業の取締規則も存在していた。なぜ、業界法の制定直前に、地方庁で新たな取締規則が制定されたかは不明である。ここでは、建設業法の内容が具体的に検討された時期の鳥取県の例を取り上げ、その内容を考えてみる。鳥取県のほかに戦後の制定では大阪府の例(75)があって、大阪が雛形になった可能性もあるが、地方の例として鳥取県の規則を以下に示す。

「鳥取県土木建築請負業取締条例」鳥取県条例第五四号

昭和二十三年八月六日

鳥取県知事　西尾愛治

第一条は、条例上の土木建築請負業の定義に関係し、

一、土木建築総合請負業

二、土木建築職別請負業

のいずれかに該当するとしている。戦時中の企業統制以後の戦後の規則なので、総合請負、職別請負なる用語が使用されていた。

第二条は、請負業を営業する場合は、知事の許可が必要で、この段階でも「許可」になっている。続く第三条は、前条の許可申請の際の内容であって、戦後独自と判断できるものは、「二、経歴書」、「三、開始する事業の内容」「六、保有技術者及び保有機器の調書」等が該当する。

この次に、変更届、廃業の場合は廃業届けの提出義務（第四条）があるが、大阪府では、請負業の許可審査のために関係公吏、学識経験者、業者をもって組織した審査委員会が設置（委員会の委員は知事が任命又は委嘱）された。

さらに、第四条（許可証交付）、第五条（許可の取消し）と続き、第六条では、他都道府県で請負業の許可を受けている者が、鳥取県内に事務所を設けないで請負工事をしようとするときに所属都道府県の許可証明を添えて届け出ることを決め、さらに、この場合には、鳥取県内に住所を有する者を代理人として定め届け出る。第七条では、許可証の記載内容の変更を扱い、第八条により、知事が営業に関する諸種の報告書等を徴収することができるとし

ている（第九条は略）。そして、第一〇条が組合設置の条項で、戦後のためか、強制加入の文言は含まれていない。

「第一〇条　請負業者が組合又は組合連合会を設けたときは、その代表者は左記事項を具備した届出を提出しなければならない。」

このように、戦後制定された、土木建築請負業取締規則は、民主化の中で、戦時中のような絶対的な取締りとは遮断された内容になっているが、制定された建設業法（案を含めて）が精緻な研究過程を経て草案が作成されていたのに比べ、旧套から脱しきれていなかったとも言える。

(1) 政府及び建設業団体の取組み

a 政府の建設業担当部局及びその取組み

建設省を始めとする行政の建設業法に関する取組みについては、本章の6・1で既に述べた。ここでは、建設業法制定に関わった担当部局及びその取組みについて再掲する。

経済安定本部では、第一回の改組によって設けられた建設局が建設業担当部局であった。建設局内に設置された建設工事施工制度調査協議会によって二年間にわたり建設業の実態調査を行った。それに基づいて経済安定本部独自の建設業法案である「経済安定本部試案」が草案されたと考えられる。

一方戦災復興院では、昭和二十二年時点で法律作成の試みがなされていた。設立当初の建設業担当部局は計画局建築課であり、第一回改正後、建設局監督課となっており、この部課が担当であったと推測される。さらに戦災復興院では日本建設工業統制組合の建設工業調査委員会と共同で請負契約について会合が行われていた。

建設院では、総務局総務課が担当であり、建設省では総務局建設業課、その後の改正で管理局建設業課となった。

建設省総務局建設業課では、建設業実態総合調査を行っていた。建設業法制定時の総務局建設業課事務官であった三橋信一が戦災復興院、建設院、建設省という変遷過程において、建設業に関する種々の法令作成に携わる中で建設業の実態を把握し、建設業法要綱案に辿りついた。要綱案作成後建設省は公聴会を開き、そこで出された意見を取り入れ第二試案を作成し、昭和二十四年五月に公布するに至った。以上が行政による取組みの概要である。

b　建設業団体の取組み

建設業団体では、政府よりいち早く建設業法制定に関する具体的な取組みを行っていた。昭和二十一年二月には日本建設工業統制組合において建設業制度調査委員会が発足し、建設業法案作成について政府関係者を招くなど、研究調査がなされた。本委員会は、日本建設工業統制組合の解散後においても存続したかどうかは不明であるが、日本建設工業会においても建設業の単独法の研究がなされていたことは確かである。その後設立された全国建設業協会及び土木工業協会による共同委員会での活動は、これらの研究成果が基盤になっていたと推測できる。

また東京側においては、「土建立法の構想」及び「建設工業法の制定に関する意見書」が作成されたとの記述があり、東京側とはこの共同委員会であったと考えられる。一方、大阪建設業協会においては独自に活動を行っており、「土建立法の構想」及び「建設工業法の制定に関する意見書」を参照にして検討を進め、昭和二十三年十一月に「土建業法に関する意見書」を作成した。この構想は、①土木建築業者の登録制、②監督、③入札及び契約、④（建設業）団体、⑤第三者の立場に立つ工務士制、⑥土木建築審議会等から構成されていた。その際に昭和二十三年四月に改正された「大阪府土木建築請負業取締規則」（大阪府条例第二八号、昭和二十三年四月一日）も検討の資料としている。以上が建設業団体による取組みの概要である。

次に、建設業法要綱案との相違点を考慮しながら、これらの案の詳しい内容についてみていく。

(2)「土建立法の構想」、「建設工業法の制定に関する意見書」

「土建立法の構想」は、登録制を基準として草案された。その登録には甲種、乙種の二種類を設け、甲種には資本金や技術者数などの資格を定め、乙種に対しては制限を設けなかった。甲乙二種を設けた点は、建設省作成の建設業法要綱案と同じであったが、その後の公聴会で全国建設業協会は、この点に関して差別的であるとして反対していることから、成案時から意見の変更がなされていたといえる。要綱案について「業者内部にも賛否両論も闘わされた[76]」との記述もあり、議論が進む中で、案の変更がなされたと考えられる。

「監督」の項目では、この法律に違反する業者があるとされる時、監督官庁に事実を申告することができるとしている。

「入札及び契約」については、会計法の項目を改正するのがよいものと、業法に盛った方がよいものとに分類して細かく規定しており、請負契約の双務性が全面に押し出されていた。例えば、建設業法に含める内容として、天災その他不可抗力による損害を業者に負担させてはならないことや、経済状況に変動があった時に、当事者双方が協議の上に請負金額を変更することを契約することなどが該当する。さらに、一括下請の禁止とその制限も規定している。

会計法に関する項目では、官庁契約の片務性の是正や見積期間の妥当性を期することなどを規定しており、これらもまた双務的な請負契約の趣旨に立ったものであった。以上のような請負契約の項目から、双務性を示す規定を盛り込むことが重要視されていた。

その他、注文者と請負業者双方の問題を解決するために、法人の業務規定や、工務士制の導入、土木建築審議会の組織の規定、罰則について記述している。この土木建築審議会には学識経験者のほか、若干名業者を含むこととしている。審議会に業者を含ませるという意見は公聴会において多数出されていた。

「建設工業法の制定に関する意見」については、文献資料に掲載されていた内容が一部省略されていたため、判明した範囲で解明する。建設業法の目的は「建設工業界の健全なる進歩発達をはかり、もって社会公共の利益を増進する」とし、業者の適用範囲に関しては、土木建築業務について総合的に請負をなすことを業とする者と職別の専門業者としており、職別工事業者が含まれていた。このあたりの前提は戦前の統制時代に深く検討されていた。

また、保証制度の確立のために、保証会社の創立やその保証の仕組みなどについて規定していた。契約と入札に関しては、「双務契約たることを大前提」とされ、天災その他事由による損害の負担は発注者が負い、これに反対の契約を無効とすることが定められ、さらに、物価労銀変動の損害や支払遅延に対しても、これもまた業者側優先の規定がなされた。

(3)　「土建業法に関する意見書」について

意見書については全文の記載はなく、要点のみであった[77]。以下がその要点である。

①　「立法の基礎」　業者を保護助成するための立法は必要としないが、自由放任することは社会公共の福祉を害するおそれがある。従って適当な制限を付し、監督を加えることは必要と認める。

②　「契約の問題」　当事者間で自主的に解決すべきもので、業法に規定するのは適当でない。むしろ民法その他関係法令の改正を要求すべきである。

③「土木建築業の定義」　この法における業者とは総合工事業者に限り、付帯工事業や職別工事業者は除外すべきである。元請人として、総体的、最終的責任をもつ総合工事業者を規制すれば、法の目的は達成される。

④「登録制か許可制か」　建設需要は規模に大小の差があるから、社会に不便を与えないためには、小規模業者の存在も必要である。資格を設ける場合は、資本金額、企業形態、事業施設などに重きをおかず、知識技能や、不信の原因になるような事項に条件を付することが望ましい。その意味では登録制を適当とする。

⑤「その他」　保証に関する問題も、当事者間で解決すべきことで、業法に規定するのは適切でない。また審議会の任務は、登録および抹消の審査決定程度にとどめ、契約や工事の監督、紛争調停等には立ち入るべきでない。

これらの要点では、契約や保証についての規定をしないこと、審議会の権限を制限していることから、建設業法自体に厳密な規定を設けない方針であったといえる。また付帯工事及び職別工事業者を法律の適用範囲から除外する方針は、建設業法要綱案及び他団体の意見とは相反するものだった。これらの要因の一つとして、大阪建設業協会自体が建設業というよりも、建築業寄りの業者を中心に組織されており、元請集団であったことが関係している。

東京側の共同委員会案と比較すると、登録制を採用した点以外はほぼ異なっており、東京側の案はあくまで参照程度に過ぎず、大阪独自の方式が際立っていた。また参考資料とした「大阪府土木建築請負業取締条例」では許可制を採用しているが、許可の際の資格条件は殆ど規定されていない。このことから、大阪での登録制の採用は、資格にあっても業者の規模に重きを置かないという条件付きの決定であったといえる。

(4) 建設業法要綱案

a　建設業法の要綱案作成

このような意見徴収を経て、建設省は省設立約五ヶ月後の昭和二十三年十二月二十一日に「建設業法要綱案」をまとめた。昭和二十四年二月発行の「建設月報」で三橋建設業課事務官は建設業法要綱の作成における背景やその概要について解説している。具体的には、建設業の健全な発達は、社会経済的問題から発せられる現状[78]のみを解決していくことによって達せられるものではなく、「建設工事請負契約の『片務性』の問題とそれを必然ならしめる契約当事者間における特異な封建的社会思想」の排除矯正が必要だといっている。さらにこれら旧弊の排除矯正によって建設業経営と請負契約の合理化が建設工事の適正な施工、さらに公共の福祉の増進に寄与することに繋がるとし、この実現の第一歩が建設業法要綱案であるとしている。また建設業法要綱案作成にあたっては、三橋自身の回顧録（「建設省五十年史」）が参考になるので以下に掲げる。直接建設業法の制定に携わった人物の発言であるから、誤謬はあるはずもないが、回顧録からは、建設業法は、戦前の取締りを準用したというより、戦後の新しいスタートを果たすべく、斬新な、過去に桎梏されない立法化が行われたといえる。

〈建設業法を立法化した頃〉

昭和二十二年に局長（昭和二十二年であれば、戦災復興院の組織中の局長と考えられる。また、昭和二十四年の建築雑誌に寄稿している際、肩書きは建設省管理局建設業課事務官となっている）から「土建屋を取り締まる法律をつくれ」との一言があり、直々の命令として「お前に任せるから、しっかりやれ」と命を受けたとしている。そして、回顧の中では、戦前は企業統制令があったものの戦後はブランクの状態で、調査にあたって昭和二十二年の事業所統計（統計委員会調査）によると建設業の数は二〇万九千であり、その業態は不明確で手が付けられぬなど立法化の入口でつまずいてしまった。「しかし、臨時物資調達法や閉鎖機関令、企業再整備法の業務に携わるうち、建設業の特異な実態を知るに至り、強引な取締り制の法律をつくっても、それだけでは建設業者に纏れる問題は片付かず、業界の浄化に対して益のないことが分かってきた」と登録制を採用した経緯を述べ、立法化の焦点については、以下の三点を指摘している。

① 許可制を避け「登録しなければ営業ができない」との登録という意味で論旨不明の登録制とした。これは、業界の総体と経営の実態把握に主眼を置いた結果であった。また、三橋は、登録制は業界の規制に対して失敗との学識者がいたが、行政の本質を知らぬ故と喝破している。

② 建設業に関する問題が殆ど請負契約にあること。訓示的ではあっても契約に際して基盤とすべき事項を規程し、請負契約の合理化を図るためであった。

③ 登録閲覧所の設置、行政処分に関する議決機関としての権限をもつ建設審議会の設置等、当時としては他に例のない制度を法定化した。

と述べている。

以下では具体的な要綱内容について解説していくが、特に反対意見が多かった箇所及び改正部分を中心に触れていく。

b　建設業法要綱の内容

要綱案は、「総則、登録、監督、請負契約、建設業審議会、その他」の六項目で構成され、この時点では建設業法で設けられている「技術者の設置」の条項はない。総則で「建設業の健全な発達と、建設工事の適正な施工を図ることを目的とする」とされ、建設工事、建設業、建設業者について定義がなされた。

要綱案では登録制を採用し登録を受けた者でなければ営業することができず、その登録の種類には甲種及び乙種の二種類が設けられた。そして、甲種登録は建設省において、乙種登録は登録申請者の主たる営業所在の都道府県において取り扱うと規定された。登録の更新は三年ごととされ、甲乙それぞれ異なる登録の要件が設けられ、登録申請者はその項目の条件を充足しなければならなかった。その他登録簿の閲覧、登録手数料、登録の拒否についても規定された。

監督に関しては、「不正事実の申告及び調査」項目が設けられ、「この法律に違反する事実又は登録の抹消若しくは業務の停止の原因となる事実があるときは、何人でも、これを申告することができる」とされた。公聴会で修正意見が多々出された項目の一つであった。その他業務の停止、指示、勧告及び登録の抹消やその処分に伴う施工中の工事の措置についての規定なども設けられた。

前述したように、建設業の健全な発達という目的を達するためには請負契約の是正が重要とされ、建設業法の内容の論議もこの点に集中していたが、本書は、建設業法全体の構造を扱うために、詳細な内容にはふれない。建設業審議会は、建設大臣の管理する中央建設業審議会及び都道府県知事の管理する都道府県建設業審議会を設けることとし、各々の業務内容を記している。更に委員として官公吏及び学識経験者から選任するとした。

その他では委任契約に対する準用及び法律で規定する権限の委任、罰則の規定等があり、以上が建設業法要綱案の概要であった。

(5) 建設業法要綱試案の改正

a 東京公聴会開催

この要綱案に対する各業界の意見を求めるため、建設省は東京及び大阪の二カ所で公聴会を開催した。東京公聴会開催日は昭和二十四年一月十九日であった。「建設業法案公聴会記録[79]」によると、出席者及び発言団体及び発言者は以下のとおりであった。

建設省　中田政美総務局長、植田俊雄会計課長、水野新建設業課長、三橋信一事務次官

発言者　全国建設業協会（島田　藤）、東京建設業協会、土木工業協会、日本道路建設業協会、商工省生活物資局資材課長伊藤憲太郎、商工省（正式意見　川島武宜東京大学教授）、株式会社日本発送電、全国市長会、全日本土建一般労働組合、全国土建労働組合、日本管工事協会、日本建設工業協会、日本経済再建協会、株式会社日本建設産業、日本建築設計監理協会

参加者の構成からは、前節で扱った主要建設団体をはじめ、労働組合、団体や職別団体など多岐に亘り、業種の規模を問わず、かなり幅広い領域から発言がなされた。主宰者である建設省のほか、政府代表として商工省も発言者として参加しており、戦前における建設業を担当していた伊藤憲太郎も資材課長として正式な商工省の意見とは別に個人の意見を述べている。

公聴会は植田俊雄会計課長（前総務局建設業課長）が立法趣旨を説明したのち、質疑応答、発言者の意見発表が行われた[80]。公聴会で出された意見については次項で解説する。

b　大阪公聴会開催

大阪公聴会には、建設省から中田政美総務局長、植田俊雄会計課長が政府代表として出席し、地元からは、大阪土木建築業協会も参加している。建設業法要綱案は全国建設業協会を通じて大阪へ送られた。その際に要綱案到着が遅れた理由として、「一旦原文を英訳して連合軍総司令部の承認を得る必要があった」[81]とされており、建設業法制定あたっても連合軍が背後で関係していたといえる。大阪土木建築業協会の代表は、経営委員長の大林組社長大林芳郎と顧問の松村組社長松村雄吉であった。大阪土木建築業協会は事前に打合わせを行い、統一見解と質問項目を用意していた。

その他、民間からは、近畿二府四県の土木建築業協会と、職別団体、労働団体、注文者代表、学識経験者、地方議会関係者、各省出先機関、大阪府、大阪市、近畿各府県当局等で、報道関係者も招かれたとされているが、参加全組織の具体的な名称は不明である。

c　公聴会における修正意見

前述した各団体の意見書をみても、要綱案自体の根本的な目的のみならず、業界関係者が期待していた案とはかけ離れていたため、公聴会では出席者から改正意見が多数出された。建設関係者といっても、建設業に携わる立場が異なるため、改正意見は多岐にわたったが、反対意見の項目は、以下のように要約できる。

① 建設業法の目的である「建設業の健全な発達」を達しておらず、取締法規であるため、保護育成を目的とした保護法にすべき

② 登録の際に甲乙の二種で区別をつけることは、差別的で無意味であり、小業者にとっては不利であるため区

別はやめるべき
③　請負契約の片務性を打破するものとはいえないため、規定に双務性を示す項目を盛り込むべき
請負契約に関しては、要綱案では取締り中心であったために猛反対をうけた。そして、出された意見をもとに第二試案作成時に改正された。大幅に改正された箇所と、条件付きや補足が加えられた箇所があったが、それらの改正箇所については、後述する。

建設業団体を含む主要団体から、共通の意見として右記に加え、次のような要望が出された。
①　登録地域を区別するべきではない（案では、甲種は建設省、乙種は営業所在地の都道府県）
②　審議会の委員に建設業者などの業界関係者を入れるべき
③　審議会における権限をもっと増やすべき（審議会における業務内容の追加）
④　不正事実の申告を何人でも申告できるのは問題であり、条件付きで申告できるようにすべき
これらの意見は全面的に取り入れられ、改正されている。前述した団体の意見は、大体においてどの項目も同意見が多かったが、大阪建設業協会においては、異なる点も多かった。特に請負契約の条項を全面的に削除すべきとした点は、業界内でも唯一の主張であった。「契約条項の挿入や審議会権限中の紛争処理等は、協会の意に反するものであったが、全業界の希望として取入れられた」と大阪側では述べている[82]。

また伊藤資材課長の意見は、戦時中の建設統制の経験を生かし、戦後の民主化社会の斯業の役割を踏まえた発言と推測でき、登録の際には総合工事業のみを適用範囲として、技術や施工を重視し、請負契約における規定は、当事者間で解決すべきとするものであり、本書で取り扱った団体とは意見の相違が見られた。

各発言者の意見に相違がみられ、賛否両論であったのは次の項目であった。

① 登録の適用範囲
② 登録制か免許性か

意見の相違は、大企業と中小企業、職別工事業といった企業規模や請負に際する立場の違いに要約できる。以上の事項が公聴会で出された主要な改正意見であり、提示案を認める賛成の意見は出されなかった。

(6) 審議会

a 国会における審議会

国会では、衆議院及び参議院建設委員会において審議がなされた。昭和二十四年三月二十六日の委員会で益谷建設大臣は「建設事業の国民経済再建の上に占める重要性及び建設業の現状に鑑み、政府は建設業法の提案を考慮しており、建設業者の登録の実施、請負契約の規制等を規定し、もって建設業の健全な発達と建設工業の適正な施工を確保して参りたい」と述べ、初めて建設業法制定についてふれている。また、三月三十一日に委員によって建設業法提案の目的についての説明があった。建設省の機構改正直前であったこともあり、三月及び四月中は、ほぼ機構改正についての審議が中心であり、建設業法についての直接議論は未だしの状況であった。

本格的、具体的な建設業法の内容審議が始まったのは、第二試案作成後の同年五月四日以降で、衆議院及び参議院建設委員会と両院本会議が該当する。これらの会議は、五月四日から始まり、五月三十一日までの約一ヶ月足らずの間で合計二二回開催されている。ほぼ午前と午後に分かれて審議され、多い時には一日に三回開催されることもあった。いかに短期間で審議されていったかがわかる。

審議にあたっては、主に中田建設省総務局長と議員及び議員間において議論がなされ、議員側からは建設業法要綱案に記載された一字一句にまで訂正の要求がなされるほどであった。

五月七日の参議院建設委員会で、提案理由と法案の大綱について委員から説明がなされた。建設業法案は、建設業者の登録の実施、請負契約の規正、技術者の設置等を内容とするものであり、この時点での改正後の各決定事項内容について説明がされた。その内容は次の通りであった。

① 法律の適用範囲

建設物の主体をなさず、かつ公共の福祉との関係が比較的希薄な一定の工事のみを請負う者及び一定金額以下の軽微な工事のみを請負う者を適用除外とする

② 登録の実施

建設大臣登録と都道府県知事登録の二種とし、二年ごとに更新する

③ 請負契約の規正

民法の請負に関する若干の補充的な規則を設ける

④ 技術者の設置

工事の技術上の管理を掌る主任技術者を工事現場に、建設大臣の登録を受けた業者は、技術者を一定の営業所に置かなければならない

⑤ 監督の規定

業者に一定の不正な事実がある場合に指示、勧告を行うと共に、悪質業者に対しては、営業の停止、登録の取消しを規定し、処分の重要なものについては、建設業審議会の同意を事前に得なければならない

⑥ 建設業審議会

建設業の改善に関する重要事項を調査審議させるために建設省及び都道府県に建設業審議会を設け、その構成は官公吏、学識経験者、注文者、及び建設業社のうちから任命された委員により組織するこの時点で「技術者の設置」条項が設けられ、各項目の大幅な改正がなされている。

b　参考人審議

さらに、国会の審議では、建設業関係者が参考人として招集され、意見を述べる機会が与えられた。第二試案作成後の、昭和二十四年五月九日に開催された第五回衆議院建設委員会に、参考人の発言があった（以下参考人一覧／発言者順）。

- 東京都建設局長　石井　桂
- 株式会社　日本発送電副総裁　進藤武左衛門
- 東京大学法学部教授　川島武宜
- 警視庁防犯課生活相談係長　新井勝茂
- 全国建設業協会　古茂田甲午郎（安藤清太郎代理）
- 日本建築業協会会長　難波元由
- 日本建築設計監理協会監事　山下寿郎
- 日本道路建設業協会理事長　森　豊吉
- 土木工業協会　鹿島建設顧問　牧瀬　幸（西松三好代理）

参加者の意見は、ほぼ法案に賛成の意向であり、進藤参考人、古茂田参考人、難波参考人をはじめ、賛成の旨を発言している。以下にその発言を記す。

●進藤参考人

……公聴会後相当変わっておりまして、建築業者に対する育成の方針が強く出ているよう拝見しております。

さらに改正された点を挙げている。

① 請負業者と発注者の関係が双務的であることが明確になったこと

② 両者の紛議の取扱いに対して、一定の方針が明確になったこと

③ 中央及び地方においても審議会を行う方針が明確になったこと

●古茂田参考人

……公聴会に二回参加し、その後政府におかれましては、私どもの意見をほとんど大部分御取入れになりまして、第二試案ができました。

●難波参考人

公聴会あるいは文書による内示等がありまして、これには相当私らの意見を申上げまして、その意向を斟酌されまして、この法律案ができておりますことは、まことに意を強くしておるのであります。

と述べ、さらに、中小企業を一定の枠の中に置いてもよいとする意見がある中、法律を満たす資格と請負能力があればだれでも登録できる規定（登録制）になった経緯について、

公聴会でまとまった意見を建設省、衆議院及び参議院の委員長に、ぜひ通過していただきたいということで陳情書を差上げ

と、その意向が汲まれたと発言している。

従って、ほぼ法案に賛成であったため、規定事項の確認や質問が主であったが、第二試案においても修正されなかった事項に関しては再度訂正意見が出された。また改正された項目に追加の形での要望と今後の建設業法の運営方針なども出された。

参考人審議会の時点で、登録に関する改正及び要求事項は、登録の適用の際の請負金額の範囲と登録先の区分であった。古茂田参考人は、統制的だとされるかもしれないが、金額的な制限は請負業者側として必要であるとし、また登録先を営業所在地によって二種に区分する点については、区別をなくすべきだと述べている。

この請負契約の金額については賛否両論あり、建設省側もこの時点では決定できておらず、金額設定には時間を要した。五月十一日の衆議院建設委員会で、中田総務局長は金額設定について「三〇万円で切るか、五〇万円程度にするか法の実施までもう少し検討して、適当な線を見つけ出して政令を定めたい」と発言している。また中田は同委員会で、「総合請負業者と専門業者とに分けて登録することも考えたが、業界の実状上、専門業者別登録は無理が生じると判断し、登録一本にすることにした」と経緯を述べている。

請負契約に関しては、引き続き改正点が出され、紛争の仲裁方法や、保証制度、一括下請禁止の記載の仕方、見積期間の日数など、公聴会時よりも更に細かい規定について討議された。古茂田参考人は米国における請負契約情報局や、契約を保証する火災保険会社について解説し、米国での実施例を日本にも取り入れていくことを提案して

いた。

参考人の発言が終了すると、参考人に議員から質疑が行われた。衆議院議員で理事の田中角栄は、工事の差止め問題を建設業審議会で処理することについての考えを参考人に求め、田中議員自身は紛争処理機関を設けることを提案した。田中議員は建設省機構改正の際にも自身の案を提案していたことや、議員になる以前に建設会社を営んでおり、建設業及び現場の実態を認識していたと考えられる。

一方、五月十一日に開催された参議院建設委員会では、修正された建設業法案に対して、前述の参考人の一部の他、建設関係団体が招集され、最終的な意見を述べた（以下証人一覧／発言者順）。

●東京都建設局長　石井　桂
●全国建設業協会　島田　藤
●神奈川県道路課長　庄司義夫
●土木工業協会／鹿島建設顧問　牧瀬　幸
●日本建築業協会会長　難波元由
●全日本土建一般労働組合　青戸　純
●日本建築学会会長　蔵田周忠
●土木学会会員　吉田朝次郎
●能率協会理事代表　大野　巌

五月九日の衆議院建設委員会に出席した参考人は、同委員会においてほぼ同様の意見を述べていた。その他の団体からは法案に対して、賛成及び反対の意見が出され、参考人審議会と同様、議員からの質問も行われた。審議会の権限強化を希望することに対する疑問や、登録の有名無実化の恐れについての質問が中心であった。

c　議員の審議

第二試案作成後に開催された国会審議会における議員間の主な論点は以下のようなものであった。

登録の項目に関しては、参考人審議会と同様、登録の適用範囲及び登録先の区分、資格要件が論議された。資格要件項目の「一〇年の実務経験を有する」規定に関しては、その年数の変更について要望が出されたが、中田総務局長は「各事業者団体（中小事業者団体中心）の援助を受け、実情を調べた結果、経験年数を一〇年と算定した」と述べ、建設業法では一〇年とされた。

請負契約条項では、双務性を示す規定事項の内容や一括下請の禁止に関する記述方法、見積期間の年数について質問が出され、建設業審議会の業務内容や委員の選定についても要望や質問が出された。

総務局長は、「審議会の人選がまず一番の問題になるかと思う」と発言しており、議員からは、その人選によっては建設業界がボス化される恐れがあるという意見が出され、慎重に審議された項目であったといえる。また一括下請の禁止に関する規定については、明確に禁止する旨を業法に盛り込むことが業界側の要望であったが、議員間では法律に記載すべき項目ではないとされ、意見のギャップが生じた項目でもあった。

以上のように、議員の審議会でも、公聴会や参考人審議会とほぼ同様の項目が論点として挙げられていた。

議員特有の意見としては次のようなものが挙げられる。不正な建設業者の排除や適正な工事の施工実施は、一部政党との関係排除や、官僚機構そのものに問題があり、法案によって解決するべきでなく、高級官僚と一部大建設業者の権限を助長しかねないこの法案自体に反対するといった意見であった。この意思を示したのは日本共産党、新政治協議会の代表であった[83]。

共産党代表は、「……本法案が業者の登録を行い、ふるいにかけ、片務契約を双務契約に改め、監督を厳重にすることを規定いたしました場合に、困りますのは中小の建築業者であります。従来から中央や地方の政治権力と密接な関係を持っておるものは、何らの制限も拘束も受けないばかりではなく、この建設業審議会に参加いたしまして、ますます特権的な存在を強化することになろうと考える次第であります」と発言している。このような反対意見が出されたのは、当時の大規模な建設業者による政党幹部への献金問題などが背景にあったためである。

しかしこの反対意見は一部政党によるものであり、その他の民主自由党、日本社会党、民主党からは条件付きで、賛成の意が示されていた。その条件は、軽微な工事は三〇万円以下とすべきこと、標準契約約款を早急につくり、建設工事契約の範囲を示すこと、信用保証制度または工務士制度の確立といった具体的な今後の課題の提案であった。

以上のように反対意見を持つ政党も若干あったが、五月十二日衆議院本会議及び十六日の参議院本会議において原案通り多数をもって可決された旨が報告された。

その報告によると、適用範囲の除外を設けた理由を「建設業者は、総合、職別、元請、下請の別があり、これらの業者をすべて網羅して規制することは困難ばかりでなく不適当」だとされた。しかしこの時点でも金額については決定されておらず、実情に即して決定すると述べられた。建設業法公布直前までに出された要望として次の点を挙げている。

① 登録はすべて都道府県知事がこれをなすこととして業者の間に差別を設けないこと
② 請負代金の支払及び遅延利息については、官公署が当事者である場合にもこれを実施すること

③　災害復旧作業は特殊の事情があり、その代金未払に起因して、本法実施に支障を来たさざるよう善処すること

④　建設業審議会はこれを十分に活用して建設業の改善発達及び育成を図るとともに、これを責任転嫁の具に供しないこと

⑤　本法の実施にあたっては、地方の条例等改正の必要なものがあり、これについては合理的に処理すること

これらは、建設省が建設業法を運営していくなかで改正を期するものとして提案された。以上が議員による審議会の開催状況と、可決過程である。

(7)　建設業法

a　建設業法制定と改正意見の反映

建設業法要綱案と公布された建設業法を比較し、改正点及び改正に至らなかった点についてまとめる。

公聴会で出された意見を基に、要綱案は大幅な修正がなされた。修正後開かれた国会審議会の時点では、ほぼ建設業法案は固まっていたといえ、審議会で出された改正点は今後の参考程度に留まっていたといえる。

最大の改正ポイントは、甲乙二種の区別が排除されたことと、請負契約の双務性を示す条項の追加、建設業者を建設業審議会の委員に加える点といえる。

片務性の是正は、建設業界にとって長年の要望であり、行政組織に建設業者が正式な委員として加わることも、この業法によって初めて実現されたといえる。画期的であったことの一つに、建設業審議会の設置は勿論のこと、その業務内容が挙げられる。業務内容では紛争処理業務や請負契約約款の作成が盛り込まれ、請負契約の双務性を

果たすことがその目的の一つとされた。

建設業審議会設置の理由の一つとして、「請負業者の指導として協議会を発足させ、弊害の除去を行っていきたい」と発言していた一松国務大臣の意向もあったと考えられる。また日本建設工業統制組合作成による「建設省設置意見書」の中に、建設省に民官協同による建設工業協会を設けることを規定していたことからも、同協議会の設置が結実したといえる。

以上のような画期的事項が法の中に組み込まれたものの、主張された要望全てが取り入れられた訳でなく、請負契約における保証人を建設業者のみに課すことや、営業所の数によって登録場所の区分を設けること、適用範囲から軽微な工事を請け負う者を除く規定で、鳶工事を適用除外から外す点については、再度要望が出されていたが、改正されないまま公布された。

b　建設業法制定後の建設業審議会

既に述べたように、建設業法制定により中央及び地方に建設業審議会が設置された。この建設業審議会は「建設行政と建設業界とを結ぶパイプラインともいうべき[84]」ものであった。

第一回中央建設業案審議会の構成委員には、学識経験者として川島武宜や日本建築設計監理協会監事の山下寿郎（参考人審議会に参加）の他、建設業者からは安藤清太郎や菅原通済などが選ばれた。各官庁からは経済安定本部の建設局長高野与作や中田建設省管理局長[85]が、需要者として特別調達庁長官の阿部美樹志[86]が参加した。

建設業法制定前の国会審議会で中田総務局長は「模範契約約款を作成することを考えている」と発言していたように、昭和二十五年に二月には建設工事標準請負契約約款が完成している。片務的契約を改正した点で功績はあったが、部分的には片務条項は存在していた[87]。建設業法と同様建設工事標準請負契約約款もまた改正されるべき箇所が点在していたといえる。審議会ではその後も種々の対策を行い建設業の健全化に努めた。

6・4　章　結

終戦後の建設業の所管官庁は、内務省の建設行政を継承し、商工省の建設業統制業務を受け継いだ戦災復興院が主軸であったが、その他に、戦後経済の復興を集中的に担当した経済安定本部、占領軍工事に特化した特別調達庁(旧防衛施設庁の前身）の中でも、建設業に関する事業を展開してきた。

前者にあっては、建設工事施行制度調査審議会が設置され、斯業の実態を契約方式、企業の機構、建設労働者、関係団体の活動状況の実態を詳細に調査し、これらの結果を公開すると共に、建設業法にあたる新たな法についての試案までを作成していた。残念ながら、本書ではこの試案の内容を解明することは出来なかったが、その後の建設業法の制定にあっては、そのアイデアが活用されたことは想像に難くない。

そして、後者にあっては、占領軍の調達方式を遵守しながら、実態としては日本側の業者選択方式が用いられ、結果的に会計法に準拠した選択方式となり、事前準備として、施工能力（設営並びに技術要員の整備状況、保有機械等)、工事経歴、信用その他の資格認定事項（資本金、創業年数、銀行融資等）の審査を行っていた。この事前の資格審査は、第4章で紹介した戦時の企業合同の施策を参照したとも判断できる。

そして、主軸であった、戦災復興院、建設院、建設省の流れの中では、建設業所管部局が設置され、戦災復興の建設計画と連携した建設業の新たなあり方が審議され、建設業法の制定の道へと進んだ。戦災復興院における建設業法制定の発端は、担当事務官の三橋信一の回顧録にあるとおり、戦前の旧弊を回避しつつ、民主社会の到来の中で斯業の健全な発展を企図したものであるが、建設業界の特異性をいかに理解し、これの改善を図るかが主題であった。このため当初は、許可制でなく登録制が採用されたと、三橋は言及している。

次に、終戦後の建設業団体の活動に関しては、日本建設工業統制組合の設立が、戦後復興業務の始まりといえる。終戦直後の新興業者乱立の中で、統制組合加入に際しては資格審査規程や組合新規加入審査標準を制定して厳密な審査を行い、さらに定款及び規程によって自主的規制のもと全国組織としての業務を果たした。同統制組合の主たる事業は、連合軍及び日本政府の指示に従いながら、連合軍設営工事を担当することにあった。設営工事に際しては、業者の斡旋や、特建協力会の発足など、政府及び連合軍に対する全面的協力体制が築かれた。しかし、連合軍及び政府は必ずしも建設業の実態を把握しておらず、一方的な命令に対しての改正運動や支払遅延問題対策も行わなければならず、業界自身による建設業法の草案が検討された。

このような背景から、業界団体は、昭和二十一年の時点で建設工業調査委員会を設置し、「建設省設置、単行の建設工業法制定、請負契約」を検討していた。同年五月には「建設省設置意見書」を作成し、単行の「建設工業法」や政府及び建設業団体との連携による常設連絡機関「建設工業協会」の必要性を訴えていた。この調査会には経済安定本部建設局の請負契約担当の鳥居秀夫が嘱託員として参加し、戦災復興院からの意見聴取を行うなど政府と協力関係が存在したものの、主体は日本建設工業統制組合側であり、政府側よりも一早くこの問題対策に着手していたといえる。

これらの業務は日本建設工業会においても継続して行われた。工業会は組織的な統制色はやや薄らいでいたが、一連の活動が連合軍による閉鎖期間指定の理由となり、解散させられた。

その後、後継団体として全国建設業協会が設立され、土木工業協会と共同で法令対策や建設省設置及び建設業法活動を推進した。土木工業協会主宰による建設省設置の懇談会開催や、両団体による協同委員会が建設業法案を作成し、これを政府に提出した。本書の分析からは、この建設業法案は「土建立法の構想」及び「建設工業法の制定に関する意見」であったと考えられる。一方、大阪建設業協会でも独自に問題に関する取組みを行い、「土建業法に関する意見書」を作成するに至っている。

以上を勘案すると、昭和二十四年に建設業法が上程され、同年に制定されたが、この建設業法制定の一連の流れは、官僚（例えば三橋信一）のアイデアによるだけでなく、業界団体でも同様な検討を行っていた。この検討のプロセスが、政府提出の建設業法案に対して、業界側からの具体的問題点の指摘と改善案の提示となったと推測がつく。

建設業法の制定過程では、民主化の時代を背景に、様々な意見を聴取した。建設業法案の意見聴取の場、公聴会では、建設業界の大半の参加者が反対意見であり、行政の是と関係機関の是とは乖離していた。そもそも、建設業団体で検討された建設業法案は、請負契約の条項を重視し、建設業者は何よりもまず請負契約の双務性が規定されることを望んでいた。しかし業法案は、それらの規程が皆無と見做されるだけでなく、目的の「建設工事の適正な施工の確保と建設業の健全な発達」を果たすための法律ではなく、戦前と同様の取締り規則であるとして反対された経緯がある。

その後、片務性を打破する請負契約条項の追加が取り入れられるなど根本的な部分が修正された。また、最も反対意見の多かった登録に甲乙二種を設けないこと、建設業審議会の委員に建設業者を盛り込むこと等が改正され、更に法律の適用除外範囲を設けることも盛り込まれ、建設業者側も賛成の意を示す結果となった。そして、業界側の意見として影響力が大きかったのは、全国建設業協会であり、同協会の意見はかなりの程度取り入れられていた。建設業法に関する国会の審議においては、昭和二十四年の五月だけでも計二二回の審議会が開かれるという過密スケジュールの中で討議されていった。この審議会では参考人として建設業関係者が召集され、意見を述べる場が与えられていた。請負金額の設定が最後まで討議されたが、その他の条項はほぼ国会審議会が開かれる前に決定されており、審議会での意見は今後の改正点の参考程度に留まったといえる。

第4章の内容と関係するが、終戦直後から、行政のみならず建設業団体にあっても建設業法の内容を検討してきた背景には、建設業が具備すべき資格が、統制時代の規則・規定の中で具体的に示され、戦後にあっては、この基本的考え方が官民とで共有されていたともいえる。

第6章　注

（1）日本土木建設業史、三九五頁
（2）同上書、三九五頁
（3）経済安定本部戦後経済政策資料、第一巻　経済一般・経済政策(1)」〔総合研究開発機構戦後経済政策資料研究会編〕、平成六年五月、一八頁
（4）「経済安定本部行政史」、七九頁
（5）同書、七九～八一頁。
（6）"Economic and Scientific Section"の略。貿易、金融、経済等担当。
（7）経済安定本部戦後経済政策資料、第一巻　経済一般・経済政策(1)」、二二二～二二三頁
（8）「経済安定本部行政史（機構の部）」〔戦後経済史編纂室編〕昭和三十年十二月、別紙
（9）経済安定本部戦後経済政策資料　第一巻　経済一般・経済政策(1)、二一頁
（10）「経済安定本部行政史（機構の部）」、〔戦後経済史編纂室編〕、昭和三十年十二月、別紙

(11) 日本土木建設業史、四二三頁
(12)「ある法学者の軌跡」、二三四頁
(13) 川島、二三六頁
(14) 川島、二三六頁
(15)「調達業務概要：連合軍メーカーコンストラクターのために」、横田廣吉、近代文庫社、昭和二十三年二月、二八頁
(16) 設営工事とは住宅新営費、宿舎工事費、一般工事費、雑設営作業費等に含まれる工事を指す。
(17) 元日本建設工業統制組合調査課長。「復興建築施工體性の革新」（建築雑誌昭和二十一年五・六月号）と題し戦災復興に際する建設業界の課題についても記述している
(18)「建築雑誌」、昭和二十二年十二月号、一五〜二〇頁
(19)「調達業務概要：連合軍メーカーコンストラクターのために」、四〜五頁
(20) 戦時中の企業整備で転廃業したした者、軍需工業からの転業者、新たに生計の道を求める復員軍人など。「大阪建設業協会六十年史」、二二一頁によると、企業許可令の撤廃と工事量の急激な増加が原因であった。
(21)「戦災復興誌　第一巻　計画事業編」、建設省編、昭和三十四年三月、七一一頁
(22) 同書、七一四頁
(23) 同書、七二三頁
(24)「建築雑誌」、昭和二十一年四月号、五頁の肩書きによる。ただし、その後も商工省を受け継いだ通産省に所属していたから兼務とも思われる。
(25)「戦災復興誌　第一巻　計画事業編」、七二三頁
(26)「建設省五十年史2」〔建設省五十年史編〕、平成十年六月、一五四頁
(27) 昭和二十二年統計委員会調査の事業所統計による。
(28) 昭和二十二年七月十日国会
(29) 昭和二十二年十月十八日国会、発言者国務大臣片山哲
(30) 所属についての記述はなく不明だが、文面から内務省関係者であると考えられる。
(31) 昭和二十二年十二月五日国会
(32)「戦災復興誌　第一巻　計画事業編」、七一四頁
(33) 前身は戦前の海軍施設本部

(34) 昭和二十三年六月二十四日国会
(35) 建設業団体史、一五七頁
(36) 昭和二十三年六月二十四日国会。
(37) 「建設月報」昭和二十四年七月号
(38) 昭和二十四年五月四日国会、
(39) 昭和二十四年五月九日国会
(40) 昭和二十四年四月二十六日国会
(41) 昭和二十四年四月二十六日国会
(42) 戦局の悪化に伴い、国防建設に関する工事力の集中が急務となったため、分散していた統制機関を一元化する必要があり、戦時建設団を設置したとされている。「日本土木建設業史」、三六一頁
(43) 「日本建設工業統制組合沿革史」〔原信次郎編集〕昭和二十三年十二月、一頁
(44) 同書、九～一四頁
(45) 同書、一四頁
(46) 同書、二〇頁
(47) 昭和二十一年三月末時点で組合員総数一、四一六名、出資口数三万一、五四九円。翌二十二年二月末には組合員総数一、九二〇、出資口数一万七、三六八。出資口数が減少したことは、組合の事業から発展して分離した豊洲木材株式会社等に大口出資者の出資金がふり向けられたためである。
(48) 日本建設工業統制組合沿革史、二二二頁
(49) 同書、二三〇頁。
(50) 同書、二三〇～二三一頁
(51) 同書、二五六頁
(52) 同書、二五一～二五六頁
(53) 日本建設工業統制組合沿革史、二〇二～二〇六頁
(54) 同書、二五五頁
(55) 日本建設工業会沿革史、一六頁
(56) 同書、七～八頁

(57) 昭和二十二年八月大手業者二一社が連名で出した陳情書によると工事出来高が九五％に達しているにもかかわらず、支払額は六五％程度に過ぎず、業者の負担は二一社合計で一四億円。同年九月経済安定本部の発表によれば、当時の政府関係工事に約五八億円の支払遅延があった。

(58) 法律六〇号施行の背景には、連合軍関係の工事請負等はその施工を急ぐあまり、とりあえず施工範囲を示すだけで着工させ、完成後は請負人の支払請求をそのまま容認してしまうという処理の仕方が多く、請負人に不当な利益を与えた事例が頻発したため、これら不当な過剰支払を防止する必要があったとされている。日本土木建設業史、四一二頁による。

(59) 日本土木建設業史、四六六頁

(60) 同上書、四一二頁

(61) 大阪建設業協会六十年史、二四四頁

(62) 全国建設業協会沿革史、社団法人全国建設業協会編、昭和四十三年五月、一一頁

(63) 大阪建設業協会六十年史、二四二頁

(64) 建設業団体史、一五七〜一五八頁

(65) 職業安定法施行改正後の昭和二十三年から全国各地の建設現場を視察し、手厳しい指摘を行いコレット旋風と呼ばれた。日本土木建設業史、五〇五頁

(66) 日本土木建設業史、五〇六頁

(67) 昭和二十三年八月には全国で五〇億円にのぼっていた。同年九月末には全産業で三五〇億円に達している。全国建設業協会沿革史、二〇頁

(68) 大阪建設業協会六十年史、二三八頁

(69) 同書、二三八頁

(70) 同書、二五頁

(71) 同書、二五六頁

(72) 同書、二八七頁

(73) 同書、二八八頁

(74) 土木工業協会沿革史、社団法人土木工業会編、昭和二十七年十月、四六五頁

(75) 大阪府に関する資料は、大阪建設業協会六十年史、二八八〜二三〇頁によった。

(76) 日本土木建設業史、四二七頁

(77) 大阪建設業協会六十年史、二八七頁
(78) 当時の経済事情の逼迫は、建設工事量の低下とともに建設業者自体の深刻な資金難及び資材難を招いた。従って猛烈な工事獲得の競争を起し、これに伴って弊害も出ていた。
(79) 「建設業法資料集第一集」、建設省計画局建設業課編、昭和五十九年三月
(80) 「日本土木建設業史業界関連年表：昭和二十年〜昭和四十六年」
(81) 大阪建設業協会六十年史、二九〇頁
(82) 同書、二九三頁
(83) 五月十二日の衆議院本会議での各党代表による意見発表によって出された
(84) 日本土木建設業史、四三六頁
(85) この時点では機構改組され総務局が管理局となっていた。
(86) 元戦災復興院総裁
(87) 日本土木建設業史、四四〇頁

第７章　建設業界における労働・福祉制度

これまでは、建設業法の制定までを期間とし、斯業の業態に関する取締りと統制の過程をみてきた。このほかに、建設業に関する問題として、従業者（労働者）に関する雇用・福利厚生の領域があり、いわゆる職場を一定にする工場労働者とは異なった扱いがなされてきた。本章では、以上の観点に立ち、建設業を規制する、もう一つの機軸、労働・福祉制度の編成を扱う。また、建設業の特殊性を明らかにするためには、他産業との関係性に言及する必要があるので、各節は時代別の構成とする。そして、労働法規については、土木建築労務者は、工場労働者、鉱山労働者または一般産業従事者を対象とした法令が深い関係にあった。

ここで使用した資料は、「資料第一号（昭和二十三年九月）、『建築関係法規の変遷』（経済安定本部建設局請負制度調査協議会、嘱託鳥居秀夫）」を中心とするが、この資料は、第６章で指摘した経済安定本部が行った建設業に関する一連の研究成果である。(1)

7・1　明治期

労働者関係の規制は、明治五年八月二十七日布告第二四〇号「地代店賃及奉公人等給与相対ヲ以テ取扱フ件」を嚆矢とする。次いで、明治五年十月二日布告第二九五号「人身売買ヲ禁シ諸奉公人年限ヲ定メ芸娼妓ヲ解放シ之ニ付テ賃借訴訟ハ取上ゲザル件（明治三十一年六月二十一日、法律第一号民法施行法第九条により廃止）」が出される。この通牒は、表題にあるように、芸妓に関する旧弊を廃するために、人身売買と年季奉公を規定したもので、さらに、明治八年八月十四日布告第一二八号「人身抵当禁止ノ件」に発展する。

労働災害に関する規則等は、はじめに「官」の使用者に適用され、明治八年四月九日の達第五四号「官役人夫死傷手当規則（明治四十年勅令第一八六号により廃止）」が、さらに技能者に対しては、明治十二年二月一日の達第四号「各庁技術工芸者死傷ノ節手当内規」で扱われていたが、これまでは重大事故に係るものであった。

明治中期から末期までは、[2]官業の民間払い下げの時期に相当し、鉱工業内での労働災害に取り組まれるようになる。そして、労働運動と共に対労働者法規の制定が盛んになるのは大正期の第一次大戦以降からであった。明治十・二十年代の労働者保護政策は以下のようであった。

明治十五年　　農商務省で労役法、工場条例の調査
明治二十年　　農商務省で職工条例、職工徒弟条例立案
明治二十五年　鉱業条例公布（明治三十八年鉱業法に改められる）[3]

そして、明治二十九年になると農商務省から農商工会議を経て「職工の取締及保護に関する件」の諮問が出され、

日清戦争後の産業勃興に備えた技能者（職工）の保護政策がとられた。

明治三十年は、労働行政の転換期であり、公の保護政策（時期尚早のためか実現せず）と並んで、次のような労働組合の結成をみることになる。

① 農商務省は職工法案、内務省は労働者疾病保険法案を起草するが廃案

② 職工義勇会創設（四月）

③ 職工義勇会を母体として労働組合期成会が結成される（幹部　澤田半之助、高野房太郎、城常太郎、片山潜等）（七月五日）。

④ 労働組合期成会を母体として鉄工組合、活版工組合、日本鉄道矯正会（鉄道機関士）等が生まれ、ストライキが盛んになる。

以降は、工場を基本単位とした事業所の労働条件の改善と、これに対する行政的取締りを行う工場法の制定の道に進むこととなる。すなわち、明治三十一年になると、農商務省は前年の職工法案を修正して工場法案とし、各商業会議所へ諮問を行った。これに引き続き、明治三十二年には、工場法案を地方長官（府県知事）に諮問し、労働組合期成会は修正意見を提出した。これらの関係団体への照会を経て、明治四十二年、工場法案が第二六議会に提出されたが、産業界からは夜業禁止の規定は重すぎると反対され、法案は撤回された。このような経過を経て、明治四十四年に法律第四六号として工場法が公布され、大正五年九月一日より実施された。

以上が「工場法」の制定過程であるが、内容は、一般工場労働者を対象としたもので、土木建築労働者に対しては適用されなかった。

一般的に、明治期の労働行政は、工場労働者、鉱山労働者、船舶労働者のみがその適応をうけ、土木建築では官

業労働者のみがその対象であった。そして昭和期に続く災害補償には次のものがあった。

明治二十五年　勅令第八〇号　「官吏治療料給与方ノ件」

明治四十年　勅令第一八六号「官役職工人夫扶助令（大正七年勅令第三八二号により廃止）」

大正七年　勅令第三八二号「傭人扶助令（大正十三年改正）」

昭和三年　勅令第一〇九号「雇員扶助令」

7・2　大正期

(1)　雇用に関する規則

民間の土木建築労働者に適用された労働行政に関する法規の第一段は職業紹介法であった。この法律は、大正十年に法律第五五号「職業紹介法」が該当し、その後は、昭和十一年の法律第一二号、同十三年四月法律第六一号により改正され、戦後の労働行政の民主化に伴い昭和二十二年法律第一四一号「職業安定法」により廃止された。

職業紹介法は包括法であり、個別の規制は次の法規によって運用されていた。

大正十三年　内務省令第三八号　労務者募集取締令

大正十四年　内務省令第三〇号　営利職業紹介事業取締規則

大正十五年　厚生省令第五〇号　労務者募集規則

これらの法規は、大正七年の第一回国際労働総会[4]にて失業に関する条約案の内容である「中央官庁管理の下にある公の無料職業紹介所の制度を設くべし」を採択した結果であった。

次に、各法規の内容について記す。

「職業紹介法」の内容は、以下のように要約できる。これは戦前の職業紹介システムであり、後述するように、必ずしも建設業界の特質を踏まえたものになっていなかった。

①　公営職業紹介所で無料紹介
②　直接紹介事務は職業紹介所で行う
③　職業紹介所の設置と管理は市町村を原則とする。
④　事業所の連絡統一のため職業紹介事務局を設置
⑤　紹介所の事業運営に関する諮問機関として職業紹介委員会を設置
⑥　職業紹介事業は内務大臣と職業紹介事務局長が監督する

次に、労働者募集の手続きに関しては、労務者募集令があって、以下の点に関する詳細な規定がなされ、従来の口入れ的方法から生ずる雇用に係る社会問題の除去を目的としていた。特に、④と⑤の措置が注目できる。

①　募集主の募集手続
②　募集従事者に関する規定
③　募集上の禁止事項
④　応募者の輸送
⑤　帰郷者の処置

上記の労働者募集の趣旨を踏まえ、民間が介在する場合には、「営利職業紹介取締規則」の適用を受けた。内容は、

①　職業紹介事業を許可制とする。

② 紹介報酬の規定
③ 事業管理方法の規定

であり、それまでの口約束を介した職業紹介、いわゆる口入れ稼業を取り締まるためのものであった。

これらの規則制定の背景には、当時の土木建築労働者が、「募集屋」、流動募集員による甘言、前借、欺瞞、脅迫により集められるのが殆どであったことによる。規模の大きな土木建設業の中には募集屋を常雇いにして一年中募集に当たらせていたものもあった。その結果、地獄部屋、タコ部屋等と呼ばれる収監的施設が社会的な問題になった。特に技能を必要としない単純労働者、例えば「土工」などにこの傾向が強い。

(2) 健康管理に関する規則

次に、労働者の健康管理に関する規則の実態を捉える。この規則の始まりは、大正十一年に制定された「健康保険法（法律第七〇号（大正十五年実施））にある。その内容は、

① 保険者　政府と保険組合
② 給付　療養の給付、分娩の給付、死亡の給付等
③ 保険の財源　国庫負担金及び保険料
④ 保険料　事業主と労働者の折半で負担

であり、本法の基本は社会保険に属し、その中の災害保険と疾病保険を実施するものである。また、本法は強制加入と任意加入に区分され、工場労働者、鉱山労働者は前者に属するが、土木建築労働者は任意加入であった。そのため、結果（ある種の必然とも言い換えられるが）として、建設業界の労働者は殆ど加入していない。

雇用形態が常勤であれば、工場労働者のように強制加入になることが理解できるが、鉱山労働者が強制加入の対象になるのは、社会的に非常に危険な労務であることが認知されているからであろう。土木建設業界はどちらの条件にも属さない。これは、工事受注が不安定で、作業者の殆どを外注していた結果であるともいえる。

(3) 最低年齢制限

大正八年の第一回国際労働総会で「労働ニ使用シ得ル最低年齢ヲ定ムル条約案」が採択された。これを受けて我が国では、以下の法律、「工場労働者最低年齢法　法律第三四号、大正十二年三月（実施は大正十五年から、昭和二十二年法律第四九号労働基準法により廃止）」、「工場労働者最低年齢法施行規則（大正十五年六月内務省令第一四号）」が公布され、一四歳未満の児童の労働が禁止され、土木建築業でもこの適用を受けた。

この法律は工場法を適用されない産業用に関するもので、以下を、法令より直接引用する[5]（第5章「5・2」の一部と重複）。

「工場労働者最低年齢法」（大正十五年六月勅令第一五二号を以て同年七月一日より施行）

第一条　本法ニ於テ工業ト証スルハ左ニ揚クル事業ヲ謂フ

一、鉱山業関係（鉱業、砂鉱業、石切、鉱物採取等）

二、物品ノ製造、改造、修理等、販売ノタメニ行フ仕立テ、破壊・解体等

三、土木、建築其ノ他工作物ノ建設、改造、保存、修理、解体又ハ其ノ準備若ハ基礎工事

四、道路、鉄道又ハ船舶輸送関係

五、船渠、岸壁、波止場又ハ倉庫ニ於ケル物資ノ取扱

第二条　十四歳未満ノ者ハ工業ニ従事サセラレナイ。但シ十二歳以上デアッテ尋常小学校ノ教科ヲ修了シタ場合ハコノ限リデナイ

第三条　十六歳未満ノ者ヲ工業ニ従事サセル場合ハ、使用者ハ当該者ノ住所、氏名、生年月日、学歴ヲ記指シタ名簿ヲ作業場ニ備ヘ付ケルコト。

第四条　当該官吏ガ作業場又ハ付属建設物ニ臨検出来ルコト。

第十条　本法ニ於テ使用者ニ関スル規定ハ工場法ノ適用ヲ受クル工場ニ在リテハ工場主ニ、工場管理人或ル場合ハ工場管理人ニ、鉱業ニ在リテハ鉱業権者ニ、鉱業代理人アル場合ニ於テハ鉱業代理人ニ之ヲ適用ス

〔以下は略〕

この勅令の中で、第四条は規則が運用されているかどうかの監査であり、第2章で紹介したように、戦前の地方行政にあっては警察の役割であった。また、第一条の三に土木建築が範囲に指定されているにも拘らず、第十条の工場法における使用者の定義にあっては、鉱業までは規定されているものの、使用者に関する規定が、「第一条の三」の土木、建築工事では存在していない。すなわち、責任体制が不明である。

(4) 労働争議を調停する法的根拠の公布

労働問題にあっては、組合制度が法的に位置づけられていない時代は、種々の争議を生じさせた。明治以降の殖産興業政策は、新たな雇用契約を必至とし、経営者と被雇用者（特に労働者）の二極構造を生み出した。そして、

経営・労働者の対決は両者にとって常のことであり、権利と義務の関係が、両者間の確執にまで発展したことが多い。そこで、大正十五年、法律第五七号によって「労働争議調停法」（大正十五年七月一日実施）が制定された。本法の内容は、以下のようであったが、③に規定するように、労使双方が調停の意思がない限りその機能を発揮しないことから、形ばかりの調停機関で、双方からの請求を条件としたのでは殆ど調停委員会は設置されなかったと思われる。

① 調停機関として、労使及び第三者により合計九名の委員を選定し調停委員会を構成
② この委員会は非常設で、行政官庁の通知により調停業務を開始する
③ 公益事業での争議発生では、行政官庁は強制により委員会を設置。他の場合は当事者双方の請求のあった場合に限られる。

7・3　昭和初期[6]

昭和初期の労働者対策には、昭和六年に制定された法律第五四号「労働者災害扶助法」（昭和二十二年労働基準法第一二三号により廃止）があり、同法の責任と保険体制を確保するために、同六年には法律第五五号として「労働者災害扶助責任保険法」（昭和二十二年法律第五〇号労働者災害補償法により廃止）が制定された。

この法律の背景としては、昭和二年十一月に内務省社会局が「労働者災害扶助法」制定を立案し、その要項を日本土木建築請負業連合会、土木業協会、建設業協会、帝国鉄道協会等の関連団体に諮問した経緯がある。また、その本質は、当時一五〇万人といわれた土木建築、土石砂鉱採取業、鉄道事業、仲仕等の労働者を救済するためのも

のであった。[7] 次に、この災害扶助がどのような内容を持っていたかを明らかにする。

〈労働者災害扶助法案要綱〉

第一条では、本法が次の各号の一つに該当する事業にこれを適用することが示されている。ただし法体系の整備された工場法の適用を受ける工場と鉱業法の適用を受ける事業は対象外であることが示されている

1 砂鉱業、石切業関係

2 土木工事または工作物の建設、保存、修理、変更もしくは破壊の工事にして、次の一つに該当するもの

(イ) 土木工事または工作物の建設、保存、修理、変更もしくは破壊の工事を業とする者が行う工事であって、その費用が命令をもって定める金額以上のもの

(ロ) 鉄道もしくは軌道の事業または上水、電気もしくはガスの供給の事業を行う者の直営工事

(ハ) 国、府県、市町村またはこれに準ずるものが行う直営工事

(以下略)

第二条は、労働者が業務上負傷し、疾病に罹りまたは死亡した場合には、事業者は勅令の定めるところによって、本人またはその遺族、もしくは本人の死亡当時に、その収入により生計を維持する者を扶助すべきことを規定している。前項の事業者とは、「労働者を使用して事業を為す者」とし、但し事業の全部または一部が、数次の請負からなる場合においては、第一次の請負人を以て事業主とすると規定している。以下略。

この要綱作成に対しては、諮問に対する建設業団体の意見がある。すなわち、第五四議会への提出の延期と慎重研究を要望したことである。以下では、日本土木建築請負業連合会の陳情書から具体的要望の内容を示す(但し、

要旨のみ）。

①　扶助責任者の選定に関して

●下請人に責任がない場合は、下請が注意義務を怠ることがあるので、責任者は元請でなく、下請人にすべきである。

●特殊技能者（大工、左官、ペンキ職等）は、親方等に付随しているので、雇用期間等が一律に決められない。

●建設業の場合は、元請が必ずしも資本が豊かとはいえない。従って大災害の時で救済の資力がないときはどのように対処するのか。

②　下請人と労働者の関係

●建設業の下請は特殊な人間関係から成り立ち、かつ複雑である。工場労働者のようには単純でない。

●下請人に属する労働者は、必ずしも定時、定時間労働をしているわけではない。労働の継続性も危うい。

③　災害発生の動機とその種類程度

④　扶助額の決定

⑤　労働者の業務上の死傷に対する統計的問題

⑥　本法を適用する範囲の決定

⑦　請負人と労働者は、従来は親分子分の関係で、業界にあっては両者とも情宜の念が強い。この美風を一層助長したい。

要望を吟味すると、建設業は他産業と異なる構造（元請と下請関係、不定期な雇用機関）を有し、かつ建設業は人間関係で成り立つなど元請の責任回避、あるいは情緒性に訴えるなど、自身が産業としての前近代性を露呈していることが窺える。

昭和四年一月になると、政府は原案を未修正のまま第五六議会に労働者扶助法案として提出された。これに対して、建設関連団体（日本土木建築請負業者連合会、建設業協会、土木業協会）は同年二月十二日、芝公園にて二、〇〇〇人が参加し、「全国同業者臨時大会」を開催し、反対を唱えた。

建設関連団体は、大会終了後、災害扶助法反対、国営業務災害保険法制定の決議文「国営業務災害保険法」を作成し、首相、内務相等に陳情した。その内容は、事業者の責任でなく、国の災害保険制度を骨子としている。具体的内容は、次のようにまとめられる。

第一　労働者に適用としている。

第二　「保険者は被保険者の業務上の負傷、疾病及び死亡に関し、次の給付をなすものとする」とし、政府案のような「事業者が扶助を行う」の表現はない。また、保険法としているので、健康保険法との重複需給を禁じている。

第三　保険の性格を強く示し、保険者は国であって、国が保険料を徴集する。

第四　保険料の負担者は事業者であり、文面上も政府案と相違がない。

第五　保険料滞納事業者への強制徴収

第六　保険料及び給付額は勅令によること

このような考え方に対して、政府が保険法案に対して示した反対理由としては、①保険制度は災害予防効果が薄い、②扶助法であれば扶助費の濫用を防止できる（政府としては財源が確保できない）、③各事業に対する一律保険制度の強要は不当、④保険制度は事業別危険率の算定が困難（政府としてはどれだけの支払いになるか予想もつかない)、⑤保険制度の採用は工場法や鉱業法との均衡を失する、⑥任意保険加入の道がある等が掲げられていた。

しかしながら、業界団体の判断では、政府の反対の根拠は薄弱としている。[8]結果的には、「保険若しくは共済によりたる場合は本法の扶助をなしたるものと認むる」との大方の修正なく、昭和四年三月に衆議院本会議で可決され、貴族院に送られた。業界団体は国営保険を主張し貴族院に働きかけ、同院が反対の説を認めて審議未了により廃案となった経緯がある。

その後の経過としては、昭和五年七月に労働者災害扶助法、労働者災害扶助責任法の二本建てとして、その案を全国商工会議所、日本工業倶楽部、日本土木建築請負業者連合会、帝国鉄道協会、全国海陸仲仕業連合会等へ諮問が出された。

昭和六年三月になると、上記の二法案は衆議・貴族院を通過し、昭和七年一月一日施行となった。なお、施行に先立ち、労働者災害扶助責任保険審査会が設置され、建設業界の事業者代表として、日本土木建築請負業連合会から会長竹中藤右衛門と前会長鹿島精一が委員に任命された。

この法律に対する建設業界の反応は、資料から窺える。すなわち、本法は交通、運輸を含むものであったが、施行令第一条で土木建築のみが強制加入となったことから、実質的には土木建築労働者災害扶助責任保険法といえ、政府が業界の特殊性を考慮し保険制度を採用したのも英断であったとしている。施行令第六条「保険料は請負金額の定めのあるものは、これに保険料率を乗じ、定めなきものについては、賃金総額に料率を乗じて定める」も妥当との判断を行っている。[9]

労働者災害扶助法の制定は、労働者を使用する事業主の無過失責任を被害労働者またはその遺族の生活上の扶助を行うために公布されたもので、土木建築工事については、事業主を国営保険機関に加入させ、その扶助責任を保険に付すことを強要していたが、このために別の責任保険が必要となった。そこで、「供給労働者扶助令」が出され、国の土木建築工事に従事する場合、労働者が供給契約により労働を提供する際には、事業者と労働者の関係において、事業者が労働者に対して扶助法関係法規に基づく一切の責任者である旨を明らかにした。同令の内容を以下に示す。

〈供給労働者扶助令（昭和七年勅令第二号）〉

① 療養、休業、障害、遺族、葬祭、帰郷及び傷疾病の扶助等に関すること

② 扶助の責任は事業主、請負工事の場合は請負人を事業者とする。

③ 保険料は工事の種類に従った保険料率

④ 政府との保険契約者は勿論事業主であり、保険金の受取人も原則として同様

ここでも、④にあるように、保険の受取人も制度上は事業主であり、労働者自身が保険金を直接受け取れるシステムになっていない。

また、昭和初期にあっては、労働者の一般的雇用条件だけでなく、経済要因が建設労働市場に大きな影響を与えた。すなわち、昭和四年の金融恐慌によって、政府は緊急政策（景気対策）を樹立させ、地方自治体による直営工事の導入を行った。その理由は、金融恐慌が生じさせた失業者を救済するためのものであり、職業紹介所を通じての救済策が行われ、土木建築事業として一、二〇〇万円の予算が拠出された。

この施策は、結果的に建設業界から仕事を奪う、また、未熟練労務者の建設業参加で能率も落ちるとの批判が業界団体から出され、昭和五年十一月二十六日に日本土木建築請負業者連合会より総理、各省（外務省を除く）大臣、朝鮮、台湾総督、地方長官（府県知事）、六大市長宛に「建設労働者の失業救済と直営工事廃止決議に係る陳情書」

が出された。この陳情は功を奏したが、職業紹介所登録者の使用が条件として付加されていること、業者直雇の熟練労働者が大半失業状態にあることから、昭和六年八月六日「失業者救済工事における使用職工人夫に関する件につき請願」を日本土木建築請負業者連合会が内務大臣と同社会局長官宛に提出し、考慮する旨の口約束を得る。[10]

7・4　昭和大戦期

昭和も十年代に入ると労務関係も戦時体制と連担するようになった。昭和十三年四月一日には、法律第六一号により職業紹介法が改正された。失業救済を目的とした旧法に対して、本法は「政府は労務の適正なる配置を図る為」に改正したもので、その内容は以下のとおりであった。

① 職業紹介事業は政府の独占事業とする。

② 政府は、職業紹介事業に併せて職業指導、補導を行う。

また、本法第八条では、労務供給事業を行うものまたは労働者を雇用するために募集を行うものは、地方長官の許可が必要とした。これによって公布された二つの厚生省令、

昭和十三年六月二十九日　厚生省令第一八号労務供給事業規則

昭和十三年六月二十九日　厚生省令第一九号労務者募集規則

では、それまでの職業紹介業務が、市町村営（都道府県の規則や条例で取締り）であったが、これを国営化した。[11]

また、この法令により職業紹介とよく似た行為を行う者を厳しく規制した。この規制の対象には、「無料職業紹介

事業」（宗教・社会事業団等が慈善事業として行うもの）、「営利紹介事業」（家事使用人、女中、下男等が対象）、「労務供給事業（人を抱えて需要に応じて供給するものをいう）」（労働者供給事業の前身で、家政婦、マネキン、調理師等が対象）、「労働者募集人」（繊維工場などで人を集めるときに手数料を支払って土地のボス等に依頼する）等が該当した。しかしながら、内容的には旧法と大差なかった。

ゼネコン（建設工事請負業者）に労務係が誕生したのは、昭和十三年の国家総動員法と関係する。同法の公布以降は、一般の労働者募集ができなくなった。また外地からの労務者を連れてくるために労務課が置かれたともいわれている。この理由は、国家総動員法ができた当時は労働力に余裕があったが、戦時労務統制の最初である昭和十六年の「学校卒業者使用制限」により、鉱工業関係の専門技術者が少なく、軍需産業へ主たる割り当てが行われたために、要員不足を来たしたといわれている。(12)

昭和十三年の国家総動員法に基づき公布されたもので、土木建築労働者に直接、間接に影響を与えた勅令は概ね以下のとおりであった。

昭和十二年	勅令第三一八号	工場事業場管理令
昭和十四年	勅令第一二六号	従業者雇入制限令
昭和十四年	勅令第四五号	国民徴用令
昭和十四年	勅令第四二七号	総動員業務事業設備令
昭和十四年	勅令第九号	工場事業場使用令
昭和十五年	勅令第六七五号	賃金統制令
昭和十五年	勅令第七五〇号	従業者移動防止令

昭和十六年　勅令第一〇六三号　労務調整令
昭和十七年　勅令第一〇六号　重要事業場労務管理令

戦時期に入り、国防施設、軍需工場の工事が極めて多く、かつ早急に建設されねばならなかったため、右記のような勅令が出された。しかしながら、労務依存型の建設業にあっては、兵役や軍需工場での雇用が優先され、内地の土木建築労働者は皆無に等しい状況となり、外国人捕虜や朝鮮人の使役が不可避となった。この時期で、国家総動員法に基づかない法律としては、

昭和十五年十一月十五日　厚生省令第五〇号　労働者募集規則
昭和十七年二月二十日　法律第二九号　労働者年金保険特別会計法（昭和十八年十月法律第一〇〇号により改正）

があるが、いずれも戦時体制固有の法規であり、労働者の福利厚生等の立法は殆ど見られなかった。

昭和十九年に「労務報国会」が設立された。以前から「産業報国会」は存在していたものの、同報国会は職場単位の常用労働者の労資協調を目的としていた点に特徴があった。しかしながら、日雇い、建設労働者など労務供給事業の労働者は、職場が確定していなかったので「労務報国会」が設置され、最終的にはこの組織一本で地方ごとに運営されることになった。[13]

7・5　終戦期

戦後の労働立法に関しては、雇用者と被雇用者が対等な立場にあって、弱者としての労働者を護る目的で制定された職業安定法、労働基準法が制定され、これにより旧套を脱した。この事実に関しては、周知のことであるし、

戦後の労働立法を論議することは本書の目的でなく、紙幅も限られているので、大略のみを示す。

戦後の労働立法は、我が国の労働者自身に関するものと、進駐軍工事遂行のために必要となったものに区分できる。そして、国内労働者の権利義務、福利厚生の立法は、以下のとおりであった。

昭和二十年十二月二十一日　法律第五一号　労働組合法
昭和二十一年九月二十七日　法律第二五号　労働関係調整法
昭和二十二年四月五日　法律第四九号　労働基準法
昭和二十二年四月七日　法律第五〇号　労働者災害補償法
昭和二十二年四月七日　法律第五一号　労働者災害補償保険特別会計法
昭和二十二年十一月二十日　法律第一四一号　職業安定法
昭和二十二年十二月一日　法律第一四五号　失業手当法
昭和二十二年十二月一日　法律第一四八号　失業保険法

次に、特に進駐軍工事のために公布されたものを掲げると以下のとおりである。

昭和二十年十月十六日　厚生省令第四一号　労務充実に関する件

終戦後で土木建築事業に最も影響の強いのが職業安定法であって、以下に示す二つの施行規則が該当する。

昭和二十二年十二月二十九日　労働省令第一二号　職業安定法施行規則
昭和二十三年二月七日　労働省令第三号　職業安定法施行規則改正の件

この規則の改正は、所謂労働ボスの中間搾取を禁じたものであるが、土木建築事業者にとって、大きな変革を迫られた。すなわち、従来のような単なる労務提供事業が禁止され、自ら工事を行うために労務者を雇用し機械を購入して直接建設にあたる必要が生じた。

7・6　章　結

前章までは、建設業に関する規制にあって、団体の活動と規制を中心に論じてきた。このほかに、建設労働者保護の問題があった。建設労働に関する問題は、建設業界の発展と深い関係があることから、「大阪建設業協会六十年史」や「日本土木建設業史」の中でも取り上げられている。

これらの労働政策は、戦後にあっては、職業安定法、労働基準法等の法令により、労働者の権利と保護が確立されたが、戦前にあってもこの種の取り組みが行われた。明治初期の紡績産業における「女工哀史」に象徴される過酷な労働から守るために、工場労働者保護の立場から、「工場法」が明治四十四年に公布され、その運用により、夜業の制限、婦女子の労働条件の改善が行われてきた。

しかしながら、工場労働者のように、定期雇用でない、日雇いにあたる労働者に対しては、別の保護政策が必要であった。鉱山や港湾荷役、建設業など特殊環境での労働規制は、個別に扱われた。大正十二年の「工場労働者最低年齢法」の中では、斯業の特殊性に対応するために、独立した土木建築の区分が設けられていた。さらに、鉱山や港湾荷役とは異なる、元請と下請の二重構造、単純労働者でない技能者等の条件は、一般的な労働行政では対応できなかった特殊な扱いを必要とした。

業界自身の労働者保護・救済は、昭和七年の供給労働者扶助令等で規定され、事業主の責任体制が確立されたものの、実態としては労働者自身が直接権利を得るシステムでなく、雇用者、被雇用者の力関係が色濃く残っていたといえる。

労働者救済に関しての官民の乖離は、昭和の大恐慌時代に行われた、地方自治体の直営工事に表出した。すなわち、労働者救済のために実施された直営工事は、建設業界の基本構造である元請、下請の関係を無視し、伝統的に培われてきた労働供給を破綻させるものとの批判が業界から出されている。

戦時下に入り、昭和十三年に制定された国家総動員法は、第5章で指摘したように、技能者の定義だけでなく、重要産業に労働者を集中させる基幹法であり、この法律から派生した種々の規則・規定関係が戦時中の労働者管理を行っていた。

明治初期から継続していた請負業における労務提供機能は、「募集屋」と呼ばれる私的な口入れ稼業を誕生させ、炭鉱労働者同様な収監的施設を発生させたことも事実である。この労務提供のあり方の改善として、戦後の労働関係法の制定が焦眉の急であった。

以上、本章で見てきたように、労働者保護があって建設業の健全な発展が期されるものであるが、歴史的流れを概観した結果からは、斯業の雇用に関する特殊性、非定期的雇用、元請、下請の二重構造、単純労働者でない技能者の存在等の条件等を踏まえた労働政策、労使双方からなる協議の必要性が指摘できる。

第7章　注

（1）「建築関係法規の変遷、経済安定本部建設局請負制度調査協議会」は、前半では入札制度（の歴史）を扱っている。一～一二五頁。また、建設総合研究第四一巻第三・四号、「戦後、建設労働対策の原点を求めて(1)」を補足資料とした。

（2）同「変遷」、一二五頁

（3）大阪建設業協会六十年史、一三〇頁によれば、鉱業労働者のための労災扶助と説明されている。

（4）詳しくは第一章で紹介した。
（5）建設総合研究第四一巻第三・四号、「戦後、建設労働対策の原点を求めて(1)より。
（6）鳥居、二八頁より
（7）大阪建設業協会六十年史、一三〇頁
（8）同書、一三八頁
（9）同書、一三九頁
（10）大阪建設業協会六十年史、一四一～一四三頁
（11）建設総合研究第四一巻第三・四号、三九頁
（12）同書、四〇頁
（13）「戦後、建設労働対策の原点を求めて」、四一頁

第8章　終　章

本書は、明治期から建設業法の制定された昭和二十四年までを期間とし、建設業の取締りと所管官庁の変遷について明らかにしてきた。建設業に関する研究は、請負契約については建築学のみならず、法令研究の中でなされてきたが、客観的な事実として、建設業をめぐる国の政策がいかに展開されてきたかは、管見の限り、明らかにされてこなかった。業界団体史には、確かに斯業をめぐる様々な事実が記載されているが、網羅的であり、本書のように対象を絞ったものでない。また、法制研究においては、片務性や契約に関する研究がなされてきたが、建築を専門とする研究者がこの分野を対象とした研究は、序章で示したように非常に限られたものであった。以上のような、これまでの建設業の取り扱われ方に対して、本書の新規性があると判断できる。以下では、終章として、これまでの成果を総括する。

第2章では、建設請負業に関する資格の条件を、歴史的変遷の中で扱ってきた。直接の取締りは、明治初期には存在せず、鉄道関係の入札や請負契約の中で規定されていた。また、公共工事の入札に関する会計法にあっては、特に大正十一年改正法によって、工事（営業実績）と納税額が条件になっていたが、特段、斯業の特性を条件にしたものでなかった。これは本来的に会計法であって、工事請負契約法とは異質であることと関係していた。次いで、戦前における建設業取締りの実態を警察行政の中で見てきた。そして、冒頭では、戦前における地方自治の本質を解明し、取締行政を担当した警察の実態を明らかにした。しかし、これらの請負業取締規則は、建設業に特化したというよりも、一つの営業形態として扱われたといえる。また、大正八年に現在の建築基準法にあたる「市街地建築物法」が制定されるが、この法律の適用のために建設請負業の取締りが誕生したとはいえない。

建設請負業の取締りの本質は、名義だけによる営業いわゆる「団子取り」の排斥のみが際立っていた。これらの取締規則が業界に与えた影響は、個別の企業に対するよりも、（強制）組合化にあった。すなわち、業界と取り締まる官側の相互利益の確保のために規則が援用されたともいえよう。これらの警察による建設業の取締規則に対しては、限られた元請だけが対象で、市井の建設を担当する大工・棟梁は排除するなどの問題点も指摘できる。従ってこれらの規則は、建設業界の一部を取り締まり、結果的に、組合化による他者の排除を助長したものとの批判があったことも事実である。建設請負業の取締り規則以外には、「建築代願人規則」が確認できた。この規則は、市街地建築物法による建設における届出者の資格を決めたものである。警視庁建築関係規則類纂中では代願人は「司法書士」と同列に扱われていた。ちなみに同類纂で「請負」は、警察行政の中で、保安→安寧→「請負、占業」に位置づけられていた。

以上、取締りを対象とした中での明治初期の建設業者は、建設業界の「元請」関係者に適用されるものであり、市井の建設活動とは基本的に異なる世界での取締りであったともいえる。

第3章が対象とした業界団体は、建設業の「元請」の組織である。そして、請負業界にあっても、団体設置の意図は、参加者の相互利益の探求が基本にあり、第3章の中心にある強制組合化の趣旨であったと判断できる。団体（組合）設立の根拠法は、農商務省が制定した「同業組合法」が嚆矢であった。しかしながら、本書に係わる調査では、特に法令準拠組合と明記されたものはなく、明治から大正にかけては、親睦を中心とした任意団体として存在していた。従って、その組合活動も、会員相互の情報交換、親睦、慶弔が主たるもので、特に資材の一括購入や受注の一括化など、協同化の利点を生かす事業はなされていない

法令準拠組合の設立は、第2章でみてきたような各府県の土木建築業関係取締規則と関係し、同規則の「組合」条項が条件であった。ただ、この強制組合化は、取り締まる側の利点と取り締まられる側の利点が相互に作用していた。一般には、警察側もこの強制化を望んでいたが、東京府の場合は、強制組合化に慎重であった。内務省直轄の組織故の慎重な取り組みであり、業者の取締りにあってはこれが本道であったともいえる。

福岡県の同業者組合を例とした結果からは、建設業組合と取締り側の関係ならびに建築業と土木業との関係が問題として抽出できた。前者にあっては、同業者組合でありながら、県警察部と所轄警察署の吏人が幹部を構成していた実態が明らかになり、取締りと被取締りが同じ組織に属する異常な状態であった。また「被取締り」側の土木と建築は、それぞれの業をめぐって利害が対立していたことを示した。

全国組織に言及すれば、二つのタイプが確認できる。一つは、各府県の規則を根拠として連合会となったもので、「日本土木建築請負業者連合会」が該当し、構成員は、大小さまざまで、利害（全国大手と地方中小の確執）も対立し、その調整に課題を抱えていた。もう一つのタイプは、全国を営業範囲とする大企業から構成され、共通の利益も明確であった。従って二つのタイプの存在からも業界団体の二重構造が指摘できる。

本書が対象とした、建設業者の資格と業界団体の関係は、次のようにまとめることができる。すなわち、「3・6　土木と建築の違い」で指摘したように、土木と建築あるいは野丁場と町場の関係から業界団体を捉える必要があり、特に（強制）組合化にメリットを求めたのは、土木（本質的に野丁場型）であったともいえるのでないか。

また、府県規則で設置される組合は、業界のみならず、取締り機関としても望ましい形態であり、このような特性が、第4章で展開される統制組合化への転換を容易にしたとも考えられる。

第4章では、戦後統制の一連の流れを扱う前に、建設が社会活動の一部である以上、国の政策と連担するとの前提から冒頭で、昭和期の商工行政に係る官僚指導型の統制経済の本質を明らかにした。昭和十三年には、業界待望の単独法の「土木建築業組合法」が国会に上程されたが、貴族院での審議未了により廃案になった。この法律は、「組合法」であることから、従前の工業組合法（大正十四年制定）の内容を援用したといえる。しかし、全国規模の大企業と地方を営業範囲とする中小企業が混在化し、中小企業を対象とした工業組合法はその趣旨がそぐわなかった。ここに建設業の特異性が表出している。

この時期の業界の取締りと統制は、企業を単位とした業界法でなく、全てが組合、あるいは統合組織を対象としていた。昭和十六年に全国各府県の土木建設業工業組合化が果たされた。まさに、太平洋戦争に入る時期で、戦時に対応した総力戦の中での統制化であったといえる。そして、昭和十八年から統制組合時代に入るから、工業組合は約二年間の活動で組合の事業を終えた。この時期は工業組合法に示される、中小業界の組織化（カルテル化）を踏まえた統制であった。

以降は、戦時体制の逼迫に伴い、統制の観点から業界が再編されるわけであるが、建設業界の統制を担当する商工省は、昭和十七〜十八年に七つの通牒により企業統合を基盤とした統制組合化を図る。その本意は、建設業固有の中小企業を組合設立により統合化することにあり、元請のみならず、下請企業を組合の中でまとめるべく、職別の定義が厳格になされた。まさに工業組合法の適用であった。

業としての区分は、特に商工省の施策からであったが、技能の区分までを含めると、昭和十三年の国家総動員法が深く関係していた。商工省で統制事業を担当としていた官僚達にしても、全くの自由意志で、建設業界を統制したわけでなく、根拠法に依拠する必要があった。

この時期、商工省のほかでも、建設業の企業統制が存在していた。鉄道工事と戦時特性としての陸・海軍によるものである。戦争末期の昭和二十年三月には、戦時建設団が設立される。基本的には統制組合事業を国家レベルでさらに統一して、一企業体として建設にあたらせようとした、超国家体制であった。事業の内容や運営方式は、特に統制組合と相違が見られなかった。

本書では、建設業行政として経営上の資格、財務上の資格（保有設備を含む）、技術者の資格がどのように規定されていたかを明らかにするものであるが、この点は、通牒「一七化第五六二二号」が具体的内容を示していた。すなわち、企業の許可方針として、工事実績（営業経験）、資本金の条件、技術者の学歴と経験年数等が具体的に決められ、初めて政策の中で規定されたものといえる。戦前の建設業統制のシステムが戦後どのように生かされたか明解に示した資料は存在しないが、これらに示された具体的な経営、財務、技術的基準が戦後の建設業法の基盤になったとも考えられる。

第5章にあっては、二つの建設業を担当する所管機関が確認できた。一つは、第2章で詳述した地方庁の警察組織であり、もう一つは第4章に含まれる商工省であった。本質的に、産業育成は内務省でなく商工省の管轄であった。業界を所管する官庁は、対象となる産業の育成・規制・許認可に関して法律をもとにして業務を行う。建設業の単独法が存在しない以上、不可避的な措置ともいえる。しかしながら、実態は伊藤憲太郎という一技師に委ねられ、配属先の変更に伴い部局が移った。従って公式資料の中で建設業所管が分掌事項として規定されたのは、軍需省総動員局監理部勤労課土木建築係からであった。

建設業の所管部局が分掌規定の中で明確でなかった理由は、一つに、建設業界を「組合」単位で扱ったこと、次に戦前の行政機構では産業の育成・規制・許認可・取締に複数省庁の関与が必要であったことにあると推測できる。

第6章では、戦後から建設業法制定までを扱った。戦災復興院が主軸であったが、その他に、戦後経済の復興を集中的に担当した経済安定本部、および占領軍工事を担当した特別調達庁も建設業に関する事業を展開してきた。経済安定本部にあっては、建設工事施行制度調査審議会が設置され、斯業の実態を契約方式、企業の機構、建設労働者、関係団体の活動状況等について実態を詳細に調査し、建設業法にあたる、試案までを作成していた。そして建設業法の制定にあっては、そのアイデアが活用されたとも想像される。特別調達庁にあっては、占領軍の調達方式は会計法に準拠し、事前準備として、施工能力調査が行われた。主軸であった戦災復興院、建設院、建設省の流れの中では、建設業所管部局が設置され、戦災復興の建設計画と連携した建設業の新たなあり方が審議され、建設業法の制定の道を辿った。戦災復興院における建設業法制定の基本的考え方は、担当者の三橋信一の回顧録にあるとおり、戦前の旧弊を回避しつつ、民主社会の到来の中で斯業の健全な発展を企図したものであるが、建設業界の特異性をいかに理解し、これの改善を図るかが主題であった。許可制でなく登録制が採用された理由もここにあった。

次に、終戦後の建設業団体の活動は、日本建設工業統制組合の設立が戦後復興業務の始まりであり、同統制組合により、占領軍設営工事の業者の斡旋や特建協力会の発足など、政府及び連合軍との全面的協力体制が築かれた。しかし、連合軍及び政府が建設業の実態を理解していないとの判断から、法令に対しての改正運動や支払遅延問題対策に立ち向かい、業界自身による建設業法の草案が検討された。このような背景から、業界団体は、昭和二十一年の時点で建設工業調査委員会を設置し、「建設省設置、単行の建設工業法制定、請負契約」を検討していた。これらの業務はその後の後継団体に受け継がれた。以上を勘案すると、建設業法は昭和二十四年に制定されたが、このアイデアは、官だけでなく業界団体でも検討していた。この検討のプロセスが、政府提出の建設業法案に対して、業界側からの具体的問題点の指摘と改善案の提示となったと推測がつく。

建設業法の制定過程では、民主化の時代を背景に、様々な意見が参考とされた。公聴会では、建設業界の大半の参加者が反対意見であり、行政の是と関係機関のそれとは乖離していた。業界は、請負契約の双務性を第一としたが、業法案には、それらの規程が存在しないと見做し、「建設工事の適正な施工の確保と建設業の健全な発達」を果たすための法律ではなく、戦前と同様の取締規則であるとして反対した。

建設業法に関する国会の審議は集中し、昭和二十四年の五月だけでも計二二回の審議会が開催された。この審議の過程では、参考人として建設業関係者が召集され、意見を述べる場が与えられていた。

第4章の内容と関係するが、終戦直後から、行政のみならず建設業団体にあっても建設業法の内容を検討してきた背景には、建設業が具備すべき資格が、統制時代の規則・規定の中で具体的に示され、戦後にあっては、この基本的考え方が官民とで共有されていたともいえる。

第7章では、建設労働者保護の変遷を扱った。これらの労働政策は、戦後にあっては、職業安定法、労働基準法等の法令により、労働者の権利と保護が確立されたが、戦前には工場労働者保護の立場から、「工場法」が明治四十四年に公布され、その運用により、夜業の制限、婦女子の労働条件の改善が行われてきた。しかしながら、工場労働者のように定期雇用でない、日雇いにあたる労働者に対しては、別の保護政策が必要であり、鉱山や港湾荷役、建設業など特殊環境での労働規制は、産業労働の面で、個別に扱われた。建設が社会活動の一部である以上、国の政策と連担し、厚生省による建設業の位置づけは、大正十二年の「工場労働者最低年齢法」の中でなされ、独立した土木建築の区分が設けられていた。さらに、元請、下請の二重構造や技能者等の条件は、一般的な労働行政とは別の、特殊な扱いを必要とした。業界自身の労働者保護・救済は、昭和七年の供給労働者扶助令等で規定されたが、労働者に対等な権利を認めたものとなっていない。戦前の雇用者と被雇用者の力関係が色濃く残っていたといえる。第7章を総括すれば、労働者保護があって建設業の健全な発展が期されるものであるが、歴史を概観すると、斯業の雇用に関する特殊性、非定期的雇用、元請と下請の二重構造ならびに単純労働者でない技能者の存在等の条件を踏まえた労働政策や労使双方からなる協議が建設業の労働問題の改善には必要と指摘できる。

以上のような各章の結論を集約すればまず以て、建設業は、工場生産を基盤とする一般工業や、物品の集荷を担当する商業とも異なる、特殊な産業形態を本質的に持っている。さらに、現場生産の条件は、地方的な生産組織に依存しつつ、全国を営業範囲とする大規模企業が混在する二重構造の産業であったし、現在もそうである。この意味からは、製造業にあっては、小規模木造舟から大型鋼船までの幅をもつ造船業に近いともいえる。しかし、設備に関する資本を特に必要としない元請や多業種から構成される下請構造などは、さらに他産業とは異質である。このような異質さが、戦前においては産業と認められず、業界単独法が制定されなかった理由であり、警察行政としても、一般的な営業取締りとして「土木建築請負業取締」を制定し、運用してきた経緯がある。そして、昭和十七年頃から始まる建設業の統制化は、戦時体制下の条件もあって、中小企業（特に職別）を対象とし、結果的に建設業の資格を明確に定義し、職別を明確にする必要性が求められた。これらの結果は、戦後の建設業法制定の基礎となったことは想像に難くない。

戦前の建設業に対する行政措置は、旧内務省の警察行政にみられるように、官からの一方的な取締りや戦時統制下の強制的統合など、負の業界育成とこれまでは取られてきたが、特に統制下の行政施策は、建設業を明確に位置づけてきたともいえる。昭和十年代に商工省の技師の職にあり、建設業の取締りと統制を直接担当してきた伊藤憲太郎の談（大阪建設業協会六十年史、「戦時中のことども」（二〇七〜二一二頁））によれば、担当官としての以下の回顧がある。

……産業界の孤児として永く放任されてきた業界に、戦時、非常時に必要とする多くの措置がとられたが、それはいずれも業界の向上発展につながるものであった。いいかえれば、平時に当然なされるべきことがなされず、それがこの機会に業界のレベルを、他産業のレベル以上に上げることができたからである。わたしの意図もはじめからそこにあって、次々にとられた行政措置は、戦争のための臨時のものではなかった。他産業にくらべて遅れた業界を、この機会を利用して一気にとり戻し、戦争が終ったとき、これを基盤に一層発展させるための一里塚としたかったのである。……戦時体制が生んだ副産物はまだこのほかにもあった。総合工事業の大会社の社長とそれまで寄り付くこともできなかった職別工事業者が、同じ統制組合の役員として会議に席を並べ、対等に話をするようになったのもその一つである。戦後いわれた民主化が、諮らずもこの当時すでに行われていたともいえる。……

このような建設業を取り巻く規制や育成行政は、他産業と比べ特殊であったといえる。しかしながら、取締・育成行政も法令があって実行できた。建設業の統制も社会システム（規制）の一部として運用されてきた。本書の成果としては、建設業界の中で話題を求めるだけでなく、当時の国の政策と関連付けた点が指摘できる。担当官による建設業への対応も、大きな国レベルの施策の中で展開されてきた。この点は、序章で示した内山尚三による「法的問題からの建設業の着眼が不十分である」に帰着できるし、第4章で取り上げた商工官僚の基本的スタンスとも関係している。

歴史を扱う場合、「事実は一つ、解釈は多様である」といわれている。建設業に関する研究は多元的に行われているが、本研究が「多様」の一部を形成していることも、また、事実であり、本研究の結果が、他の多面的な建設業の研究に資することができれば、幸甚である。

資料

図 1　戦時統制期における土木建築主要法令と伊藤資料の関係

昭和	建設行政担当部局に関する伊藤資料	土木建築関連出来事	企業統制に関する伊藤資料
13	企畫院官制 「現取締内規ニシテ改善ヲ要スル事項」等の打合案内 事務刷新改善ニ關スル各課意見報告書 商工省竝ニ外局官制、同分課規程及同處務規程　等	・土木建築請負業組合法案が衆議院可決後、貴族院にて審議未了のため廃案となる ・**国家総動員法公布**により企業整備令(s17)大日本労務報國会(s18)戦時建設団(s20)等を通じ、建設業者は請負業の自由に制約を受けながら、陸海軍・軍需工事を中心に營業を続行 ・日本土木建築請負業聯合が統制団体の指定 ・商工省、鉄鋼工作物築造を全面的禁制 ・商工大臣、全國的故鉄・屑鐵最高販売価格公定を公示 ・**日本土木建築請負業者聯合會**を**日本土木建築業組合聯合會**と改称	
14	木材需要調整協議會開催ノ件	・亜鉛鉄板配給規則 ・釘・針金・鐵線の配給統制実施 ・警視廳、物価統制に関し鋼材業者と第一回専門協議會開催 ・建築技術者徴用実施計画案決定 ・**第二次世界大戦勃発** ・物価・運賃・賃金等の価格停止令発動決定 ・**木造建物建築統制規則公布**により100平米以上の住宅新築禁止 ・戦時体制下の土木建築工事に関する声明発表（日本土木建築業組合聯合會第二十一回定期総会）	価格統制令
15	地方都市と建築行政	・建築税法公布 ・大林組・鹿島組・清水組、満州にそれぞれ株式会社設立 ・全国セメント瓦業組合聯合会設立 ・日本土木建築業組合聯合會、京都にて中小土木建築業者振興対策懇親会を開催 ・各府県に**建築用配給物資統制協議會**設立 ・大政翼賛会設立 ・**工業組合法**を建設業に適用 ・**東京土木建築工業組合発足(理事長　島田藤)**	愛知県建築用物資配給ニ就ヒテ 建築物標準価格調査表 建築現業部隊について(住宅営団) 三重県原田事務官から伊藤憲太郎への工業組合理事選任に関する希望書 賃金統制法
16	建築課事務分掌(警視廳) 土建統制ニ関スル考ヘ方 地方工業組合ノ希望 土木建築工業組合ニ關スル件 企畫院事務分掌規程 中央ニ設置ヲ要スル建築中枢機関ニ付テ 建設業許可の内容(基準)検討用(?) 土木建築再編成要綱の「請願書」 各団体別統制会案 建設工業新体制案要綱　伊東憲太郎への全専門委員会出席の御願	・**日本土木建築工業組合連合会**設立 ・**軍建協力會**設立 ・日本木材統制会社設立 ・工業組合法により**東京土木建築工業組合**設立認可 ・工業組合法により大阪土木建築業組合は**大阪土木建築工業組合**に ・住宅営団正式認可 ・海軍省建築局を廃止し海軍施設本部を設置 ・**重要産業団体令公布(建設業界は不適用)** ・**太平洋戦争勃発** ・企業許可令により大業者は個人会員として、地方業者は地方ブロック別統制組合員として中央統制組合の団体役員となる	建設機構再編成要綱(案) 建築工業整備要綱(案?) 土木建設請負の定義(?) 土木建築工業部門機構整備要網 土木建築工事費統制要網 伊藤憲太郎への土木建築職別工事業統制機構整備に関する手紙 建設工業新体制案要綱(四會聯合會・不正立案) 土建工聯機構整備案を検討す **特別室立案事項・企業ノ整理統合(建設業対象外)** 建築行政中央機関ノ設置 建築行政ノ運営上必要ナル諸方策 建築企畫中枢機構設置ニ關スル建議 地方廳ニ於ケル建築行政機構ノ一元化 中央ニ設置ヲ要スル建築中枢機関ニ付テ 中央官廳ニ於ケル建築行政機構ノ整理統合 建築關係行政中央機構新体制案

年			
17	建築聯合協議會組織趣旨並ビニ要綱(組織図あり) 土木建築工事請負業再編成要綱 建築聯合協議委員會第五部會報告書 建築技術家団体組織要網　甲号 建築技術家団体組織要網　乙号 土木建築工事請負業再編成要網(極秘・附圖3枚あり) 土木建築工事請負業再編成要網 土木建築業組合ノ組織ニ關スル件 木統建築調査ノ件	・**海軍施設協力会**設立(會長　清水揚之助) ・土木建築労務者の標準賃金制を実施 ・ミッドウェイ海戦、日本海軍敗戦 ・企業整備令公布 ・関門トンネル開通 ・鉄道工事統制協力會発足 ・陸海軍土木建築技術者に士官制を実施	科學動員協會要覧 各県土木建築請負業取締規則(手書) 滋賀県木建築請負業取締規則 岡山県木建築請負業取締規則 岩手県木建築請負業取締規則 土木建築統制會　設立要網(案) 警視廳からの木統建築調査結果(木材統制) 大工棟梁ニ對スル認識是正ニ關スル陳情書 建設業許可内容の検討か?・手書 建築業の許可(?)
18	「畳業企業整備要網(案)」を示した伊藤への手紙 土木建築ニ於ケル綜合工事業ト職別工事業者トノ營業調整ニ關スル件(別紙有り) 土木建築業ノ統制機構制備要網案(極秘) 日本土木建築統制組合設立發起届書 伊藤憲太郎への鉄道工事会社の調査事項の手紙 企業許可令第三條ニ依ル事業開始許可申請書	・**大日本労務報国会結成** ・企業整備資金措置法公布 ・**商工組合法制定** ・商工省企業局長名を以て、**土木建築業の統制機構整備に関する通達**を各知事に発布。既存工業組合の統制組合改組で業界再編成 ・企画院・商工省廃止 ・軍需会社法公布 ・統制会社法公布 ・**関東土木建築統制組合創立**	會社設立認可申請書 工事能力調査書 土木建築綜合工事業整備要網案(極秘) 土木建築業ノ統制機構制備要網(極秘) 土木建築ニ於ケル綜合工事業ト職別工事業者トノ營業調整ニ關スル件(極秘) 日本土木建築統制組合ニ對スル意見 土木建築工業部門機構整備ニ関スル件 土建統制組合設立ニ關スル件照會 **軍關係工事施工能力ノ整備強化對策ニ關スル件** **軍建強力會組織圖**
19	東海軍需建設團編成並ビ運營ニ関スル件	・**日本土木建築統制組合設立**(會長　鹿島精一) ・鉄鋼工業会結成 ・大阪土木建築工業組合解散。日本土木建築統制組合近畿支部設立 ・「土木建築業の整備並びに労務の確保」の諮問に対する回答 ・重要工場疎開令公布 ・**社団法人土木工業協会、建設業協会など、その他既存団体解散　統制組合・軍建協力會・海軍施設協力會のみ存続** ・日雇労務者の就労規則強化 ・主要土建会社に、軍需会社法適用	日本土木建築統制組合ノ設立同意ヲ求ムル書面 土木建築労働者技能格付け下書き(?) 土木建築労務者技能格付
20		・軍需充足会社令公布(8月15日、指定取消) ・**戦時建設団公布**(3月27日～10月1日まで・数件の工事のみ) ・日本土木建築統制組合解散(6月)	
		・商工組合法により日本建設工業統制組合設立 ・戦災復興院設立 ・労働組合法公布	

(墨網部分は太平洋戦争の期間)

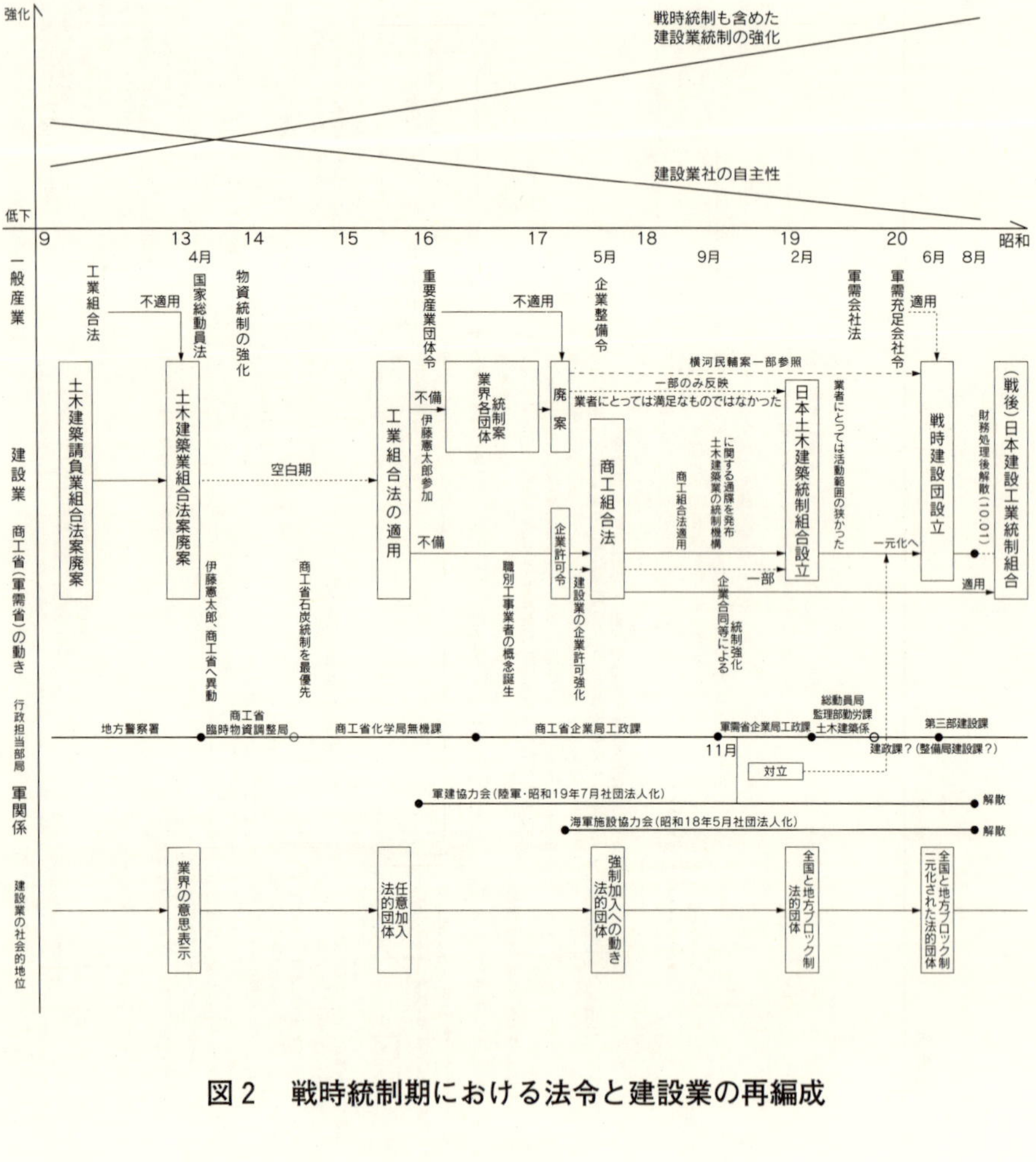

図２　戦時統制期における法令と建設業の再編成

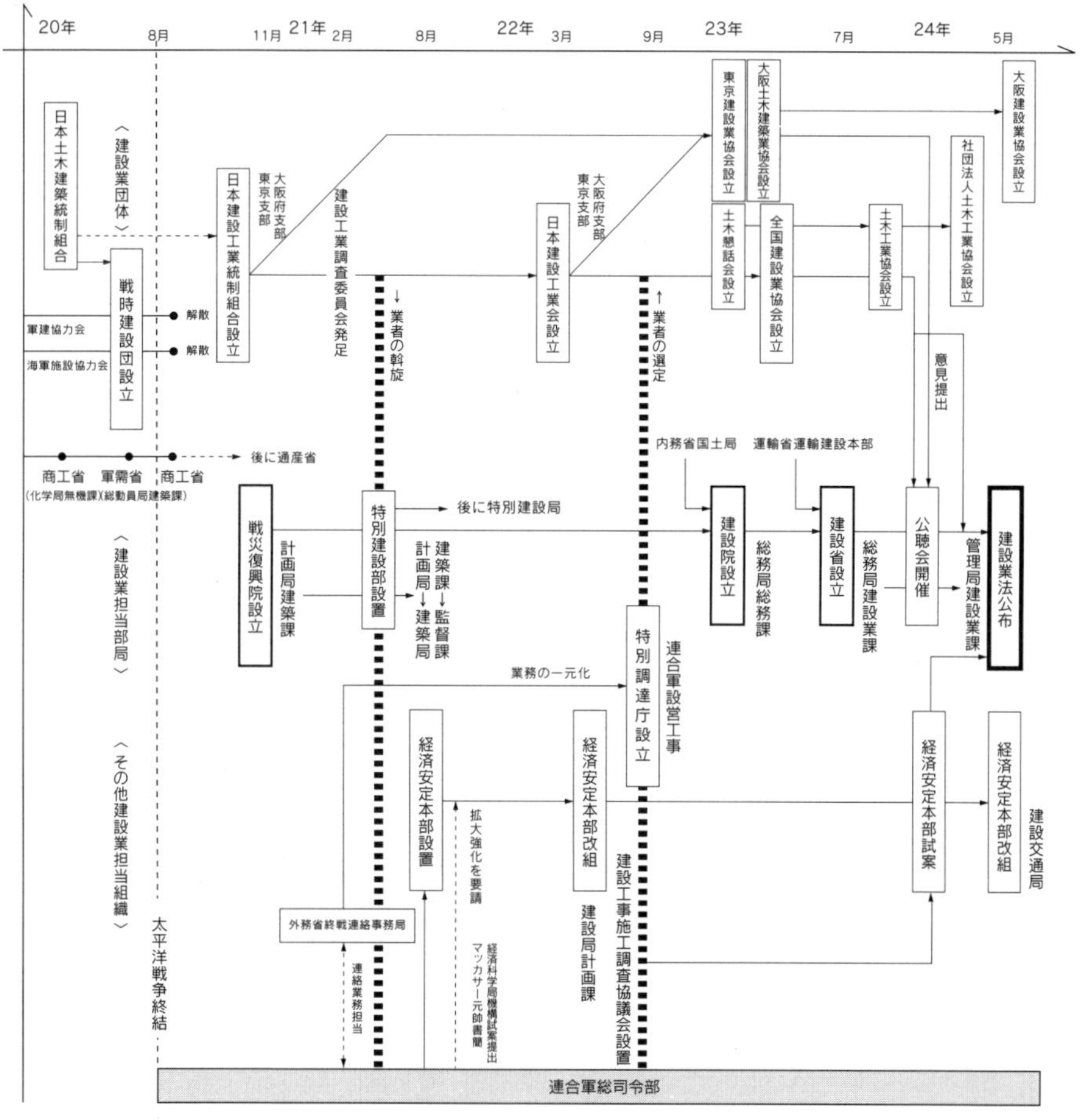

図 3　戦後期における建設業所管官庁と建設業団体

図4　戦後期における建設業団体の変遷

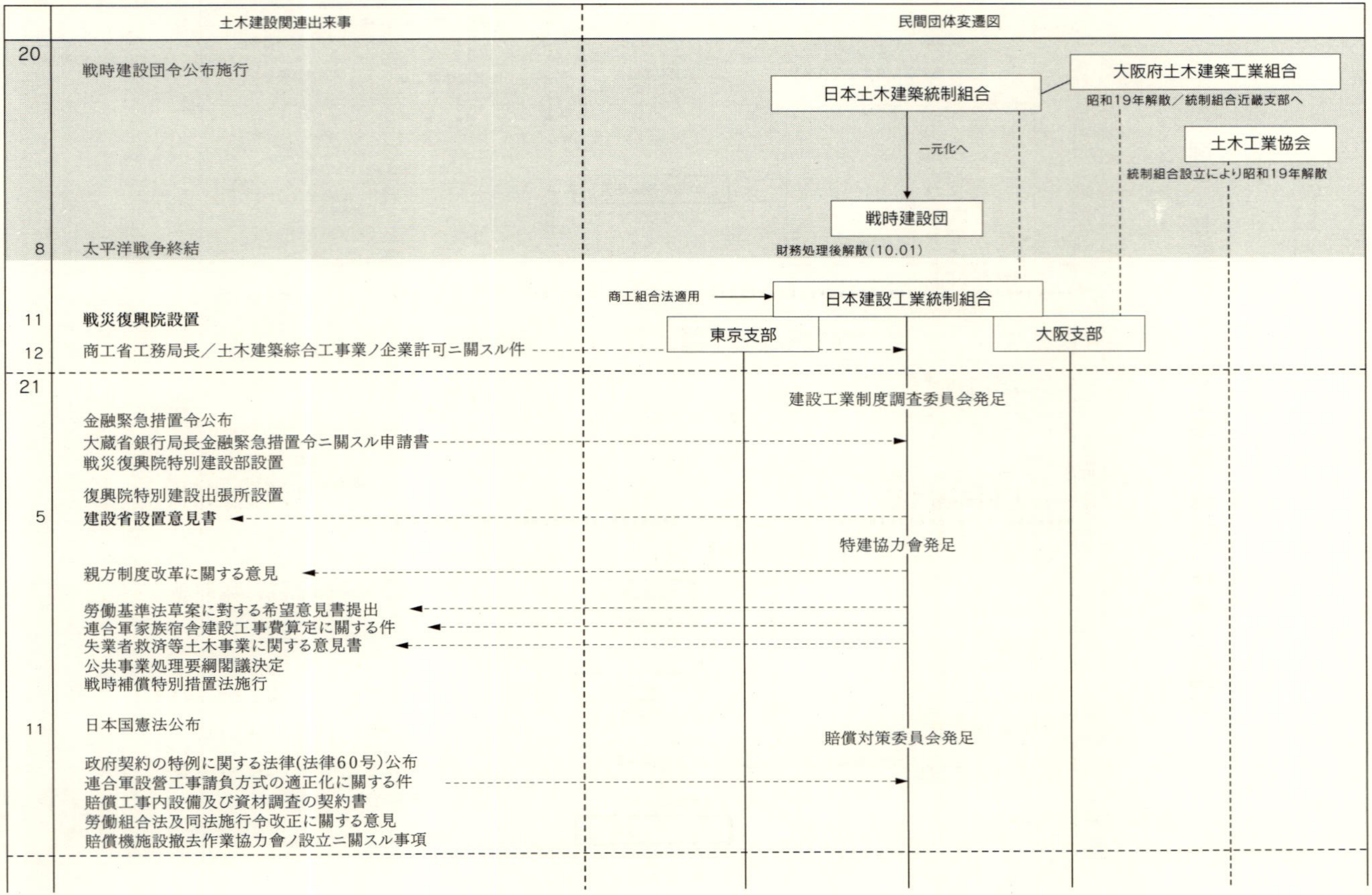

土木建設関連出来事
民間団体変遷図
20
戦時建設団令公布施行
大阪府土木建築工業組合
日本土木建築統制組合
昭和19年解散／統制組合近畿支部へ
一元化へ
土木工業協会
統制組合設立により昭和19年解散
戦時建設団
8
太平洋戦争終結
財務処理後解散(10.01)
商工組合法適用
日本建設工業統制組合
11
戦災復興院設置
東京支部
大阪支部
12
商工省工務局長／土木建築綜合工事業ノ企業許可ニ關スル件
21
建設工業制度調査委員会発足
金融緊急措置令公布
大蔵省銀行局長金融緊急措置令ニ關スル申請書
戦災復興院特別建設部設置
復興院特別建設出張所設置
5
建設省設置意見書
特建協力會発足
親方制度改革に關する意見
勞働基準法草案に對する希望意見書提出
連合軍家族宿舎建設工事費算定に關する件
失業者救済等土木事業に関する意見書
公共事業処理要綱閣議決定
戦時補償特別措置法施行
11
日本国憲法公布
賠償対策委員会発足
政府契約の特例に関する法律(法律60号)公布
連合軍設營工事請負方式の適正化に關する件
賠償工事内設備及び資材調査の契約書
勞働組合法及同法施行令改正に關する意見
賠償機施設撤去作業協力會ノ設立ニ關スル事項

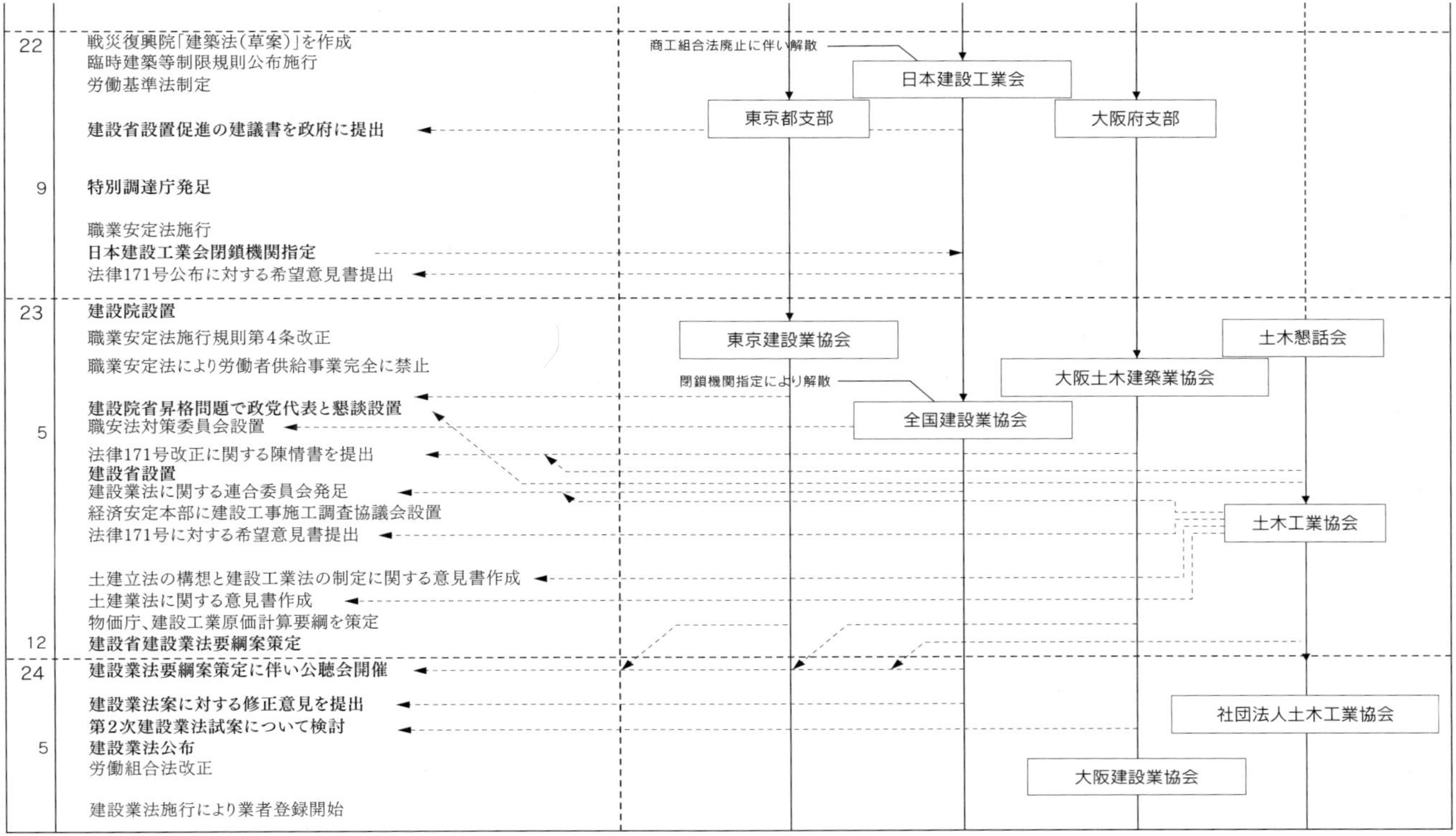
22
戦災復興院「建築法(草案)」を作成
臨時建築等制限規則公布施行
労働基準法制定
建設省設置促進の建議書を政府に提出
9
特別調達庁発足
職業安定法施行
日本建設工業会閉鎖機関指定
法律171号公布に対する希望意見書提出
23
建設院設置
職業安定法施行規則第4条改正
職業安定法により労働者供給事業完全に禁止
建設院省昇格問題で政党代表と懇談設置
5
職安法対策委員会設置
法律171号改正に関する陳情書を提出
建設省設置
建設業法に関する連合委員会発足
経済安定本部に建設工事施工調査協議会設置
法律171号に対する希望意見書提出
土建立法の構想と建設工業法の制定に関する意見書作成
土建業法に関する意見書作成
物価庁、建設工業原価計算要綱を策定
12
建設省建設業法要綱案策定
24
建設業法要綱案策定に伴い公聴会開催
建設業法案に対する修正意見を提出
第2次建設業法試案について検討
5
建設業法公布
労働組合法改正
建設業法施行により業者登録開始
商工組合法廃止に伴い解散
日本建設工業会
東京都支部
大阪府支部
東京建設業協会
土木懇話会
大阪土木建築業協会
閉鎖機関指定により解散
全国建設業協会
土木工業協会
社団法人土木工業協会
大阪建設業協会

参考・引用文献

〈全　般〉
高等建築学第二五巻、本田次郎、笠原敏郎、中村寛、菱田厚介、常盤書房、昭和八年十一月二十九日
日本鉄道請負業史、鉄道建設業協会編・発行、昭和四十二年十二月
近代日本建築学発達史・明治編、日本建築学会編、丸善、昭和四十七年十月二十日

〈法令関係〉
非常時経済法令大集成、山本登美雄編、審美書院、昭和十三年二月二十五日
非常時経済法令大集成続編　第二巻、山本登美雄編、経済雑誌ダイヤモンド社、昭和十四年十二月三十日第四版
非常時経済法令、山本登美雄編、日本窒素肥料談話会、昭和十七年六月二十五日
軍需会社法関係法規、軍需省総動員局、昭和十八年十二月
警視庁建築関係規則類纂、警視庁保安部建築課編纂、東京、警眼社、昭和十四年十一月三十日改訂三六版
警視庁建築関係規則類纂、警視庁、昭和十六年四月三十日
建築関係法規の変遷、嘱託鳥居秀夫、資料第一号、経済安定本部建設局請負制度調査協議会、昭和二十三年九月
建設業法資料集（第一集）、建設省計画局建設業課、昭和五十九年三月

〈行政史〉
商工行政史　下巻、商工行政史刊行会、昭和三十年
安全衛生運動史、中央労働災害防止協会編・発行、昭和五十九年五月二十五日

地方自治制度の沿革　現代地方自治全集①、坂田期雄、ぎょうせい、昭和五十二年十二月
「地方自治要義」、末松偕一郎、大正十二年七月三十一日発行、帝国地方行政学会
戦時戦後の商工行政の一端、「産業政策史研究資料」、㈶通商産業調査会虎ノ門分室、専業政策史研究所、昭和五十九年三月十五日
建設省五十年史、同省五十年史編集委員会、平成十年七月

〈業界史関係〉
大阪土木建築業組合沿革史、大阪土木建築業組合、大正十四年四月
東京建築業組合沿革誌、東京土木建築業組合、昭和十二年四月二十四日
東京土木建築工業組合組合報、解散記念号、昭和十九年十二月三十一日
日本建設工業統制組合、日本建設工業会沿革史、原信次郎編、日本建設工業統制組合、日本建設工業会沿革史編纂委員会発行、昭和二十三年十二月二十九日
土木工業協会沿革史、㈳土木工業協会編・発行、昭和二十七年十月二十五日
建設業の五十年、東京建設業協会編、槇書店、昭和二十八年二月十七日
福岡県建設業協会沿革史、田中勇雄編纂、㈳福岡県建設業協会、昭和三十六年四月一日
岡山県建設業協会沿革史、岡山県建設業協会編・発行、昭和三十六年十一月三十日
東京土木建築工業組合沿革誌、㈳東京建設業協会編・発行、昭和三十九年八月一日
建築業協会のあゆみ、㈶建築業協会、昭和四十四年十月二十二日
大阪建設業協会六十年史、大阪建設業協会編・発行、昭和四十五年四月一日
日本土木建設業史、㈳土木工業協会、㈳電力建設業協会、昭和四十六年四月十五日
日本土木建設業史Ⅱ、同編纂委員会、㈳日本土木工業協会、二〇〇〇年三月三十一日
全国建設業協会沿革史、社団法人全国建設業協会編、昭和四十三年五月
建設業の昔を語る、飯吉精一、昭和四十三年七月五日
大阪の土木建築界を回顧して、鴻池藤一編、大阪建設業協会、昭和二十七年二月十日
建設業団体史、津田靖志編、㈱建設人社、一九九七年五月十四日

〈**雑誌等掲載分**〉
地方都市と建築行政、中村俊一、建築と社会、第二十三輯第二号、昭和十五年二月一日
土木建設業の統制機構整備について、伊藤憲太郎、建築雑誌昭和十八年十一・十二月号
会員名簿（附結成要綱並ニ会則）、海軍施設協力会、昭和十六年一月八日
建設業法の制定・改正・概況、内山尚三、山口康夫、建設総合研究第四巻第三、四号合併号
「資料　建設業の現状」、建設総合研究第四巻　第二号、平成四年七月二十五日

〈**その他**〉
土木建築労務者技能格付、大日本労務報国会、日付なし
ある法学者の軌跡、川島武宣、昭和五十三年十二月
土建請負契約論、川島武宣・渡辺洋三、日本評論社、昭和二十五年十月
談合の経済学・日本的調整システムの歴史と論理、武田晴人、平成十一年十一月

あとがき

冒頭に示したように、本書は日本学術振興会科学研究費補助金（平成十五年～十七年、基盤研究（C））を受けた研究成果をまとめたものであって、申請時の表題は、主題が「我が国における建築生産の品質管理の史的展開」、副題が「法令と行政による建設業の地位確立過程と変遷、建設業法の制定まで」とした。出版にあたっては、副題を「法令と行政による建設業の取締と統制」と改め表題とした。

出版の意図は、もちろん研究成果を公開することにあるが、昨今の建設業をめぐる醜聞に対して、歴史的流れの中から斯業の抱えていた本質を世に示すこともあった。以下では出版の契機になった科研費補助による学術図書出版助成（平成二十年度）の申請書を引用する。

〈刊行の目的及び意義〉

○歴史的展開の中から我が国の建設業の特質が明らかにできる。

建設業を規定する様々な施策は、昭和二十四年制定の建設業法からだけでなく、戦前から行われてきた。この実態を明確に捉えた研究の成果は、管見の限り存在しない。従って、初出の資料（特に伊藤憲太郎資料）をもとに戦前の取り組みを明らかにすることに意義が認められる。

○現在の地方レベルでの建設業取締行政の在り方を決める際の参考となる。
　戦前の建設業組合の取締りは、地方の警察の下で進められてきた。従って、地域的生産の特徴をもつ建設業の指導・育成に対して新たな考え方をもって取り組むことができる。
○現在の建設業を巡る問題点が明らかにできる。
　談合をはじめとして、建設業の問題点が種々メディア紙上を賑わしているが、その本質は、請負業の誕生以来のものであり、戦前からのつながりを理解しないとその本質は理解できない。
○建築以外の専門家に対してもその成果を周知できる。
　建設業に関しては、請負制度を主題として、法制学の分野でも研究が行われている。しかしながら、いわゆる建築学を専門とした研究者側からの研究は非常に少なく本刊行は異なった研究分野の架け橋となると期待できる。

　上段に構えた剣がきちんと振り下ろされたかは、読者諸氏の判断に委ねるものであるが、多少なりとも建設業の本質が解明できたと自負するところである。また、本書に記した内容は、文献を渉猟したとはいえ、筆者にとっては未見聞の資料の存在が危惧され、この点に関しても、ご教授願えれば幸甚である。

〈これまでの科学研究費補助金による研究〉
　右記に示したように、研究の主題は、「我が国における建築生産の品質管理の史的展開」であって、このテーマの下に、戦前まで（明治、大正、昭和初期）を対象に、「これまでの建築生産史の中では、扱われてこなかった分野を明らかにしてきた。具体的な内容としては、以下に示すような、筆者がテーマとする広義の品質管理に関係する。

●一般研究（C）：平成九〜十一年、「用語をとおしての品質管理の展開」
品質管理に係る概念が必ずしも現代と等しくないことに着目し、品質に係る用語の使われ方、その意味するところがどのように変遷したかを導き出したもので、用語、「品質」に替わる「品位」の使用実態の解明並びに、品質概念の客観的使用以前の産地等をもって尺度としたこと、また、「造家」から「建築」に用語が変化したときの、エンジニアリングと芸術性の乖離等を明らかにした。

●基盤研究（C）：平成十二〜十四年、「建築技術書の発刊状況と品質管理の概念の変遷」
技術の普及化が技術者に対する正しい情報の提示にあるとの観点に立ち、学校等における建築教育とは別に多くの役割を果たした「建築技術書」を対象とし、その発刊状況、内容、著者等の特徴を、開国し新たな技術導入が図られた明治初期から明らかにしてきた。また、本研究では、特定の書籍に限らず、明治初期から昭和前半に至るまでの期間に、建築関連の出版がどのような状況にあるか網羅的に捉え、出版リストのデータベース化を行い、約二、〇〇〇件以上の出版物を確認している。

こうした研究の取組みの一環として本書を取りまとめた。識者の見解をもってすれば、研究内容（テーマ）の散点は否めないが、筆者にとっては研究の枢軸に位置している。

〈謝 辞〉

文献資料を渉猟した本研究にあって、資料の多くは「建設産業図書館」所蔵の書籍から得ることができた。開架式の本図書館は、目的に従って書籍や資料を探索する学理的方法に対して、まったく新しい情報を無作為的に、それらの表題（背文字）から求めた研究にとって、非常に貴重な存在であった。

資料について言及すれば、本研究は「伊藤憲太郎」資料の存在なくして完遂できなかった。この点に関しては、同資料の存在を提示頂いた加藤雅久氏（「居住技術研究所」主宰）と同資料の閲覧に対して格段のご便宜を頂戴した東京理科大学工学部建築学科の真鍋恒博教授に対し御礼申し上げたい。

また、三年間にわたる本研究にあっては、資料収集や整理に関して九州大学大学院芸術工学府修士課程に在籍していた、笠木勇雄、松山昌弘、佐藤季代の諸君に大変お世話になった。

本書の出版は前述のように、独立行政法人日本学術振興会平成二十年度科学研究費補助金（研究成果公開促進費）により行われるものであるが、同申請に対して適切なアドバイスや、出版にあたり筆者の不備な文章構成に対してご助言を頂いた㈶九州大学出版会の永山俊二氏に対しても感謝致す次第である。

最後になるが、本研究並びに筆者のこれまでの研究に対して貴重な助言を頂いた菊岡倶也氏に感謝したい。同氏の研究業績は本書の第1章で紹介したように、建設業分野の先駆け的なものであった。そして、筆者は、昭和五十年代の博士論文作成当時から、丁寧かつ、忌憚のないご教授を建築生産に関する研究方法や文献資料の紹介等に対して頂いた経緯があった。しかしながら、平成十八年一月一日の氏の訃報に接することになってしまった。哀悼の意を込めて、氏のご冥福を祈るとともに、これまでのご教授に対して、感謝申し上げる次第である。

詳細見出し

＊目次で本書の内容を示したが，論点が充分に表記できないので，ここにまとめて「詳細見出し」として掲載する。特に細目の見出しが研究に関係する部分である。

＊見出しのあとの数字は，本文中のページ数を示す。

著者紹介

片野　博（かたの・ひろし）

九州大学大学院芸術工学研究院（環境計画部門）教授，工学博士

1968年　東京理科大学工学部建築学科卒

1970年　東京大学大学院工学研究科修士課程修了（建築学専攻）

1971年　同　博士課程中途退学，
　　　　九州芸術工科大学環境設計学科助手

1982年　同　助教授

1996年　同　教授

2003年　統合により九州大学大学院芸術工学研究院　教授

研究テーマ：
建築生産ならびに住宅建設技術

著書：
『イングランドの民家』（井上書院），『西日本建築ガイドブック』（共著，鹿島出版会），『建築マップ』（監修，TOTO出版），『建築工法（新建築学シリーズ5）』（共著，朝倉書店）

作品：
「芦屋釜の里」（監修，福岡県芦屋町），「海峡ミュージアム・レトロボックス」（監修，北九州市），「旧古川工業若松支店復元工事」（監修，北九州市）

法令《ほうれい》と行政《ぎょうせい》による建設業《けんせつぎょう》の取締《とりしまり》と統制《とうせい》

2009年2月1日　初版発行

著　者　片　野　　博

発行者　五十川　直　行

発行所　㈶九州大学出版会

〒812-0053　福岡市東区箱崎7-1-146
九州大学構内

電話　092-641-0515（直通）

振替　01710-6-3677

印刷／城島印刷㈱　製本／篠原製本㈱

ISBN 978-4-87378-981-1